지랄의 본질

노나카 이쿠지로

도베 료이치

가와노 히토시

아사다 마사후미

이혜정 옮김

전쟁사를 통해 배우는 역전과 승리

지략의 본질

비즈니스맵

목 차

전략이란 무엇인가.

예로부터 많은 지도자, 군인, 실무자, 학자가 전략의 본질을 밝히기 위해 노력해왔다. 그러나 아직 연구자 사이에서도, 군인이 속한 실무자 사이에서도 전략이 무엇인지 합의된 정의는 없다.

전략(strategy)의 어원은 그리스어나 라틴어의 용례에서 많은 부분이 밝혀졌다. 전략의 정의를 내리기 위해『전쟁론』의 저자 카를 폰 클라우제비츠(Carl von Clausewitz), 프랑스 군사평론가 앙투안 앙리 조미니(Antoine-Henri Jomini), 영국 군사이론가 바실 헨리 리델 하트(Basil Henry Liddell Hart), 프랑스 군사전략가 앙드레 보프르(Andre Beaufre)를 비롯하여 많은 사람이 다양한 시도를 해왔다. 하지만 전략이론가 대부분이 납득하는 정의는 아직 없다고 보아도 무방하다.

앞서 이야기했듯 전략의 명확한 정의는 없으나 그렇다고 해서 역사 속에 전략으로 보이는 현상이 없었던 것은 아니다. 인간이 모여서 사회를 만든 이래 혹은 국가가 생겨난 이래, 전략은 끊임없이 실천되었다. 인류 역사가 시작된 이후 뛰어난 전략가도 수없이 등장하였다. 물론 현재도 많은 사람이 전략을 중요하게 생각하고 실천한다. 국가, 사회, 혹은 목적을 가지고 조직화된 집단이 존속하고 번영하려면 전략은 꼭 필요하다.

본디 전략은 군사 분야에서 실천되었다. 그러나 오늘날 전략은—적어도 전략이라는 용어는— 각가지 분야에서 다양한 의미로 사용된다. 특히 기업 경영을 포함한 조직 운영 분야에서는 전략과 전략론이 꽤 오랫동안 주목받았다. 그 외 스포츠나 게임 분야에서도 전략은 열렬하게 회자된다.

출간된 책, 텔레비전·신문·잡지 같은 대중 매체, 인터넷 공간에서 전략을 둘러싼 다양한 논의가 펼쳐진다. 이러한 분야와 공간에서 펼쳐지는 전략은 어떻게 상대를 이길지, 어떻게 해야 경쟁에서 살아남을지, 무슨 수로 이익을 남길지 같은 질문으로 모인다. 이러한 전략론은 이기기 위한, 살아남기 위한, 이익을 남기기 위한 분석적인 전략을 세우는 것으로 결론에 다다른다.

하지만 그러한 분석 전략 정책을 세울 때 전략에 대한 본질적 통찰을 빠뜨린 건 아닐까? 특정 상황이나 양쪽의 역학 관계를 분석하는 것에서 도출된 전략은 특정 상황에서 적절하게 작동한다. 하지만 성공 가능성이 보여도 상황이나 맥락이 바뀌면 결과를 확신하지 못한다. 실패할지도 모른다. 전략의 본질을 충분히 통찰하지 못한 까닭이다.

전략의 본질을 통찰하고 이해하려면 전략이 본디 군사 분야에서 실천되었다는 것을 알아야 한다. 전략의 본질을 충분하게 통찰하고 이해하면 전략의 본래 실천 분야였던 군사를 비롯하여 안전 보장, 조직 운영, 기업 운영, 스포츠, 게임에서도 전략을 현명하게 실천하는 것이 가능하다.

본서는 그러한 문제의식에서 출발하였다.

문제의 답을 찾기 위해 저자 4명이 4개 국가의 전쟁을 사례로 들었다. 바로 제2차 세계대전 때 벌어진 독소전쟁(모스크바 공방전과 스탈린그라드 전투, 아사다 마사후미), 영독전쟁(영국 본토 항공전과 대서양 전투, 도베 료이치), 북베트남 제1차 인도차이나 전쟁과 베트남전쟁(노나카 이쿠지로), 이라크전쟁과 대반란작전(가와노 히토시)이다. 4개 국가의 사례를 들었지만 각기 벌인 두 개의 전쟁 또는 전투를 다룬다.

현대에 끼친 영향을 명확하게 보여주기 위해 저자는 되도록 현대와 가까운 사례를 들었다. 오래된 사례를 들어도 전략의 본질에는 변함이 없다. 하지만 오래된 사례는 군사 기술·군사 조직·정치 체제와 같은 여러 조건이 크게 달라서 현대에 끼치는 영향이 미미하다. 이것이 제2차 세계대전과 그 후 현대에서 벌어진 사례를 든 주요한 이유다.

또 전략의 존재와 역할을 분명하게 묘사하기 위해 역전한 사례를 골랐다. 독소전쟁, 영독전쟁, 제1차 인도차이나 전쟁(인도차이나 독립 전쟁), 베트남전쟁은 초기에 열세한 쪽이 역전에 성공한 사례다. 마지막 미국의 경우는 역전하지 못한 사례 또는 아직 역전하지 않은 사례로 보자. 어느 쪽이든 역전 현상 속에서 전략의 역할이 가장 선명하게 드러난다. 미국이 역전할 수 없는 이유도 전략의 본질과 관련되어 있을 것이다.

사례로 든 전쟁과 전투 대부분이 육지에서 벌어졌지만, 영국의 경우는 항공전과 해전을 사례로 들었다. 당연한 말이지만 전략의 본질은 육지전에서만 보이는 것이 아니다. 육지전보다 과학 기술이 큰 비중을 차지하는 항공전과 해전에서 전략의 본질은 육지전처럼, 어쩌면 육지전 이상으로 명확하게 드러난다.

소련, 영국, 미국과 같은 '강대국'의 전쟁만이 아니라 북베트남과 같은 '약소국'의 전쟁도 고찰 대상이다. 독소전쟁, 영독전쟁처럼 일반적인 총력전뿐만 아니라 북베트남의 '민족 해방 전쟁'이나 미국의 '대반란전'도 사례로 들었다. 다른 성질을 띤 전쟁을 비교 고찰하면서 전쟁의 성질이 달라도 공통된 전략의 본질이 나타나는 것을 보여주기 위해서다.

일본의 사례도 보여주고 싶었으나 제2차 세계대전에서 일본의 역전은 없었다. 역전하지 못한 사례는 본서의 저자 두 명(노나카, 도베)이 『일본 제국은 왜 실패하였는가(원제: 실패의 본질)』에서 이미 다루었다.

『실패의 본질』에서 가장 주요한 메시지는 '성공했던 체험의 과잉 적응'이다. 이 메시지를 본서의 문제의식으로 생각하고 바꿔 읽어보자. 일본 육·해군은 전략의 본질을 통찰하지 못했기 때문에 러일전쟁에서 성공했던 방법(앞서 이야기한 표현을 가져오면 특정 상황이나 맥락에 맞게 구체화하여 성공한 전략)에 집착하여 다른 상황이었던 태평양 전쟁에서 실패한 것이다.

태평양 전쟁에서 일본군은 역전할 수 없었다. 역전하지 못한 이유는 역전 가능한 전략이 없었기 때문이다. 그렇다면 역전 가능한 전략은 무엇인가? 이러한 문제의식에서 나온 책이 『전략의 본질』이다. 마오쩌둥의 반포위토벌전, 영국전투, 스탈린그라드 공방전, 한국 전쟁, 제4차 아랍·이스라엘 전쟁, 베트남전쟁, 이렇게 6개를 사례로 들었다.

전략의 본질에 관련된 10가지 명제도 제시하였다. ① 전략은 변증법이다. ② 전략은 진정한 목적을 뚜렷하게 하는 것이다. ③ 전략은 시간·공간·힘을 창조하는 토대다. ④ 전략은 사람이다. ⑤ 전략은 신뢰다. ⑥ 전략은 수사법(Rhetoric)이다. ⑦ 전략은 본질 통찰이다. ⑧ 전략은 사회적으로 창조된다. ⑨ 전략은 정의(正義)다. ⑩ 전략은 현명한 생각이다.

명제 대부분은 전략을 실천하는 사람, 무엇보다 지도자의 자질·능력·가치관과 연관된다. 저자는 다음 단계로 넘어가서 국가 지도자의 리더십을 대상으로 연구를 진행하였다. 이 공동 연구는 『국가 경영의 본질—대전환기 지략과 리더십』에서 결실을 보았다. 1980년대 전환기에 등장한 각국 리더(국가 경영자)를 통시적·공시적으로 비교 고찰하여, 리더가 뛰어난 전략을 실천할 수 있었던 자질과 능력으로 '이상주의적 실용주의'와 '역사적 구상력'을 꼽았다.

본서는 전략의 본질을 탐구하는 저자의 네 번째 시도다. 첫 번째는 일본군의 실패에서 전략 부재의 원인과 결과를 논했다. 두 번째는 전쟁의 역전 현상 속에서 전략의 본질을 끌어내려 시도하였다. 그 시도에서 전략을 실천하는 사람의 자격과 능력이 얼마나 중요한 부분을 차지하는지 찾아냈다. 세 번째는 전략을 실천하는 국가 경영자에게 초점을 맞추어 뛰어난 자격과 능력의 핵심이 어디에 있는지 알아내기 위해 고찰하였다.

네 번째 시도의 결실인 본서에서는 본디 전략의 실천 분야인 군사로 돌아가서 새로운 시점으로 전략의 본질을 통찰한다. 앞서 『전략의 본질』이 출간되었을 때, 전략론 분야에서 몇 가지 주목해야 할 연구 성과가 발표되었다. 예를 들면 전략연구가 콜린 그레이(Colin S. Gray)와 군사전략 분야의 권위자 로렌스 프리드먼(Lawrence Freedman)의 저서다. 본서에서는 최신 연구 결과를 참조하고 분석하여 철저하게 조직론에 중점을 두고, 그들의 전략론과 다른 시점에서 전략의 본질을 고찰하고 논의를 펼친다.

예를 들어 지금까지는 군사전략을 공격과 방어, 기동전과 소모전, 직접접근과 간접접근과 같은 이항 대립(二項 對立)으로 보았지만, 저자는 대립 관계가 아닌 '동적 이중성(二項 動態)'으로 보아야 전략의 본질을 통찰할 수 있다고 이해하였다. 전략에서 보이는 현상을 '동적 이중성'으로 파악하고, 상황과 맥락의 변화에 따라 구체화된 전략을 실천하는 게 중요하다. 본서에서는 그러한 전략을 '지략(Wise Strategy)'이라 부른다. 마지막 장에서는 '지략'을 실천하기 위한 필수 요건을 제시한다.

본서의 목적을 뚜렷하게 보여주기 위해 『전략의 본질』에서 서술한 영국 본토 항공전의 내용을 일부 수정하고, 스탈린그라드 전투는 전면적으로 다시 썼다. 저자 노나카와 도베는 『실패의 본질』부터 함께하였고, 이번에 러시아사 전문 아사다와 군사사회학 전문 가와노가 힘을 보탰다. 이 두 명이 협력하여 신선한 시점과 지견을 더한다.

일본에서는 전략론이 유행하고 분석적 전략론이 넘쳐나도, 국가 차원의 전략 부재는 탄식이 나올 정도로 길다. 흥미롭게도 전략 부재는 지도자 부재와 나란히 탄식을 자아내는 듯하다. 본서가 그러한 현상에 파문을 일으켜서 전략의 본질을 통찰할 수 있는 신세대 지도자의 등장을 재촉할 수 있다면 저자로서 그 이상의 기쁨은 없다.

참고문헌

이시즈 도모유키, 『대전략의 철학자들』(국내 미출간), 2013

카를 폰 클라우제비츠, 『전쟁론』(갈무리), 2016

콜린 그레이, 『현대 전략』(국방대학교 국가안전보장문제연구소), 2015

콜린 그레이, 『The Future of Strategy』(국내 미출간), 2015

앙투안 앙리 조미니, 『Summary of the Art of War』(국내 미출간), 1838

리델 하트, 『전략론』(책세상), 2018

로렌스 프리드먼, 『전략의 역사』(비즈니스북스), 2014

제 1 장

승리를 이끌어낸 전략과 전술의 진화

독소전쟁

하지(夏至)의 새벽이 밝았다. 1941년 6월 22일 일요일 모스크바 시각 오전 3시 15분, 아돌프 히틀러(Adolf Hitler)의 명령을 받은 독일군(정식 명칭은 국방군)이 '바르바로사 작전'을 발동하였다.

프랑스 황제 나폴레옹 보나파르트(Napoleon Bonaparte)가 직접 군대를 통솔하고 네만강을 건너서 러시아 제국을 침공한 때는 1812년 6월이었다. 러시아는 프랑스와의 전쟁을 '조국 전쟁'이라고 불렀는데, 소련의 독재자 이오시프 스탈린(Joseph Stalin)은 독일과의 전쟁을 '대조국 전쟁'으로 명명하고 애국심을 고취시켰다.

기습을 당한 소련군은 후퇴를 거듭했지만, 1941년 12월 가까스로 수도 모스크바를 방어하는 데 성공하였다. 대전이 발발한 이래 독일군은 육지전에서 처음으로 패배하였고 독일군의

'무적 신화'는 붕괴하였다. 다만 이 전투 후에도 독일군의 주력은 건재하여 승리가 어느 쪽으로 향할지는 불투명하였다.

1942년 독일군의 주력은 캅카스(Kavkaz, 코카서스라고도 함) 지역에 매장된 석유를 차지하기 위해 남쪽으로 이동하였다. 스탈린은 이번에도 기습을 당하여 다시 위기에 빠졌다. 그러한 상황에서 분수령이 된 것이 스탈린그라드(지금의 볼고그라드) 전투다. 스탈린의 이름을 딴 이 도시를 둘러싸고 20세기에서도 손꼽히는 격전이 펼쳐졌다. 모스크바 공방전과 스탈린그라드 전투가 나치 붕괴의 도화선이 되어 지금의 유럽과 세계의 운명을 결정했다고 해도 과언이 아니다.

일본에서는 예전이나 지금이나 독소전쟁을 마치 독일이 자멸한 것처럼 묘사하는 경우가 많다. 한편, 소련을 승계한 러시아에서는 애국주의라는 이름으로 나치와의 전투를 미화하고 추태는 은폐하는 경향이 크다. 하지만 어느 쪽에서 보아도 독소전쟁에서 왜 소련이 승리했는지 충분하게 설명할 수 없다. 1장에서는 최근 연구 성과를 포함하여 소련군 대역전의 승리 원인을 밝힌다.

I

모스크바 공방전

승패를 가른 보급

독
소
전
쟁
의

시
작

소련군의 부활

조국 전쟁 때 나폴레옹의 군대도 60만 명이 넘었지만, 대조국 전쟁에서 독일군은 월등하게 차이 나는 360만 명이었다. 전차 3,648대와 항공기 약 2,500기가 참전하였다. 360만 명 가운데 60만 명은 핀란드, 헝가리, 루마니아, 슬로바키아, 이탈리아 병사로 구성된 다국적군이었다. 동맹국 군대는 독일군에 비해 사기도 떨어지고 장비도 열악하였다.

그에 비해 소련군(정식 명칭 적군[赤軍])은 1939년 1월에 약 194만 명이었는데, 병역 의무 연령을 21세에서 19세로 낮춘 후인 1941년 6월에는 거의 세 배로 불어난 571만 명이었다. 철저하게 준비해, 전차 2만 3,300대와 항공기 2만 4천 기를 갖추었다.

소련에서는 새로운 병기의 개발도 추진 중이었다. 스페인 내전에서 독일 전차에 패한 후 전차에는 각별하게 힘을 쏟았다.

그 성과물이 신형 전차 T-34였다. T-34는 공격력, 방어력, 스피드 면에서 독일군의 주력 전차를 앞질렀다. 1940년에 T-34를 시찰하고 만족한 스탈린은 대량생산을 지시하였다. 그 외에 트럭에 로켓 발사대를 탑재한 '카추샤(Katyusha)'의 개발도 추진하였다.

지휘관의 세대교체도 이루어졌다. 소련에서는 1937년부터 이듬해에 걸쳐 스탈린의 대숙청이 맹위를 떨쳤고, 우수한 장교 대부분이 목숨을 빼앗기거나 투옥당했다. 이로 인해 소련의 전력에 차질이 생긴 것은 분명했다. 독일도 대숙청으로 소련군이 약해졌다고 믿었다.

그러나 대숙청은 군대 조직의 신진대사를 촉진하는 기능도 있었다. 러시아혁명 후의 내전기(內戰期)에 활약하여 출세한 상층부가 사라지고, 할힌골(노몬한) 전투를 승리로 이끈 게오르기 주코프(Georgy Zhukov)나 대숙청 이후 군의 재건을 맡은 보리스 사빈코프(Boris Savinkov)와 같은 신세대가 고개를 들었다. 덧붙여 소련에서는 독소전쟁이 끝난 1945년 5월에 장군이 3,970명 있었는데, 그중 46세 이하가 절반을 차지하였다.

1939년부터 이듬해까지 할힌골 전투, 핀란드와 치른 겨울전쟁의 성과에 불만을 가진 스탈린은 신세대가 추진하는 군의 기계화, 즉 전차를 중심으로 하는 부대편성을 승인하였다. 그러한 신생 소련군의 실태를 파악하지 못한 독일군은 멸시했던 적에게 번번이 당황하였다.

승패를 가른 전략

첫 전투에서 소련군은 파멸의 수렁에 빠졌다. 원인은 군비의 차이가 아니라 전략이었다.

독일군은 명령에 따라 세 갈래로 나뉘어 진격하였다.

북방집단군은 소련 제2의 도시 레닌그라드(지금의 상트페테르부르크)와 외곽 항구의 해군기지 크론시타트(Kronstadt)를 점령하여 소련 해군의 숨통을 끊는다.

중앙집단군은 민스크를 거쳐 스몰렌스크 주변까지 발판을 확보하고 북방군을 지원한다.

남방집단군은 우크라이나의 중심 도시 키이우(키예프)를 점령한다.

어느 쪽이든 처음 목표는 소련군 주력의 격멸이었다. 프란츠 할더(Franz Halder) 육군참모총장은 모스크바 점령을 다음 목표로 삼았다. 모스크바가 소련의 정치, 경제의 중심이자 철도 수송 중심지였기 때문이다.

하지만 히틀러가 방침을 바꿨다. 1941년 3월 17일 군 지휘관 회의에서 "지금 모스크바는 중요하지 않다"라고 단언하고, 주요 목표로 레닌그라드와 발트해 확보를 주장하였다. 히틀러는 러시아혁명이 발발한 소련의 '성지(聖地)' 레닌그라드의 파괴를 고집하였다.

히틀러가 변경한 방침은 계획 그대로 들어맞았다. 1938년 소련군은 독일이 공격한다면 주력은 소련 북부로 향할 것이라고 상정하였다. 그와 동시에 곡물과 자원의 확보를 위해 소련 남서부 우크라이나를 노릴 것이라고 보았다. 최종적으로 스탈린의 명령에 따라, 1941년 3월 남서부에 주력을 결집하고 전차를 중심으로 하는 기갑사단을 우크라이나에 집중시켰다. 그러나 독일

[지도 1-1] 동부전선 1941년 6월 22일부터 1941년 12월 5일까지

—— 1941.6.22 전선	—— 1941.9.9 전선
- - - 1941.7.9 전선	-·-·- 1941.12.5 전선
······ 1941.9.1 전선	

군은 의표를 찌르듯 모스크바와 레닌그라드에 주력을 배치하였다.

참고로 소련군의 정보 부문도 중대한 판단 착오를 저질렀다. 필리프 골리코프(Filipp Golikov) 참모차장 겸 정보국장은 독일군이 소련을 침공하여도 병력의 반 정도를 영국으로 보낼 수밖에 없다고 생각했지만, 실제로는 독일군이 총력을 다하여 쳐들어왔다. 여기에 스탈린의 방심도 한몫하였다.

쩔쩔매는 크렘린

독일군의 소련 침공 계획은 스파이, 내통자를 포함하여 여러 방면에서 스탈린에게 경고를 보내고 있었다. 하지만 스탈린은 독일이 영국을 굴복시키고 나서가 아니면 소련을 침공하지 않을 것이라는 희망적인 관측을 하였다고 전해진다. 독일이 영국, 유럽의 자본주의 국가와의 패권 다툼을 매듭지은 후에야 공산주의 국가인 소련을 공격해 올 거라 믿었기 때문이다. 모든 자본주의 국가가 망하기를 기대하는 공산주의자 스탈린다운 생각이었다.

다만 군부의 강한 요청도 있어서 스탈린은 5월부터 독일과의 경계선에 부대를 집결시켰다. 결과부터 말하자면 이 부대는 첫 전투에서 독일군의 희생양이 되었다. 소련은 먼저 공격할 작정으로 경계선에 부대를 집중시켰기 때문에 그 기선을 제압한 독소전쟁은 예방 전쟁이었다고 말하는 나치의 선전에 이용당했다.

6월 22일 오전 4시, 국방인민위원 대리 겸 참모총장 주코프 상급대장은 전화로 독일군의 공격을 알렸는데, 스탈린은 잠시 침묵하였다. 그리고 스탈린이 다음과 같이 말했다고 주코프는 증언하였다.

"그것은 독일군의 도발이다. 추가 공격으로 이어지지 않도록 발사하지 말라."

전화를 끊고 30분 뒤 크렘린에서 열린 회의에서 반신반의했던 스탈린은 독일 대사관에 연락하라고 명령하였다. 오전 5시 30분 뱌체슬라프 몰로토프(Vyacheslav Molotov) 외무인민위원이 독일 대사를 크렘린으로 불러 비로소 전쟁의 시작을 확인하였다.

말년에 몰로토프는 그러한 주코프의 주장을 부정하였으나 크렘린의 스탈린 회견자 명부에 오전 5시 45분 몰로토프와 주코프가 있었다는 것이 확인되면서, 주코프의 주장이 전보다 신뢰를 얻었다.

소련의 참패

오전 7시 15분 크렘린의 소련군 지도부는 그제야 반격을 명령하였는데 독일 동부를 폭격하라고 지시하는 등, 현실과 동떨어진 모습을 보였다.

소련 국민에게 독일군의 습격을 알린 전쟁 첫날 낮 라디오 방송에는 스탈린이 아닌 몰로토프가 나왔다. 스탈린 본인이 라디오를 통해 국민에게 이야기한 때는 전쟁이 시작되고 2주 정도 뒤인 7월 3일이었다.

증언에 따르면 2주 동안 스탈린의 상태는 다양했다. 정력적으로 일했다고 이야기한 사람도 있었고 의기소침했다고 기록한 사람도 있었다. 그 차이점에는 '증언자의 사정'과 소련 내 '스탈린의 평가 변화'가 관련되어 있다.

스탈린의 회견자 명부를 보면, 전쟁이 시작되고 스탈린이 정부나 군의 중심인물과 빈번하게 만난 것을 알 수 있다. 하지만 6월 29일과 그다음 날은 출근하지 않았다.

스탈린이 모습을 감추기 전날인 6월 28일에 벨라루스의 민스크가 함락되었다. 모스크바에서 약 700킬로미터 떨어진 민스크에는 서부 특별 군관구의 사령부가 있었으나 전쟁 시작 3일 만에 포위되었다. 이 사건이 스탈린을 압박했으리라 여겨진다.

민스크 함락 소식을 접한 스탈린은 전황(戰況) 보고를 받기 위해 국방인민위원부로 향하였다. 전례 없는 행차였다. 그러나 전화선은 끊어지고 무전기도 충분하게 보급되지 못한 상태여서 군 중심부에서도 현지 전황을 명확하게 파악하지 못했다. 스탈린은 군인들에게 화풀이를 해댔다.

스탈린의 '실종'

그 후 스탈린은 모스크바 교외에 있는 별장에 틀어박혔다. 회의를 열기 위해 6월 30일에 측근들이 별장으로 찾아갔을 때, 그곳에는 다른 사람인 듯한 독재자가 있었다. 무엇하러 왔냐고 묻는 스탈린을, 아나스타스 미코얀(Anastas Mikoyan)은 다음과 같이 회상하였다. "만반의 태세를 갖춘 상태였다. (중략) 스탈린은 우리가 자신을 체포하러 왔다고 믿었다." 대숙청 때 측근까지 희생양으로 삼은 스탈린은 자신도 같은 운명을 맞이할 거라고 각오한 듯했다.

하지만 측근들은 스탈린을 격려하였고 스탈린은 6월 30일 국가방위위원회 의장으로 취임하였다. 러시아 동부로의 공장 이전, 군수 물자의 증산(增産), 철도 운영의 재정비 등 전시 체제로의 전환을 추진하면서 전선에 보급을 서둘렀다. 6월 29일에는 모스크바 군관구 군사평의회에 라브렌티 베리야(Lavrenty Beria) 내무인민위원이 참가하여 수도를 방어하는 중요한 임무를 맡았다.

7월 19일 스탈린은 국방인민위원을 겸임하고 8월 8일에는 최고총사령관으로 취임하였는데, 예산 배분이나 인사권을 가진 군정에서도 작전 지도권을 쥔 통수에서도 가장 높은 위치에 있다는 것을 의미하였다. 같은 해 5월 6일에 스탈린은 정부를 대표하는 수상으로도 선출되었기에, 당과 정부를 포함하여 군에서도 독재자가 되었다.

그러나 이런 권한이 한곳으로 집중되면 군의 자율성이 사라진다. 분명하게 말하면 그 후 소련군은 스탈린의 결재 없이 사단 하나도 움직일 수 없었다. 스탈린이 남긴 10월 5일 메모에는 각 군대를 어디로 증원해야 하는지까지 상세하게 적혀 있었다.

전격전(電擊戰)의 약점

그 무렵 독일군의 거침없는 진격을 지탱한 것은 시대를 앞지르는 전술이었다.

석유가 부족한 독일군에게 시간은 걸림돌이었다. 독일은 석유 대부분을 수입하고 있었다.

단기전을 겨냥한 독일군이 채택한 것은 전격전이었다. 먼저 공중 기습으로 적의 비행장과 지휘관이 있는 장소를 파괴한다. 그리고 공중 폭격, 포격, 공수부대의 엄호를 받으며 전차를 중심으로 하는 기갑부대가 전선에 돌파구를 뚫는다. 기갑부대가 후방 깊숙하게 돌입하여 광대한 포위망을 형성하는 사이, 보병은 뚫린 돌파구로 들어가 적의 측면과 배후를 둘러싸고 적을 포위 섬멸한다. 이 전술로 독일군은 폴란드와 프랑스에서 연승을 거두었다. 두 전투 모두 국경을 뚫고 약 2주 안에 적의 주력을 괴멸시켰다.

독일군의 성공 요인은 제1차 세계대전에서 비중이 작았던 전차를 육지전의 주력으로 삼은 선견(先見)이었다. 항공기, 전차, 오토바이, 트럭에 타는 보병이 연동된 전격전은 러시아에서도 전쟁을 시작할 때 위력을 발휘했다.

스탈린은 전격전을 어떻게 평가했을까? 1941년 7월 31일 해리 홉킨스(Harry Hopkins) 미국 대통령 특사와의 회담에서 스탈린은 다음과 같이 이야기하였다.

"독일군은 70개의 기갑사단이 있는데 각지에서 선전하는 중이다. 이제는 보병사단이라 하여도 다수의 기계화부대가 있어야 한다. 다만 독일군의 약점은 보급지에서 전선까지 400킬로미터 정도 떨어져 있다는 것이다. 그 이유는 기갑사단이 계속 앞으로 나아가기 때문이다. 보급지와 전선 사이를 방어하는 것은 매우 어렵다." 스탈린은 기갑부대와 병참이 전쟁에서 승리할 열쇠를 쥐고 있다고 분석하였다.

그리고 올해는 '전략적 인내'를 면치 못하지만, 이듬해에 반격하면 장기전이 될 것이라고 이야기하였다.

"전쟁을 시작할 때 독일군의 사단은 175개였으나 지금은 232개로 늘어났다. 소련군의 사단은 180개인데, 350개까지 늘리려면 내년 봄까지 시간이 걸린다. 겨울 동안의 전쟁터는 모스크바, 키이우, 레닌그라드 전선으로 현재 지점에서 100킬로미터도 떨어지지 않은 장소일 것이다. 독일군이 지쳐서 공세를 견딜 수 없게 되는 때가 소련군에게 매우 유리한 시기 중 하나일 것이다"라고도 이야기하였다.

그러나 소련은 스탈린의 예상보다 내몰린 장소에서 적과 만났다. 이 회담이 끝나고 4개월이 지나도록 소련군은 반격의 기회를 잡지 못했기 때문이다.

압승의 그늘에서

전쟁 초기 공중 기습으로 제공권을 빼앗겨서 수세에 몰린 소련군은 자연스레 방어 태세를 취했다. 폭격기가 소련 비행장을 습격하여 첫날에만 출격도 못 한 비행기 1,200기가 파괴되었다. 스탈린도 홉킨스에게 독일 공군의 강력함을 이야기하면서 융커스 Ju 88 폭격기에는 소련의 어떤 항공기도 대적할 수 없다고 칭찬까지 하였다.

러시아의 자료를 보면 독일군과 대치한 소련의 3개 군단 중에서 중앙부에 위치하고 가장 피해가 컸던 서부방면군은, 전쟁이 시작되고 18일 동안 병사 41만 7,790명, 전차 4,799대, 항공기 1,777기를 잃고 약 600킬로미터 후퇴하였다.

독일군은 첫 싸움의 압승으로 긴장을 늦추었다. 할더 참모총장은 7월 3일 일기에 이렇게 적었다. "전쟁 시작 2주 만에 소련을 상대로 승리했다고 보아도 과대평가는 아니다." 그러나 할더는 같은 날 일기에 수송을 담당하는 철도가 부족해서 진격 속도가 떨어진다고도 적었다. 그것은 독일군의 치명적인 약점이 되었다.

그 시점에서 작전은 순조로웠다. 7월 16일에는 하인츠 구데리안(Heinz Guderian) 상급대장이 지휘하는 제2기갑집단의 전위대가 작전 목표 지점인 드니프로강(드네프르강)에 도착하였다. 8월 5일에 중앙집단군도 스몰렌스크를 점령하였고, 8월 21일에는 북방집단군도 레닌그라드까지의 거리를 20킬로미터로 좁혔다. '바르바로사 작전'의 제1단계는 목표에 가까워지고 있었다.

그러나 목표 달성 직전 히틀러에게 걱정거리가 생겼다. 7월 28일에는 다음과 같이 부관에게 털어놓았다.

"밤에도 잠을 잘 수 없다네. 가슴속에서 정치와 세계관을 중시하는 마음과 경제를 중시하는 마음이 맞서 싸우고 있어. 정치를 생각하면 레닌그라드와 모스크바라는 두 개의 큰 종양을 제거해야만 하지. (중략) 경제를 위한다면 목표가 완전히 달라질 거야. 확실히 모스크바는 최대 공업 도시지만, 그보다 석유와 곡물 등 생존권 확보에 필요한 모든 것이 손에 들어오는 남방 지역이 경제적으로는 중요하지."

히틀러는 전쟁 시작 전인 1941년 2월 페도어 폰 보크(Fedor von Bock) 원수에게 다음과 같이 이야기하였다. 우크라이나를 점령하고 모스크바와 레닌그라드를 함락시켜도 평화는 오지 않는다고. 그때는 시베리아의 예카테린부르크까지 진격할 것이라고. 장기전을 대비하여 자원을 손에 넣기 위해 남하하는 것은 히틀러에게 합리적인 선택이었다. 그러나 군부가 바라는 것은 단기전이었다.

우크라이나를 우선하다

모스크바 진격을 주장한 발터 폰 브라우히치(Walther von Brauchitsch) 육군 총사령관과 할더 참모총장은 히틀러의 생각을 바꾸고자 하였지만, 8월 21일 히틀러는 우크라이나 공략을 명령하였다.

키이우 공략을 명령받았던 제2기갑집단을 통솔한 구데리안은 모스크바 진격에 대해 히틀러와 직접 담판하였다. 그러나 우크라이나의 자원과 식량이 장기전의 열쇠를 쥐었다고 말하는 히틀러의 생각을 바꾸는 것은 불가능하였다. 히틀러는 말하였다. "나의 장군들은 전쟁 경제를 전혀 알지 못하는군."

마지못해 남하한 구데리안의 제2기갑집단은 북상하는 제1기갑집단과 합류하였다. 완전하지 않았지만 이로써 키이우 포위망은 닫혔다. 독일군은 9월 19일에 키이우 시내로 진군하였고 주변의 소탕전도 9월 말에 끝났다. 소련의 통계에 따르면 키이우에서 포위된 남서방면군은 전사하거나 포로로 잡혀, 61만 6,304명이 행방불명되어 괴멸하였다.

키이우 점령으로 독일군이 모스크바에서 멀어진 것은 확실하였다. 단지 주코프는 독일군이 키이우가 아니라 모스크바를 공격했다면 진격해오는 독일군의 측면을 소련이 남쪽에서 공격했을 거라고 회상하며, 독일군의 전략을 실수라고 여기지는 않았다.

그사이 소련은 중요한 산업 시설을 모스크바 동쪽으로 옮겼다. 스탈린은 7월 4일 소개(疏開) 계획 책정을 명령하고 7월 16일에 소개위원회를 창설하였다. 소개 기업의 노동자도 이동하도록 명령했고, 모스크바에서 아이를 데리고 있는 여성 노동자는 소개 기업의 근무 여부와 관계없이 8월 20일에 이동하도록 명령하였다. 8월부터 9월에 걸쳐 소련군의 반공(反攻)은 전부 실패로 끝났지만, 시간 끌기에는 공헌하였다.

목
표
는

모
스
크
바

태풍 작전

우크라이나 점령을 눈앞에 두고 히틀러는 갑자기 돌변하여 모스크바 공략에 착수하였다. 9월 6일 히틀러의 지시를 받은 독일군은 키이우 공략을 기다리지 않고 다시 모스크바로 목표를 돌렸다. 이 작전은 나중에 '태풍 작전'이라 이름 붙여졌다. 신속하게 모스크바를 괴멸하라는 결의를 드러낸 것이리라. 전법은 변함없이 전격전이었다.

결국 키이우를 우선했던 것과 기갑부대를 재편성하는 일로 준비는 한 달이 걸렸다. 10월 2일이 되자 히틀러는 '최후 대결전'으로 모스크바 공격을 명령하였다. 주력인 중앙집단군은 192만 병사와 전차 1,217대를 거느렸다. 제2항공함대는 상공에서 550기로 지원하였다.

소련군은 서부, 브랸스크, 예비 방면군을 합쳐서 병력 125

만 명, 전차 990대, 항공기 677기로 맞섰다. 수로 보면 우위는 독일이었다. 게다가 스탈린은 9월 26일에 제54군을 레닌그라드로 파견하여 모스크바와의 연락을 확보하기 위해 얼마 없는 병력을 분산시켰다. 그곳에서 독일군의 대공세가 시작되어 다시금 허를 찔렸다.

독일군의 거침없는 진격

작전 초 히틀러는 자신만만했다. 10월 3일 현재의 폴란드에 위치한 총통사령부에서 베를린으로 일시 귀환한 히틀러는 "러시아는 다시 일어설 수 없다"라며 라디오를 통해 국민에게 마음껏 과시하였다.

히틀러의 낙관을 증명하듯 독일군은 연승을 거듭하였다. 9월 30일 남쪽에서 진격한 제2기갑집단은 소련 제13군의 전선을 돌파하였다. 제2기갑집단을 이끈 사람은 신속하고 과감한 기동으로 '재빠른 하인츠'라는 별명을 얻은 구데리안이었다. 10월 3일에는 모스크바에서 350킬로미터 남서쪽에 위치한 오룔을 점령하였다.

10월 2일부터 스몰렌스크의 뱌지마 근교에서 벌어진 전투로 소련군은 다시금 포위 섬멸을 당하였는데, 독일군의 발표에 따르면 포로는 66만 3천 명에 달했다. 독일군은 '태풍 작전'을 개시하고 얼마 지나지 않은 10월 5일에 출발 지점에서 모스크바에 이르는 거리의 3분의 1 정도를 답파하였다. 자신감이 넘친 히틀러는 10월 7일에 모스크바와 레닌그라드의 항복을 받아들이지 말라고 하였다.

모스크바 공방전의 본격화

궁지에 몰린 스탈린은 10월 5일 국가방위위원회에 모스크바 방위를 위한 특별 결정을 내렸다. 볼로콜람스크, 모자이스크, 칼루가를 연결하는 300킬로미터의 '모자이스크 방위선'을 사수하기 위해 극동과 중앙아시아로부터도 될 수 있는 대로 병사를 끌어모았다. 방위선에서 모스크바까지는 120킬로미터도 되지 않았다.

스탈린에게 모스크바를 구할 '최후의 수단'은 주코프였다. 주코프는 첫 전투에서 패한 책임을 지고 전선에서 지휘하고 있었는데, 10월 5일 레닌그라드에서 스탈린에게 전화를 받았다.

"비행기를 타고 모스크바로 올 수 있겠나? 유호노프 지역의 예비 방면군 좌익에 문제가 생겼는데, 최고총사령부(스타프카)는 필요한 조치에 대해 귀관과 상담하고 싶네."

스탈린의 신임을 되찾은 주코프는 서부방면군 사령관으로서 모스크바 방위를 맡았다. 주코프가 필요하다고 하면 스탈린은 주저하긴 하였으나 애지중지하는 항공기도 내주었다. 주코프뿐만 아니라 전쟁 중 스탈린은 자신이 능력을 인정한 장군에게는 실패하더라도 몇 번이든 기회를 주었다.

혼란의 모스크바

모스크바에 점령 위기가 닥쳤다. 국가방위위원회는 10월 12일 모스크바 방위선을 시외에 구축하기로 결정하였다. 모스크바 방위선은 모스크바 서쪽을 반원 형태로 둘러쌌다. 또한 방위선 안쪽에 순환 도로를 따라 제2방위선을 쌓았다. 그러한 방위선을 구축하기 위해 모스크바 당 조직의 명령으로 모스크바 시민이 동원되었다.

　방위선을 구축하면서 스탈린은 모스크바에서 철수할 준비도 진행하였다. 철수할 때 폭파할 건물과 시설의 목록을 10월 8일부터 국가방위위원회가 비밀리에 작성하였다. 이튿날 위원회는 1,119개 시설의 파괴 준비가 완료되었다고 스탈린에게 보고하였다.

　처음부터 소련군은 뱌지마에서 독일군을 저지할 예정이었다. 그러나 일찌감치 크게 패했기 때문에 빠르면 11월 중순에 끝낼 예정이었던 방위망의 구축을 따라잡지 못한 '모자이스크 방위선'은 위력도 발휘하지 못했다. 독일군의 제4기갑집단은 10월 14일 '모자이스크 방위선'을 뚫었다.

　이튿날 10월 15일 국가방위위원회는 모스크바 철수를 결정하고 소련 정부는 볼가강 부근의 도시 쿠이비셰프(지금의 사마라)로 옮기기로 하였다. 공장과 기업의 이동도 빠르게 진행되었고, 10월 마지막 2주 동안 모스크바에서 화물차만 8만 대가 발차하였다. 참모본부도 이동하였다. 모스크바에는 연락책으로 몇 명의 참모만 남았을 뿐이었다.

　전쟁이 시작되고 시민에게는 정확한 상황이 알려지지 않았으나, 정부가 이동을 시작한 10월 16일이 되자 시민도 이변을 감지하였다. 공장이 문을 닫고 노동자는 거리를 헤맸으며, 모스크바에서 동쪽으로 향하는 도로에는 이동하는 차가 줄을 이었다. 시민은 공황 상태에 빠졌다. 치안을 담당하는 내무인민위원회 모스크바 본부장은 '무정부 상태'라고 보고하였다.

철수를 거부한 스탈린

스탈린 자신은 상황을 보고 10월 16일 또는 17일에 철수할 예정이었다. 모스크바 역에서 다수 목격 증언이 있기는 하였으나 스탈린은 준비된 열차에 타지 않았다. 마음을 바꾼 이유는 명확하지 않다. 수년 후에 측근 몰로토프는 스탈린이 모스크바를 떠났다면 어떻게 되었겠냐는 질문을 받았는데, 모스크바는 불바다가 되고 소련은 붕괴됐을 것이라고 대답하였다.

전의를 북돋우기 위해 스탈린은 자신이 있는 곳을 분명하게 밝혔다. 10월 17일 스탈린이 모스크바에 머무르고 있다는 소식이 라디오에서 흘러나왔다.

그것으로 시민의 혼란이 사그라들지는 않았지만, 국가방위위원회가 10월 19일 모스크바에 계엄령과 야간 외출 금지령을 선포한 것은 치안 유지에 효과적이었다. 베리야는 스탈린도 이동하게 하려고 "모스크바가 소련의 전부는 아닙니다. 그러니 모스크바 방위는 무의미합니다"라며 설득했지만, 스탈린의 결심을 바꿀 수는 없었다. 그때 계엄령이 선포되었다고 한다.

내무인민위원회 특수부대의 단속은 철저했다. 10월 20일부터 12월 13일에 걸쳐 12만 명 이상이 구속되고 400명에 가까운 시민이 총살당했다. 또 내무인민위원회는 전선에서 도망간 병사와 부대에서 이탈한 병사를 재편성하여 전선으로 돌려보냈다. 10월에 베리야에게 보고된 수는 65만 7,364명에 육박했다. 그 가운데 1만 201명은 총살당했다. 소련 정부는 겁에 질린 병사와 도망가는 시민을 '내부의 적'으로 판단하여 전선에 머무르게 하는 엄벌을 내렸다.

그러한 권한을 가진 베리야는 작전과 무기의 배급을 두고 군의 고위 관료와도 충돌하였다. 독일 측도 국방군과 친위대의 대립이 있었는데 소련 측도 내부항쟁이 벌어지고 있었다.

'태풍 작전'의 중단

10월 20일 독일군은 모스크바까지 60킬로미터를 남겨둔 상태였다. 같은 날 소련에 주재하는 외교단도 쿠이비셰프로 이동하였다. 모스크바 함락은 시간문제로 보였다.

그때 모스크바로 향하는 독일군의 발을 묶은 원인 중 하나가 가을비와 첫눈으로 질척이는 도로였다. 진창길 때문에 식량과 무기의 지원이 막혔다. 항공기로도 보급을 시도해보았지만 10월 30일이 되면서 독일군의 진격은 거의 멈췄다. 게다가 소련군이 전차에 집중 공격을 하는 바람에 그 피해가 막심하였다. 소련군은 아군의 전차도 희생하는 필사의 작전으로 독일의 기갑집단을 저지하였다.

그리하여 '태풍 작전'은 실패로 끝났다. 독일군은 10월 말까지 중앙부에서 250킬로미터 가까이 전진했지만, 모스크바를 포위하기는커녕 모스크바 교외조차 점령하지 못했다. 전쟁을 시작할 당시의 속도는 잃어버린 지 오래였다. 전격전은 소모를 거듭해 위력을 잃은 것이다.

만약 소련 침공이 조금 더 빨랐더라면 독일은 동장군의 영향을 받지 않고 승리할 수 있었을 것이라는 견해가 지금도 있다. 그러나 패한 원인을 악천후에서 찾는 것은 소련군에게 진 것을 인정하고 싶지 않은 독일 장군이 퍼뜨린 핑계다. 예년보다 이르게 찾아온 동장군과 진창길 때문에 악전고투한 것은 소련 측도 마찬가지였으니 변명에 지나지 않는다.

1920년대부터 전차를 집중적으로 이용하는 기동전을 주장하고 전격전에도 영향을 준 영국의 리델 하트는, 독일군이 무한궤도의 수송차량을 갖추어서 보급을 받았더라면 속공은 멈추는 일 없이 진행되어 1941년에 모스크바를 점령했을 것이라고 하였다. 그렇지만 리델 하트의 의견은 수송차량 자체의 연료 보급을 무시하고 소련의 정비되지 않은 도로 형편도 고려하지 않은 탁상공론이다.

프로파간다의 활용

그 틈을 이용하여 스탈린은 모스크바 주변의 전선을 재구축하였다. 구데리안의 제2기갑집단을 남쪽에서 저지하기 위해 11월 10일 주코프가 지휘하는 서부방면군은 모스크바의 정남쪽에 위치한 공업 도시 툴라의 방위를 맡았다. 모스크바 근교에 위치한 툴라 및 레닌그라드와 모스크바를 연결하는 요충지 칼리닌(지금의 트베리)에서의 전투가 수도 방위의 열쇠를 쥐고 있었다.

그사이 스탈린은 군과 국민을 꾸준하게 격려하며 사기를 북돋웠다. 11월 6일에는 모스크바시 주최의 러시아혁명 기념 축하회가 공습의 위험을 고려하여 가장 땅속 깊이 있는 지하철역에서 열렸다. 축하회에서 스탈린은 라디오를 통해 전국에 연설하였다. 독일군은 450만 명을 잃었지만 소련군의 전사자는 25만 명이고 행방불명된 자는 27만 8천 명에 지나지 않는다며, 현실과 동떨어진 숫자를 늘어놓았다. 독일군이 막심한 손해를 입었다는 인상을 주기 위해 필사적이었을 것이다.

이튿날 스탈린은 여느 때의 혁명 기념일과 다름없이 붉은 광장에서 군사 퍼레이드를 열병하고 자신과 소련의 건재함을 내외에 알렸다. 스탈린은 이 광경을 담은 필름을 소련 각지에서 상연시켰다. 눈이 내린 탓에 분명하게 전달되지 않은 연설은 공들여서 다시 찍었다.

모스크바를 구한 철도망

소련군의 무기와 병사는 심각하게 부족하였다. 그래도 시베리아와 중앙아시아라는 '넓은 후방'이 있어서 수백만의 모스크바 시민도 동원할 수 있는 점은 소련군에게 유리하게 작용하였다.

군수 물자는 모스크바에 철도로 옮겨졌는데, 모스크바 동쪽과 남동쪽에서 뻗은 노선 5개 가운데 2개는 퇴로로 이용하고 있어서 보급이 충분하다고 할 수는 없었다. 더욱이 소련 국내 철도는 하나의 선으로 설치된 경우가 많아서, 신병과 군수 물자를 가득 싣고 모스크바를 향해 달리는 열차가 반대 방향에서 오는 화물차의 통과를 위해 기다리는 경우도 종종 있었다.

그래도 철도망은 무기였다. 특히 전쟁을 시작하기 직전에 모스크바 교외를 둘러싼 순환선이 소련 국내 철도를 부채 모양으로 연결하였다. 독일군이 주요 노선 대다수를 절단한 후에는 이 순환선이 모스크바와 지방의 연락을 유지하는 마지막 희망이었다.

게다가 소련 측에 다행이었던 것은 모스크바로 향하는 철도와 도로에서 수송이 활발하게 이루어지는 것을 독일 공군이 직접 확인했음에도 불구하고 아무런 공격도 하지 않았다는 점이다. 소련군에게 더 이상 예비 병력은 없다고 믿고 있었던 독일군 수뇌부는 정찰 비행의 보고를 진지하게 받아들이지 않았다. 그 대신 독일 공군은 모스크바 중심부와 근교의 비행장에 폭격을 집중하였다.

제2항공함대 사령관이었던 알베르트 케셀링(Albert Kesselring) 원수는 적의 보급을 폭격으로 차단하지 않았던 것은 매우 중대한 실수 중 하나였다고 회고하였다.

소수 민족과 여성 동원

10월 5일에는 국가방위위원회에서 대규모 예비군 편성 명령이 내려졌다. 소련군은 모스크바 방위를 위해 동쪽에서 물자를 보급하고 부족한 병사는 시민으로 메꾸었다. 정규병만으로는 부족하였기 때문에 우선 예비역 부대를 편성하고 같은 달에 전선으로 투입하였다. 모스크바 각 지구에서도 지원병을 모아 보냈다. 대상 연령은 17세부터 55세까지로 늘리고, 원한다면 누구라도 입대할 수 있었다. 그리하여 10월 중순부터 12월까지 새로운 병사 20만 명이 동원되었다고 소련군 참모본부는 기록하였다. 일반 시민도 참호를 파는 일에 동원되었다. 시민도 '조국 방위'에 들끓었고 사기는 높았다.

소련군이 성별이나 민족과 관계없이 다양성을 존중한 것도 유리하게 작용하였다. 다민족 국가인 소련에서는 거의 모든 민족이 동원되어 함께 투쟁하였다. 한편 독일군은 '순수 혈통 아리아인'이었다. 독일군 병사는 전투가 격렬해질 때마다 줄어들었다.

소련군 병사의 또 하나의 특징은 여성의 종군일 것이다. 독일군에서도 여성은 동원되었지만 후방 지원에 한정된 것에 비해, 소련군에서는 최전선에도 투입되었다. 1941년 여름에 편성되어 마리나 라스코바(Marina Raskova)가 이끈 여성비행연대 '밤의 마녀들'이 유명했다. 모스크바 상공에서도 여성 조종사가 활약하였다. 저격병으로 우수한 여성 병사도 많았다. 부대에서 유독 여성이 많이 활약한 직책은 통신병과 종군 간호사였다.

한편 독일군은 국방군과 친위대를 가리지 않고 점령지에서 슬라브계 주민에게 압제 정치를 펴서 반감을 샀다. 또한 식량을 현지에서 조달한 것도 반감을 불러일으켰다. 그로 인해 많은 주민이 고향을 버리고 헤어지거나 흩어졌다. 고향을 잃은 주민은 때로 비정규군(빨치산)이 되어 독일군의 보급로를 습격하였다. 그중에서도 철도는 비정규군의 최대 표적이었는데 비정규군은 독일군의 물자를 수송하는 열차를 자주 파괴하였다.

그러면 독일군은 붙잡은 포로들을 활용하지 않았던 것일까? 실은 '인종 전쟁'이라는 이유도 있어서 포로 대다수가 수용소 안에서 굶어 죽었다. 그 결과 점령지에서 노동력을 확보하는 것이 곤란하였다. 독일이 포로를 노동력으로 이용한 때는 1941년 말부터였다.

무기 보충을 담당한 스탈린
전쟁이 진행되면서 양군(兩軍)에게 부족한 것은 전차였다.

전차의 수는 독일군이 3만 대, 소련군이 2만 4천 대로 호각이었는데, 스탈린도 여름에 만난 홉킨스 특사에게 겨울에 어느 쪽이 더 많은 전차를 생산해내느냐에 승패가 달려 있다고 이야기하였다. 독일 쪽이 한 달 동안 생산해내는 전차의 수가 더 많다고 이야기하면서, 미국에서 생산한 전차와 전차를 만드는 데 필요한 철의 제공을 의뢰하였다.

스탈린은 T-34를 중요시하여 전쟁이 시작된 해의 7월에 잠수함을 건조하던 공장의 라인을 전차 생산에 필요한 라인으로 바꾸도록 명령하였다. 개전 후 반년 동안 T-34와 KV(클리멘트 보로실로프) 전차는 2,819대가 생산되었다고 한다.

그러나 소련군은 전쟁이 시작되고 반년 동안 전차 약 2만 500대를 잃었다. 스탈린은 전차를 조달하기 위해 진두지휘에 나섰다. 10월 20일에는 고리키(지금의 니즈니노브고로드)의 전차 공장에 다음처럼 전보를 보냈다.

"귀하의 공장은 신형 전차 T-34의 생산 계획에서 불량한 성적을 내어 국가 방위 사업을 형편없게 만들고 있소. 국가와 수도가 심각한 위기에 빠진 지금, 이 이상 간과는 불가능하오. (중략) 이른 시일 내로 하루에 적어도 전차 3대를 생산하고, 월말까지는 하루에 4대에서 5대를 공급하도록 명하오. 공장이 국가에 대한 의무를 다할 수 있기를 희망하오."

당시 스탈린이 얼마나 전차를 원했는지는 앞서 이야기한 11월 6일의 연설에서도 알 수 있다. 스탈린은 소련이 패한 원인을 전차와 항공기의 부족으로 보았다. 그리고 현대의 전쟁에서는 항공지원을 받는 보병과 전차 없이 적군에 맞설 수 없다고 주장하였다. 품질은 소련군의 전차와 항공기가 앞서지만 수가 터무니없이 부족하다고 고백하며, 전차를 증산하기 위해 스탈린은 국민을 독려하였다.

목표 달성을 위해 수단을 가리지 않았던 스탈린은 윈스턴 처칠(Winston Churchill) 영국 총리와 프랭클린 루스벨트(Franklin Roosevelt) 미국 대통령에게 지원을 요청하는 서신을 연거푸 보냈다. 홉킨스 특사에게는 "미국이 대공포와 알루미늄을 제공한다면 3년이든 4년이든 싸울 수 있다"라고 호언장담하였다.

그 결과 미국에서 무기를 받을 수 있는 무기대여법이 1941년 11월 소련에도 적용되었다. 영국에서도 같은 해 말까지 전차가 466대 제공되었다. 제공된 마틸다 전차는 사기를 높이기는 했으나 전쟁의 판국을 뒤집을 힘은 없었다. 연합국의 지원이 가치를 발휘한 시기는 대전 후반이 되어서였다.

한편 독일군 전차는 1941년 7월부터 8월에 걸쳐서 큰 폭으로 줄어들었다. 줄어든 이유는 8월 스몰렌스크에서 벌어진 전투의 영향이라고 역사가 데이비드 스타헬(David Stahel)은 주장하였다. 이 전투에서 독일군은 예상보다 많은 포탄을 소비하고 전차에도 엄청난 피해를 입어서 이후 진격이 둔해졌다. 독일의 물자 수송은 빈약한 부분이 있어서 앞서 입은 피해를 보완할 수 없었다. 한편 소련의 T-34는 공정을 생략해도 조립이 가능한 간소한 설계로 대량생산을 바라보고 있었다.

서쪽으로 이동하는 극동방면군

전차뿐만 아니라 스탈린은 병사도 필사적으로 그러모았다.

스탈린에게 남은 비장의 카드는 극동에서 일본 관동군과 대치하는 병력이었다. 일본 도쿄에 잠입한 스파이 리하르트 조르게(Richard Sorge)는 10월 4일 전보로 올해 안에 일본이 소련을 공격하는 일은 없을 것이라고 알렸다. 10월 6일 스탈린은 관동군에 대비하고 있던 자바이칼 방면군 가운데 2개 사단을 모스크바 방면으로 이동시켰다.

10월 12일에 이오시프 아파나센코(Iosif Apanasenko) 극동 방면군 사령관과 극동의 중요 인물이 크렘린을 방문하였다. 니콜라이 페고프(Nikolai Pegov) 연해지방당 제1서기의 회상에 따르면, 회견 중 스탈린은 일본에 참전 구실을 만들어주지 않기 위해 거듭하여 확인했다고 한다. 병력을 서쪽으로 옮겨 허술해진 극동에서 문제가 생기면 곤란하기 때문이었다. 회견이 끝나고 더욱 많은 병력이 극동에서 모스크바로 이동하였다. 태평양 함대와 아무르 함대도 수병을 내리게 하고 1941년에는 해군 선원 3분의 1을 모스크바로 보냈다.

1941년 6월부터 1945년 5월까지 극동방면군과 자바이칼 방면군은 사단 34개, 독립여단 20개를 포함하여 34만 4,676명을 서쪽으로 보냈다. 다만 1941년 10월부터 모스크바 공방전에 참가한 극동군 병력은 그 절반도 되지 않는 16개 사단으로 추정된다.

극동으로부터의 지원군 수가 많지는 않았지만, 중요한 점은 독일도 소련도 병사가 절실하게 필요했던 때에 지원군이 투입되었다는 것이다. 극동에서 시베리아 철도를 이용해 병사를 최전선으로 수송하는 시간은 적어도 일주일은 걸리기 때문에 '모자이스크 방위선'이 뚫린 직후부터 극동 부대가 동원되었다고 생각된다.

극한 상태에서 싸우는 장병

그 무렵 독일군은 소련뿐만 아니라 대서양에서는 영국과 대치하고 북아프리카로도 전선을 넓히고 있었다. 따라서 모스크바에 부대를 집중시킬 수 없었다. 하지만 소련은 뒤쪽에서 위협하는 일본이 이듬해 봄까지 움직이지 않으리라 판단했기 때문에 모스크바에 전력투구할 수 있었다. 스탈린은 레닌그라드의 지원군 요청을 거절하면서까지 모스크바에 병력을 모았다.

게다가 극동에서 온 부대의 장비도 중요하였다. 툴라에서 극동군과 대전한 구데리안 제2기갑집단 사령관은 다음처럼 회고하였다.

"나의 경계부대가 만족스러운 방한 피복도 입지 못하고 영양 불량에 초라한 모습으로 고전하는 것과는 달리, 부러울 정도의 방한 장비를 갖추고 영양 불량과는 거리가 먼 시베리아 사단 병사가 분투하는 모습을 실제로 본 사람이 아니라면, 앞으로 그 광대한 지역에서 어떻게 중대한 일이 벌어질지 추측하는 것은 도저히 불가능한 일이다."

12월 5일 툴라의 기온은 영하 36도였다. 독일군은 한겨울의 심한 추위에 여름옷을 입고 싸우며 필요한 지원군도 기대하지 못하는 비참함을 다시금 확인하였다.

소련 측이 방한구를 마련한 것은 2년 전 핀란드와의 전쟁에서 교훈을 얻은 참모본부가 겨울 준비를 재검토하였기 때문이다. 한랭지에 적합한 군복, 털가죽 장갑, 따뜻한 모자는 체온의 저하를 막았다. 그러나 방한구는 전선의 병사에게만 지급되었고 후방의 장병은 외투도 없는 실정이었다. 소련의 국가방위위원회는 7월 중순에 겨울 장비를 준비하라는 명령을 받았지만, 병사의 증가를 따라잡지 못하여 모든 장비가 부족하였다.

또한 소련 측도 규정량의 식량을 배급하는 일은 드물었다. 병사 대다수는 건조 식량으로 굶주림을 견뎠다. 그 때문에 전선으로의 공급을 강화하라는 군의 명령이 여러 번 내려왔다. 하지만 병사뿐만 아니라 모스크바 시민도 배급제로 견디며 극도로 굶주리는 상황에서 명령이 어디까지 충실하게 이행되었는지는 의문이다.

굶주림과 추위로 빚어진 극한 상태에서 전투를 강요받은 것은 독일군이나 소련군이나 마찬가지였다.

할더의 오산

태풍 작전이 실패하여 독일군은 다시 선택의 갈림길에 섰다. 한겨울에는 공세를 멈추고 봄을 기다려야 한다는 것이 전선에 있는 지휘관들의 의견이었다. 무기나 식량은 말할 것도 없고 병사의 방한구도 없는 상황을 고려한 판단이었다.

하지만 보크 중앙집단군 사령관은 끝까지 모스크바 공략을 주장하였다. 60세 때 보크는 1940년 파리 점령에서도 앞장섰는데 화려한 전력도 보크의 투지를 뒷받침하였다.

다만 보크도 '전략 면에서 볼 때 공세는 위대한 걸작이 못 된다'고 일기에 적었다. 그래도 상황이 악화되는 것을 피해서 공세를 감행하는 것이 좋은 선택이라고 생각하였다. 철도를 이용하여 최전선 부대로의 보급을 확보하면 모스크바의 포위도 가능하다고 예상하였다. 앞으로 내릴 눈은 작전 행동을 불가능하게 만들 것이다. 그렇다면 늦기 전에 '전략적으로 가치 있는 지점'인 모스크바에 전력을 집중시켜야 한다는 것이 보크의 주장이었다.

독일 통수부에서는 브라우히치 육군 총사령관이 심장병으로 쓰러져서 할더 참모총장이 권한을 강화하였다. 11월 13일 벨라루스 동부의 오르샤에서 각 방면군 참모장 회의가 열렸는데, 할더는 모스크바 공격을 즉각 재개하는 것이 총통의 뜻이라고 전하며 강경한 태도로 회의를 마무리하였다.

할더는 왜 공세에 집착하였을까? 할더는 11월에 접어든 후로도 한 달 정도 작전을 펼 수 있고, 모스크바 공략은 불가능해도 포위는 가능하다고 믿었다. 또 이듬해 여름까지 작전을 미루면 병력이 역전될 거라고 믿었는데, 실제 소련군은 할더의 예상을 넘어서는 속도로 병사를 그러모았다. 그 결과 1941년 말에 소련군 병력은 281만 8,500명이었는데, 이듬해 3월에는 418만 6천 명으로 불어나 있었다.

그런 상황을 모르는 독일군은 추위로 얼어붙은 도로를 이용하여 11월 16일 모스크바를 향해 다시 전진하였다.

줄어드는 전력 차이

소련군 참모본부의 산출에 따르면, 11월 공세를 시작하였을 때 독일군은 모스크바 정면의 전선에 병사 22만 3천 명과 전차 1,300대를 투입하였다. 맞서 싸우는 소련은 서부방면군만 24만 명에 전차는 502대였다. 전차는 아직 독일군이 우위였지만 모스크바 북서부와 남부의 전선에서도 병력의 차이는 줄어들고 있었다.

다만 이 시점에서 병력을 비교해도 별로 의미는 없다. 독일군도 소련군도 수백 킬로미터에 달하는 장대한 전선에 진을 치고 눈과 추위로 기동력을 잃은 상태여서, 병력을 집결시켜서 움직이게 하는 것은 곤란하였기 때문이다. 전선에서 마주 보는 소부대의 병력이나 화력의 차이가 중요하였다.

그런 상황에서 독일 측이 불리했던 것이 병참의 부족이었다. 공세 개시에 맞춰 보크를 비롯한 전선의 지휘관들이 요구했던 군수품이나 방한구는 상당수 도착하지 않았다.

원인은 수송 인프라에 있었다. 독일의 기갑집단은 물자 보급을 트럭에 의지하였는데, 이 보급로 자체가 가솔린을 낭비하였다. 참고로 소련의 도로 대부분이 미정비 상태였기 때문에 대량 수송은 철도에 의지해야 했다. 그런데 독일과 소련은 선로 게이지가 달라서 독일에서 직통열차로 수송하는 것이 불가능했다. 또한 독일의 기관차는 추위에 약해서 고장이 났으며, 화물차는 점령지의 유대인을 동쪽으로 추방하는 데 사용되어서 수량도 부족하였다. 소련 측도 독일군에게 점령되기 전에 기관차나 화물차를 동쪽으로 옮겨놓았다.

독일군은 전선에 물자를 운반하기 위해 항공기를 사용하기 시작했다. 독일 제2항공함대는 11월 북아프리카 전선 지원을 위해 전투기 상당수를 몰타섬으로 보냈기에 수송에 이용된 것은 폭격기였다. 그 결과 모스크바 주변에서는 전투기도 폭격기도 모자랐다. 또한 추위로 엔진이 얼어붙어서 독일군의 항공기는 출격이 어려웠다. 그리하여 제공권은 소련 측으로 넘어갔다.

한계에 부딪힌 독일군

히틀러는 9월 23일 파울 요제프 괴벨스(Paul Joseph Goebbels) 선전장관에게 부대가 겨울을 나기 위해 필요한 조치를 찾았다고 말하였다. 그러나 겨울 장비를 실은 열차는 기관차의 동결과 화물차의 부족으로 폴란드에서 대기한 채였다.

그 결과로 생긴 병참의 부족은 보크가 작전을 주저할 정도였다. 하지만 자부심이 대단한 보크가 앞서 했던 말을 번복하는 일은 없었다. 독일의 장병은 피폐한 채로 새로운 공세에 동원되었다.

전투는 점점 모스크바 근교로 옮겨 갔다. 독일군은 중앙집단군의 지휘 아래, 세 갈래로 나뉘어 모스크바 포위를 노렸다.

그러나 독일군에게는 모스크바를 포위할 만한 병력이 더 이상 남아 있지 않았다. 독일 육군 총사령부 통계에 따르면 전쟁을 시작할 때의 병력 23퍼센트를 이 시점에서 잃었기 때문에 무리도 아니었다.

독일의 공세를 지탱한 기갑집단도 힘을 다하였다. 모스크바 북서쪽의 칼리닌을 공략하는 제3기갑집단은 연료 부족으로 멈췄다. 소련군의 맹렬한 반격을 받은 구데리안의 제2기갑집단도 툴라 공략을 단념하고 동쪽으로 돌아서 전진하였다. 구데리안은 11월 21일 보크에게 전화하여 공격을 계속하여도 성공할 가망이 없으니 방어로 바꾸자는 의견을 제시하였다.

모스크바에서의 결전

같은 무렵 스탈린은 모스크바의 방위선을 강화하는 것과

동시에, 초토화 작전을 지시하였다. 11월 17일에는 모든 부대와 소련 측 저항 세력(빨치산)에게 전투지역 안쪽으로 40~60킬로미터, 도로에서 좌우 20~30킬로미터 권내의 모든 주거지를 '파괴하고 모조리 불태울 것'을 허가하였다. 주민에게는 가혹하였지만 매서운 추위 속에 독일 병사가 쉴 곳을 빼앗기 위해서였다.

모스크바 주변의 혹독한 추위는 여러 날을 계속하여 영하 30도였다. 히틀러는 부관에게 투덜댔다. "전쟁 시작이 한 달 늦었군."

11월 29일 보크는 할더 참모총장에게 전화하여 며칠 안으로 모스크바 북서부의 소련군이 괴멸되지 않는다면 모스크바로의 총공격은 보류해야 한다고 말하였다. 하지만 12월 1일 공격은 계속하기로 결정되었다. 보크는 브라우히치 육군 총사령관에게 다음과 같이 호소하였다. "최근 2주 동안의 전투로 적군이 괴멸됐다고 말하는 것은 망상과 다름없소. 철도 보급이 끊기면 우리군은 현재 수비 위치조차 지킬 수 없소." 그러나 결정이 뒤집히는 일은 없었다.

전선의 장군들과는 달리 할더는 낙천적이었다. 할더는 12월 2일 일기에 "소련군의 방어력은 곤두박질을 쳤고 더 이상 적의 지원군이 오는 일도 없을 것이다. 독일 중앙집단군으로의 보급도 '양호'하다"라고 적었다. 히틀러도 모스크바가 아닌 예상외 반격을 받은 우크라이나 남부에 주의가 쏠려 있었다.

독일군은 마지막 용맹심을 발휘하였다. 12월 2일 독일군의 정찰대가 크렘린에서 북서쪽으로 16킬로미터 정도 떨어진 힘키까지 진출하였으나, 다음 날 아침 소련의 제20군에게 격퇴당하였다. 12월 3일은 독일군이 모스크바에 가장 가까이 접근한 날이었다.

　　죽을힘을 다한 전투로 독일군은 이미 한계였다. 보크는 모스크바 공략을 단념하였다. 구데리안도 독단으로 철수를 시작하였다.

소
련
군
의

반
전

공
세

반격의 시작

독일군의 한계를 내다본 듯 소련군은 반격에 나섰다.

모스크바 정면에서의 공격은 11월 초로 계획되어 있었다. 그러나 모스크바를 좁혀오는 독일군을 격퇴하는 바람에 비축해 둔 예비 병력은 바닥이 났다. '태풍 작전'에 실패한 독일군의 활동이 무디어져서 소련은 예비군의 편성 시간을 간신히 얻었다.

최종적으로 스탈린이 각 군에게 반격 명령을 내린 것은 11월 24일부터 다음 날까지였다. 서부방면군이 칼리닌 방면군이나 남서방면군과 협력하여 공세를 펼쳐 모스크바의 양익을 좁혀오는 독일군의 돌출부를 소탕한다. 그리고 독일군의 중앙집단군을 포위하는 것이 목표였다.

그동안에도 독일군의 공세는 계속되어 서부방면군 사령관 주코프는 초조했다. 11월 30일 알렉산드르 바실렙스키

(Aleksandr Vasilevsky) 참모차장에게 반공 계획을 전할 때 다음처럼 말하였다. "즉각 국방인민위원 스탈린 동지에게 보고하여 작전을 실행하라는 명령을 받고 싶소. 그렇지 않으면 준비가 늦어질지도 모르오."

그리하여 12월 2일 모스크바 남동쪽에서의 반격을 시작으로 12월 5일 이른 아침에는 모스크바 북쪽의 칼리닌 방면군이 독일군의 북쪽 돌출부를 공격하였다. 12월 6일 주코프는 독일군의 돌출부 안쪽으로 진격하였다. 그리고 세묜 티모센코(Semyon Timoshenko) 원수가 이끄는 남서방면군이 남쪽 돌출부에서 반격에 나섰다. 소련군 참모본부는 12월 6일이야말로 소련군의 총반격이 시작된 날이라고 기록하였다.

반격할 때 독일군이 총반격이라고 눈치채지 못하도록 시간 차를 둔 것으로 전해진다. 시간 차 계략이 들어맞아 보크 중앙집단군 사령관은 12월 6일이 되어서야 사태를 파악하였다.

그러나 시간 차 계략은 소련 측이 꾸며낸 '신화'다. 소련군은 총반격의 핵심인 제10예비군 편성을 예정대로 진행하지 못했다. 스탈린이 편성을 명령한 날은 10월 20일인데 완성 예정일이 12월 2일이었다. 하지만 모스크바로 향하는 열차가 늦어서 준비를 제시간에 맞추지 못하고 총 9만 4,180명이 전선에 투입된 날이 12월 5일부터 다음 날까지였다. 겨우 총반격에 맞춘 것이 실제 상황이었다. 부대의 투입에 있어서도 소련군은 전쟁을 시작하고 처음으로 적보다 많은 병력을 전쟁터에 내보낼 수 있었다.

모스크바를 지켜내다

소련군의 총반격은 시베리아로부터 투입한 스키를 타는 병사만이 아니라 '카자크(Kazak)'라는 전통 기병까지 투입하여 독일군을 압도하였다. 히틀러는 현실을 받아들이지 못하고 "소련군이 새로운 병력을 투입하였다는 것은 믿을 수 없다"라고 중얼거리면서도 12월 8일에 수세를 가다듬도록 명령하였다.

히틀러의 지령을 기다리지 못하고 독일군 대부분은 모스크바 정면에서 퇴각을 시작하였는데 200킬로미터나 물러난 곳도 있었다. 그러나 히틀러의 엄명으로 전선을 고정한 채 겨울을 보내야만 했다.

히틀러는 모스크바에서 패한 책임을 육군에게 떠넘겼고 보크와 구데리안은 해임되었다. 자신감을 잃은 브라우히치 육군 총사령관이 사임을 자청하자, 히틀러는 승낙과 동시에 자신이 그 직무를 겸임하였다. 할더 참모총장은 전선의 지휘관들에게 책임을 전가하고 간신히 지위를 지켰다. 그리하여 육군 총사령부는 동부전선에서 날마다 전투를 지휘할 뿐인 부서로 전락하였다. 그 대신에 히틀러와 히틀러의 추종자들로 구성된 국방군 최고사령부가 전략을 책임지게 되었다.

모스크바는 위기에서 벗어났다. 12월 13일 소련의 신문 〈프라우다〉에는 모스크바 근교에서 독일군이 패한 사실이 대대적으로 실렸다. 12월 14일 스탈린은 모스크바 각지에 설치한 폭약의 철거를 명령하였고, 12월 15일 소련 최고정책결정기관인 정치국은 공산당의 직원을 모스크바로 돌려보내도록 하였다.

[지도 1-2] 동부전선 1941년 12월 5일부터 1942년 11월 18일까지

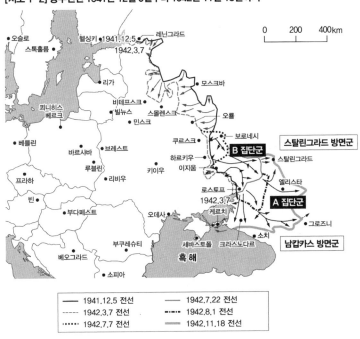

—— 1941.12.5 전선	—— 1942.7.22 전선
----- 1942.3.7 전선	-·-·- 1942.8.1 전선
······ 1942.7.7 전선	—— 1942.11.18 전선

소련군의 강력한 공세는 계속되었다. 스탈린은 부하들에게 격문을 띄웠다. 12월 12일에는 칼리닌 방면군 사령관 이반 코네프(Ivan Konev) 대장에게 전화하여 방면군 우익의 움직임이 나쁘다며 크게 꾸짖었다. 적의 격한 저항을 이유로 든 코네프는 다음과 같이 말하였다. "큰 문제는 아니다. 상부의 지령은 충분히 이해하였다. 겁내지 않고 정력적으로 수행하겠다. 이상."

추격 실패

영국 역사가 앨런 블록(Alan Bullock)은, 스탈린과 히틀러는 모스크바 공방전에서 "공격이 최고의 전략"이라는 같은 결론을 도출했다고 주장하였다. 모스크바를 지켜내고 자신감을 회복한 스탈린은 총반격에 나섰다.

해가 바뀐 1942년 1월 5일 스탈린은 최고총사령부에서 회의를 열었다. 회의 내용은 크게 세 가지였다. 북쪽과 남쪽에서 독일의 중앙집단군을 포위하고, 전에 패한 적이 있는 뱌지마에서 합류하여 독일군을 괴멸시킨다. 동시에 포위된 레닌그라드에서도 공세를 펼친다. 남쪽은 하르키우(하리코프)에서 크림반도까지 해방한다는 장대한 계획이었다.

주코프는 반대하였지만 스탈린은 쉬지 않고 공격하면 1942년 안으로 독일군을 괴멸시킬 수 있을 것이라며 1월 10일 지령으로 독려하였다.

하지만 추격을 계속할 만한 무기도 병사도 부족하였다. 수송도 말에 의지하는 형편이었다. 그런 상황에서도 스탈린이 작전을 강행한 것은 모스크바에서의 승리를 과대평가한 까닭일 것이다.

스탈린의 작전 개입도 현장을 혼란스럽게 만들었다. 예를 들어 1942년 1월 11일에는 모스크바 북서쪽에 있는 도시 르제프를 하루 안에 탈환하라는 스탈린의 명령이 떨어졌다. 인구 5만이 남짓한 르제프를 둘러싸고 양군은 1943년 3월까지 공방전을 벌였다. 참혹했던 전투로 '고기 분쇄기 도시'라고까지 불린 르제프에서 전선은 교착하였고, 뱌지마도 탈환하지 못한 채 약 27만 명을 잃은 소련군의 총반격은 4월 20일에 멈췄다. 러시아 역사에는 '태풍 작전'이 시작된 1941년 9월 30일부터 1942년 4월 20일까지가 모스크바 공방전으로 기록되었다.

양군의 손실

독일군은 소련과 전쟁을 시작하여 1941년 말까지 반년 동안 전사자 17만 3,722명, 부상자 62만 1,308명, 행방불명 3만 5,875명이라고 하는 막대한 손해를 입었다. 그 합계는 동쪽에서 전투대형을 이루는 병사의 4분의 1을 넘어서는 수였다.

같은 해 말까지 전사자 80만 2,191명, 행방불명 233만 5,482명의 손실을 본 소련군보다 독일군의 손실은 훨씬 적었다. 소련 말기에 공표된 숫자도 지나치게 적다는 지적이 있었다. 9월 말부터 장병 125만 명이 모스크바 방어에 투입되었는데, 12월 5일까지 40퍼센트를 넘은 51만 4,338명이 행방불명되었다.

예사스럽지 않은 수의 행방불명자가 발생한 것은 민스크나 키이우 등의 주요 도시가 포위되었을 때 많은 장병이 포로가 되었기 때문이다. 전쟁 초기 스탈린과 참모에게는 포위를 피하기 위해 전략적으로 철수한다는 발상이 없었다. 포위를 당하면 생기는 손실에는 아랑곳하지 않고, 돌파하여 아군과 합류해야 한다고 생각한 것도 피해를 키웠다.

　소련군은 1941년 많은 것을 잃었다. 전쟁을 시작하고 반 년 동안 석탄, 선철, 알루미늄 생산 지역의 60퍼센트, 곡물 생산 지역의 38퍼센트를 빼앗겼다. 1941년 전쟁을 시작하기 전에 소련의 인구는 약 1억 9,670만 명이었는데, 전쟁을 시작하고 4개월 뒤에는 약 9천만 명이 독일군의 점령 아래 놓였다는 추계도 있다. 압도적으로 불리한 상황에서 간신히 손에 넣은 것이 모스크바에서의 귀중한 승리였다.

II

스탈린그라드 전투

전격전을 꺾은 시가전

단기전을 원한 양군

석유의 부족

1812년 조국 전쟁 때 나폴레옹은 러시아에서 한 번의 겨울도 넘기지 못하였는데, 독일군은 광대한 점령지를 확보한 상태였다. 히틀러도 모스크바 공략은 실패하였지만 독일군이 전부 패배하는 것은 막았다며 자신감을 되찾았다.

히틀러는 1942년 4월 5일에 명령을 내렸다. "소련은 예비군 대부분을 투입하여 병력이 소모된 상태다. 다시는 일어설 수 없도록 공격하고, 중요한 군수 산업의 중심지에서 가능한 한 떨어뜨려서 보급을 끊어라."

모스크바 근교에서 격전이 계속되던 1941년 11월 19일 히틀러는 할더 참모총장에게 내년 봄의 작전은 "우선 캅카스"라고 지시하였다.

캅카스에서 유전을 확보하여 소련의 연료 공급원을 차단

하고 그것을 독일군이 활용하는 것을 목표로 하였다. 히틀러는 보크 원수에게 캅카스의 마이코프와 그로즈니에서 석유를 얻지 못하면 이 전쟁을 끝내야 한다고 이야기하였다.

미국과 영국의 군대가 서유럽에 상륙하기 전에 동쪽에서 소련과 결론을 지어야 한다는 조바심도 히틀러가 공세를 선택하는 데 한몫하였다. 일본군이 1941년 12월 8일에 진주만을 공격하여 독일도 미국에 선전포고하였기 때문이다.

할더 참모총장은 캅카스를 공략하기 위하여 히틀러에게 '청색 작전'을 제출하였다. 청색 작전은 캅카스에 진출하기 위하여 먼저 크림반도를 제압하고 하르키우 남쪽 전선의 돌출부를 무너뜨린다는 내용이었다.

제2차 하르키우(하리코프) 공방전

1942년 5월 소련군은 병사 510만 명, 전차 3,900대, 전투기 2,200기를 전선으로 보낼 수 있을 정도로 병력을 회복하였다고 러시아 역사에 기록되어 있다. 스탈린은 갖춰진 병력으로 같은 해에 독일군을 공격할 예정이었다.

기세등등한 소련군은 1942년 5월에 하르키우 탈환에 나섰지만, 스탈린의 그릇된 지휘로 참패를 당하였다. 소련군은 다시 포위 섬멸되어 병사 23만 명과 전차 755대를 잃었다. 이 참패로 소련군은 1942년 여름에 적극적으로 작전에 나서지 못하였다.

스탈린은 우크라이나 출신의 공산당 제1서기 니키타 흐루쇼프(Nikita Khrushchyov)에게 실패를 덮어씌웠다. 흐루쇼프는 스탈린그라드에서 오명을 씻고 명예를 회복해야 할 곤경에 빠졌다.

거듭하여 지고 있던 소련군에게 희소식이 들렸다. 6월 19일 추락한 독일군 비행기에서 '청색 작전'의 계획서가 발견된 것이다. 계획서에는 독일군이 스탈린그라드와 북캅카스로 향한다고 적혀 있었다. 하지만 스탈린은 독일군이 다시 모스크바를 습격할 것이라고 예상하였기 때문에 모략이라고 일방적으로 단정하였다. 스탈린은 계획서를 발견하여 보고한 흐루쇼프에게 바보 취급을 하는 투로 다음처럼 말하였다.

"히틀러는 자네를 농락하고 있소. 히틀러는 다른 계획을 세워놓고 일부러 문서를 흘린 것이오. 계획서는 덫이오."

'청색 작전' 발동

덫에 걸린 쪽은 오히려 스탈린이었다.

난데없는 소련군의 공세로 예정보다 늦어졌지만, 독일군은 정말로 '청색 작전'을 실행에 옮겼다. 독일군은 6월 28일 쿠르스크에서 타간로크까지 800킬로미터에 걸친 남부전선에서 공세를 시작하였다. 독일군의 진로는 소련의 손에 떨어진 작전계획 그대로였다. 독일 전차부대는 포위망을 좁혀왔지만, 돈강 서쪽에서 소련군의 주력을 놓쳤다.

7월 23일 히틀러는 새로운 명령을 내렸다. 남방집단군을 두 개로 나누어, A 집단군은 도망친 소련군을 뒤쫓아 캅카스로 향하고 B 집단군은 스탈린그라드의 점령을 목표로 한다. B 집단군은 스탈린그라드 주변의 소련군을 섬멸한 뒤에 캅카스로 진군한다는 작전이었다.

러시아 남부에는 정비된 도로가 적어서 대량 수송 수단으로 사용되는 수로 교통이 매우 중요하였다. 독일군은 볼가강 하류의 스탈린그라드를 점령하여 수로 교통을 끊으려 하였다. 8월 8일 히틀러는 8일 안에 스탈린그라드를 공략하는 것은 현재 부대로도 충분하다고 괴벨스 선전장관에게 이야기하였다.

스탈린그라드로

스탈린그라드는 볼가강을 따라 19킬로미터 정도 시가지가 펼쳐져 있고, 인구는 44만 명 남짓하였다. 러시아 남부에서도 손꼽히는 공업 도시로, 전차 T-34의 생산 거점이기도 하였다. 본디 '볼고그라드'라고 불렸는데, 혁명 후 내전에서 스탈린이 방어한 것을 계기로 1925년에 이름을 바꾸었다. 최고 지도자의 이름을 따온 도시지만, 소련에서 전략적으로 중요하게 여기는 도시는 아니었다. 그러나 스탈린그라드는 주요 전쟁터가 되었고 소련은 다시금 빈틈을 내주었다.

독일도 처음에는 스탈린그라드를 중요하게 생각하지 않았다. 1942년 7월 독일군의 편성에서 분명하게 알 수 있다. 스탈린그라드를 목표로 하는 B 집단군에서 독일군은 제6군뿐이었고 나머지는 이탈리아, 헝가리, 루마니아의 동맹군이었다. 애지중지하는 전차부대는 대부분 A 집단군에 배정되었다.

히틀러가 처음부터 B 집단군에 전차를 다수 배치했다면 스탈린그라드는 7월에 함락되었을 것이라는 관점도 있다. 그러나 만약이라는 가설을 세울 때는 신중해야 한다. 전차가 활약할 수 있는 장소는 앞이 내다보이는 평원이나 사막으로, 시가전(市街戰)에는 부적합하다. 시가지에서는 전진도 후퇴도 자유롭지 못하

여 전차의 기동력은 떨어지고 앞이 잘 보이지도 않는다. B 집단
군에게 전차가 많았더라도 스탈린그라드를 제압했을지는 의문
이다.

시
가
전
이
라
는

덫

책상 앞의 장군 파울루스

1942년 7월 17일 독일군은 스탈린그라드 공격을 시작하였다. 7월 11일 바실렙스키 국방인민위원 대리는 스탈린그라드 주변에 부대의 집결을 명령하였는데, 이 시점 소련군에게 시가전이라는 계획은 없었다. 어디까지나 교외에서 독일군을 저지할 작정이었다.

공방전에서 양군의 전력은 우열을 가릴 수 없었다. 독일 B 집단군은 30개 사단, 소련 스탈린그라드 방면군은 38개 사단이었다. 병력은 양군 모두 약 100만 명이었고, 전차와 돌격포(보병을 지원하는 자주포)는 독일군이 675대, 소련군이 894대였다. 항공기는 독일군이 1,216기, 소련군이 1,400기였다.

작전 도중부터 시가전 공략을 맡게 된 인물은 제6군 사령관 프리드리히 파울루스(Friedrich Paulus) 중장이었다. 독일군 장교는 귀족 출신이 많았는데, 공무원의 집에서 태어난 파울루스는 실력으로 출세했다는 것에 강한 자부심을 가진 소유자였다.

오로지 참모로만 지낸 파울루스는 참모차장으로 바르바로사 작전 입안에도 참여하였고, 우수한 능력을 인정받고 있었지만 실전 경험은 부족하였다. 실전 지휘는 스탈린그라드 전투가 처음이었다. 서류 업무를 중심으로 활약하던 파울루스가 큰 전쟁 중에서도 손꼽히는 격전지를 지휘한 것은 결과적으로 실패였다.

'공포심과 애국심' 활용

독일 제6군은 고전하였으나 한 달 동안 교외에서 대항하는 소련군 전차와 보병부대를 괴멸하였다. 8월 중순에는 스탈린그라드의 서쪽 60킬로미터, 남쪽 20킬로미터까지 좁혔다. 소련군은 시가지로 퇴각하였다.

스탈린그라드의 사수를 명령한 스탈린은 독일군이 공격하여도 시민을 피난시키지 않았다. 스탈린그라드는 최후의 보루였고, 시민도 함께 사수하는 것을 우선하였다.

그런데 독일군의 급습으로 혼란에 빠진 스탈린그라드 교외의 전선에서 달아나는 병사들이 생겼다. 규율을 지키기 위해 스탈린은 가혹한 명령을 내렸다. 1942년 7월 28일 국방인민위원 명령 제227호였다.

두려워하거나 동요하여 전선을 이탈하는 중급 이상의 지휘관은 '징벌 부대'로 보내어 전선으로 송환된다. 명령 없이 퇴각하는 것을 금지하며, 사단에 '혼란 상태에 빠진 병사나 겁내는 병사를 그 자리에서 사살'하는 부대를 만들었다. 명령 제227호는 부대 안에서 소리 내어 읽혔고, '한 발도 물러서지 말라'는 구절은 병사들 마음에 새겨졌다. 다만 지나치게 가혹한 내용이어서 내용 전체는 1988년까지 공개되지 않았다.

스탈린은 명령 제227호에 서명하고 이틀 뒤에 스탈린그라드 방면군에게 명령하였다.

"극동에서 전선으로 온 사단의 우수한 병사를 기준으로 저지 분견대(각 200명 이하)를 이틀 내로 편성하여 우선 제62군과 제64군 사단 후방에 배치하라. 저지 분견대는 내무인민위원회 특별부를 통하여 각 군 군사 회의에서 지휘한다."

병사들의 정면에는 독일군이 있었고 뒤에는 이탈을 단속하는 소련 내무인민위원회 부대가 있었다. 물러설 곳이 없는 소련 장병들은 저돌적으로 싸울 수밖에 없었다. 아군의 감시는 러시아혁명 후 내전에서도 보였는데, 이러한 태도는 군에 대한 공산당의 불신을 말해준다.

포위된 도시

전쟁의 형국은 변함이 없었고 8월 23일 독일군은 스탈린그라드에 모습을 드러냈다. 같은 날 스탈린은 스탈린그라드 방면군에 격문을 띄웠다.

"돌입하는 적군을 습격하라. 장갑차를 동원하고 스탈린그라드의 순환 철도선을 움직여라. 적이 갈피를 못 잡도록 연막을 이용하라. 밤낮을 가리지 말고 적과 싸워라."

그때의 스탈린은 격분하여 명령을 내리는 것 말고는 대책을 떠올릴 수 없었을 것이다. 8월 25일에도 아침에는 돈강 동쪽으로 퇴각을 명령하였는데 오후에는 퇴각한 부대를 공세에 투입하였다. 전형적인 조령모개(朝令暮改)였다.

소련에서는 '비장의 카드' 주코프를 원하는 목소리가 높았다. 7월 26일 허울뿐이었던 소련 원수 미하일 칼리닌(Mikhail Kalinin)도 주코프를 남서방면군 사령관에 임명하도록 스탈린에게 직접 이야기하였다.

스탈린은 8월 26일 주코프를 최고총사령관 대리로 임명하고 전쟁터로 보냈다. 9월 3일에 스탈린은 주코프에게 다음처럼 서신을 보냈다.

"스탈린그라드 주변 정세는 악화되고 있소. 적은 스탈린그라드에서 약 3킬로미터 떨어진 곳까지 왔소. 북방군이 즉시 구원하러 오지 않는다면 스탈린그라드는 오늘내일로 점령당할 것이오."

스탈린이 전보를 보낸 날, 독일군은 스탈린그라드 포위망을 완성하였다. 스탈린은 도시의 북쪽과 북서쪽으로 구원군을 보낼 것을 명령하였으나, 주코프도 포위를 뚫지 못하고 소련군은 격퇴당하였다. 믿고 있던 주코프도 열세를 만회하지 못하여 도시의 함락은 시간문제였다.

궁지에 몰린 소련군

파울루스는 시외의 소련군을 퇴각으로 몰아넣었으나 적군의 저항과 연료 부족으로 허덕이는 상태였기 때문에 무리하게 밀어붙이지 않았다. 하지만 히틀러는 8월 25일까지 스탈린그라드를 점령하라고 명하였다. 그리하여 파울루스는 우선 도시의 중심부에 대포를 쏘았다. 독일이 제공권을 확보한 상태여서 작전은 어렵지 않게 실행되었고, 8월 23일 공습으로 도시를 철저하게 파괴하였다.

스탈린그라드의 당 위원회는 이틀날 여성과 아이들의 이동을 결정하였고 9월 14일까지 30만 명에 가까운 사람이 이동하였다. 그러나 노동자는 도시에 남아 의용병으로서 일하던 공장을 지키도록 명령받았다. 전차를 생산하는 공장에서는 막 완성된 전차에 노동자가 탑승하여 출격하는 일까지 있었다. 전차 공장의 노동자에게 이동 명령이 떨어진 것은 10월 16일이었다. 공방전이 끝날 때까지 시내에는 적지 않은 주민이 살아남아 있었다고 한다.

그런데 파울루스는 대포 공격으로 도시가 무력화되었다고 생각하였다. 시가전 경험이 별로 없는 독일군이 도시에 매달리는 것은 불리하였지만, 히틀러가 점령에 집착하였기 때문에 도시로 진격하였다.

소련군은 볼가강을 등지고 배수진을 쳤다. 소련군은 배수진을 친 시점부터 경이로운 끈기를 보였다. 소련군을 다시 일으켜 세운 것은 한 명의 장군이었다.

9월 10일 스탈린그라드 방위를 담당하는 소련 제62군 사령관이 교체되었다. 새로운 사령관은 바실리 추이코프(Vasily Chuikov) 중장이었다. 추이코프는 농가에서 태어나 자랐는데, 러시아혁명 후 내전에서 일개 병사로 시작하여 갖은 고초를 겪으며 장군으로까지 출세하였다. 추이코프는 1939년 핀란드와의 겨울전쟁을 지휘하였는데, 패배하여 이듬해 중일전쟁이 벌어지고 있던 중국 충칭에 군사고문단장 겸 주재 무관으로 좌천되었다. 스탈린그라드에서 지휘를 맡은 것은 명예 회복의 기회였다.

추이코프가 임무를 맡은 9월 12일에는 이미 패색이 짙은 상태였다. 소련 제62군은 대포 공격으로 흩어진 상태였고, 각 사단의 병사도 정원에 턱없이 모자랐다. 병사의 식량 문제도 매우 형편없었다. 9월 12일에 소련군 중앙식량보급부는 보급 계획을 제출하였으나 시기를 놓친 계획은 쓸모가 없게 되어, 병사들은 수송 수단이었던 말을 포함하여 먹을 수 있는 것은 전부 먹으며 굶주림을 견디었다.

급속도로 떨어진 기온도 양군을 괴롭혔다. 독일군에게는 방한구가 지급되지 않았는데, 그 이유는 스탈린그라드에서의 장기전을 생각하지 않았기 때문이다.

용맹한 장군 추이코프

총통사령부에 지시를 받으러 온 파울루스에게 히틀러는 도시를 탈취하라고 명령하였다. 1942년 9월 14일 오전 6시 30분, 독일군은 총공격을 시작하였다. 독일군은 세 방향에서 시가로 돌진하였고 같은 날 도시의 중심부에 도착하였다. 9월 22일 추이코프의 제62군은 남북쪽으로 흩어졌고 시가지의 대부분도 독일군 손에 떨어졌다. 독일군에게 남은 일은 볼가강의 선착장을 제압하고 건너편 강가에서 오는 소련 지원군의 상륙을 저지하는 것이었다.

흐루쇼프를 비롯한 스탈린그라드 방면군의 간부는 전투

가 격해지자 스탈린에게 후퇴를 요청하고 도시 중심부에서 볼가강 건너편으로 이동하였다. 그러나 추이코프는 시내에서 약간 높은 장소인 마마이 언덕에 사령부를 두고 전선의 지휘를 계속하였다. 마마이 언덕이 함락되어도 강 건너로 이동하지 않고 선착장을 사수하였다.

추이코프는 병사들을 가혹한 전선으로 내몰았지만, 자신도 포격이 떨어지는 최전선에서 병사들과 생사를 같이하였기 때문에 신뢰를 받았다. 전쟁 중에 추이코프는 다음과 같이 말하였다.

"독일의 포탄에 일일이 목을 움츠릴 바에야 머리가 날아가는 편이 낫다. 이것이 지휘관의 마음가짐이다. 병사들은 그런 모습을 제대로 보고 있다."

그리고 이렇게도 말하였다.

"전쟁터에서는 어떠한 약점도 보이지 마라."

"사령관은 수천 명의 부하가 죽는 것을 보지만 그런 일로 동요하지 않는다. 눈물을 보여도 되는 때는 혼자 있을 때뿐이다. 전우가 옆에서 죽더라도 바위처럼 자리를 지켜야 한다."

가혹한 전쟁터에서 견딜 수 있었던 이유는 병사들이 스탈린그라드의 중요성을 인식하고 지원군은 반드시 오리라는 희망을 가졌기 때문이라고 추이코프는 높게 평가하였다. 전쟁터의 지휘관과 부하의 굳건한 신뢰 관계가 소련군의 마지막 희망이었다.

접근전으로 유인

도시에서 버티는 추이코프의 제62군에게는 대포도 전차도 남아 있지 않아서 보병에게 의지해야 했다. 추이코프는 10명이하의 소대를 시내 각지에 배치하고 독일군을 상대로 싸웠다.

독일의 대포 공격으로 도시 중심부는 산산조각이 나 있었다. 독일군은 파괴된 도시에 전차를 투입하여 보병이 들어올 수 있게 하였다. 전격전의 정석이었다.

하지만 독일군이 도시에 만들어낸 무수한 파편 더미는 시민이 만든 바리케이드와 함께 전차의 앞길을 막았다. 게다가 온갖 건물이 파괴되어서 몇 미터 앞을 내다보는 것도 어려웠기 때문에 소련 병사가 몸을 숨기기에 안성맞춤이었다. 전차는 정면에서 공격하여도 승산이 없었기에 소련 병사는 파괴된 건물 조각 더미에 몸을 감추고 전차가 오기를 기다렸다.

우선 미끼 역할을 맡은 병사가 수류탄을 던지거나 미리 심어둔 지뢰를 터뜨려 전차를 세웠다. 그러면 건물의 위층이나 옥상에서 대기하던 병사가 대전차포나 대전차총을 발사하였다. 당시 독일군 전차는 윗부분의 장갑판이 얇아서 전차의 안까지 총탄이나 파편이 관통할 수 있었고, 그로 인해 탑승원은 부상을 당하였다. 전차는 가장 위력이 센 대포를 바로 위로 쏘아 올릴 수 없기 때문에 머리 위로 날아드는 공격에는 약했다.

공격을 견디지 못하고 전차 안에서 독일군 병사들이 기어나오면 보이지 않는 곳에 숨어 있던 소련군 병사들은 백병전(白兵戰)을 시작하였다. 소련군 병사가 손에 든 무기는 지극히 가까운 거리에서 사용하기 좋은 권총이나 개조한 삽이었다. 삽은 파편 더미가 된 도시에서 꼭 필요한 도구이기도 하였다. 다만 삽을 지닌 채로 접근전이 시작되기 전에 독일군 전차에 발견되면 죽을 확률이 높았기 때문에 목숨을 건 전법이었다.

쥐들의 전쟁(War of the Rats)

얼마 뒤에 스탈린도 접근전을 인정하였다. 10월 5일 스탈린그라드 방면군 사령관 안드레이 예료멘코(Andrey Yeryomenko) 대장에게 내린 지령은 다음과 같았다. 독일군은 볼가강의 선착장을 노리고 도시의 중앙, 남쪽, 북쪽의 세 방향에서 좁혀올 것이다. 이를 저지하려면 스탈린그라드의 모든 집과 도로를 요새로 만들어야 한다.

소련군 병사는 시내의 집합 주택을 바로 그 자리에서 요새로 바꾸었다. 예를 들면 4층 이상의 건물을 요새로 삼아 지하 1층 벽에 구멍을 뚫고 대전차포를 배치하였다. 2층이나 3층에는 기관총을 발사할 수 있도록 준비하여 독일군이 접근하면 마구 쏘아댔다. 꼭대기 층에는 저격병과 독일군 전차를 찾아내기 위한 감시병이 진을 쳤다. 지붕 밑에는 박격포도 설치하였다.

삶의 터전은 전쟁터로 급변하였다. 소련군은 건물을 발견하면 안에 틀어박혀서 저항하기를 반복하였다. 독일군도 건물을 빼앗으려고 습격하였고 방 하나까지 쟁탈하려는 장렬한 시가전이 펼쳐졌다. 그때까지 매일 수 킬로미터를 걸어서 지쳐 있던 독일군은 침실이나 부엌을 쟁탈하기 위해 하루를 낭비하였다. 독일군은 시가전의 덫에 걸려들었던 것이다.

추이코프는 건물의 제압 방법을 설명서로 만들고 병사들에게 주입하였다. 첫 번째, 몰래 건물에 접근하여 입구에 수류탄을 던진다. 두 번째, 연기로 시야가 흐려지면 건물 안으로 돌입하여 경기관총을 난사한다. 세 번째, 안쪽으로 들어가서 방이 보이면 수류탄을 던진 후에 돌입한다. 마지막으로 건물을 점거할 때까지 이를 반복한다. 지금도 각국의 특수부대가 채택하는 전법이다.

한편 도시 밖의 독일군은 폭격이나 포격으로 도시 안의 아군을 엄호할 수 없었다. 시가지를 점령하고 있는 아군에게 포탄이 떨어지면 아군끼리 싸우게 되는 상황이 벌어지기 때문이었다. 결과적으로 독일군도 보병을 앞쪽에 내세워서 싸웠기 때문에 스탈린그라드 전투는 가혹하고 격렬한 육탄전이 되었다. 독일군 병사는 파편 더미가 된 도시를 기어 다니는 자신들의 모습에 자조를 섞어, 시가전 전투를 '쥐들의 전쟁'이라고 불렀다.

공격을 시작하고 5주가 지나도 독일군은 스탈린그라드의 절반도 제압하지 못하였고 단기전으로 공략하겠다는 히틀러의 계획은 어긋났다. 그래도 스탈린그라드 점령은 선전 효과가 있다며 히틀러는 끝까지 주장을 굽히지 않았다.

저격병 대 공병

도시로 진입한 독일군 보병에게 가장 두려운 것은 저격병이었다. 소련군의 저격병은 2인 1조로 움직였는데 먼 곳에서 몸을 감추고 있다가 독일 병사가 경계를 늦추는 짧은 순간을 노렸다. 특히 저격병은 부대를 지휘하는 장교를 노렸다.

그중에서도 유명한 저격수가 바실리 자이체프(Vassili Zaitsev)였다. 자이체프는 미리 조사해둔 장소에서 꼭두새벽부터 진을 치고 독일 병사가 틈을 보일 때까지 참을성 있게 기다려서 저격하였다. 자이체프는 위와 같은 단순한 방법으로 1942년 9월부터 이듬해 1월까지 242명을 저격했다고 증언하였다. 자이체프는

30명의 '제자'를 가르쳐서 전쟁터에 데려갔다. 스탈린그라드에서 저격병이 쓰러뜨린 독일 병사는 1천 명에 불과하였지만, 독일 장병에게 마음 놓을 틈을 주지 않는 심리적 효과가 컸다. 저격병의 활용은 소련군이 겨울전쟁에서 핀란드 저격병에게 호되게 당한 경험에서 얻은 것이었다.

소련군은 신문에 자이체프를 비중 있게 다루었다. 무명의 자이체프를 영웅으로 만들어서 병사들에게 그들도 영웅이 될 수 있다며 용기를 북돋웠다. 러시아 병사 대부분이 시베리아 출신이기도 해서, 같은 고향의 우랄산맥에서 양을 치던 자이체프의 활약은 사기를 높였다. 자이체프가 말한 "볼가강 건너편에 우리가 있을 곳은 없다"는 슬로건이 되었다.

독일군도 역습을 시도하였다. 소련군의 저격병이나 보병은 몸을 감추기 위해 독일 병사가 찾기 어려운 상하수도로 밤에 이동하는 경우가 많았다. 독일 공병은 상하수도를 비롯하여 소련군이 몸을 숨길 만한 장소가 보이면 닥치는 대로 화염 방사기를 쏘아댔다. 액체가 흘러들 틈만 있으면 벽 너머 병사도 불덩어리로 만드는 화염 방사기는 저렴하면서도 강력한 무기였다. 공병은 시내의 건물을 샅샅이 뒤져서 폭파하고 소련 병사가 숨을 장소를 제거하였다.

시가전은 서서히 독일군의 우세로 기울었고, 10월 말 독일군은 시내의 90퍼센트를 점령하였다. 나머지 10퍼센트는 소련군이 끝까지 저항하였던 볼가강 기슭뿐이었다.

볼가강 하류에서 벌어진 사투

도시의 방어는 건너편 강가로부터 병사와 물자의 보급을 받는 볼가강 서쪽 기슭의 선착장을 추이코프의 제62군이 사수할 수 있을지에 달려 있었다. 추이코프는 남은 병력을 강기슭에 모아 중앙역, 공장, 집합 주택에서 방어를 하면서 최후의 거점으로 삼았다. 중앙역에서는 5일 동안 15번이나 공격과 수비가 바뀔 정도로 격한 전투가 펼쳐졌다.

소련군은 강기슭에 하나의 무기를 감춰두고 있었다. 시내에 남은 병사들로부터 독일군의 위치를 전달받으면 추이코프는 강기슭에서 로켓탄으로 공격하였다. 자세하게 말하자면 볼가강 제방에 감춰둔 로켓탄 발사기 탑재 트럭 '카추샤'를 물가까지 후퇴시킨 후 로켓탄을 시내에 발사하였다. 발사하고 나면 트럭은 급경사로 된 제방의 그늘에 다시 숨어서 반격을 피하였다. 로켓탄은 포탄이 날아가서 떨어질 때까지 낮은 굉음을 내었기 때문에 독일군 병사의 공포심도 부추겼다.

볼가강을 사이에 둔 건너편에서도 소련군은 포격을 퍼부었다. 얄궂게도 도시 대부분을 독일군이 제압한 상태여서 소련군은 망설이지 않고 도시를 향해 포격하였다. 작전의 성공 여부는 시내에 남은 관측 장교에게 달려 있었다. 포병이 계산을 틀리면 관측 장교는 아군의 오발탄으로 목숨을 잃기도 하였다. 아군의 희생도 마다하지 않은, 소련군만이 펼칠 수 있는 작전이었다.

그 무렵 도시 건너편 강가에서는 소련군이 철도를 이용하여 병사와 물자를 모으고 있었다. 공방전을 시작한 1942년 7월부터 1943년 1월까지 도착한 열차는 20만 대가 넘었다. 그렇게 집결한 부대는 소련의 역습을 이끌었다.

모스크바 공방전이 끝나고도 스탈린은 철도 수송 개선에 직접 개입하였고. 1942년 2월에 철도위원회를 창설하여 스탈린 자신이 위원장을 맡았다. 위원회의 명령을 집행하지 못한 자는 군사 법정에 보낸다고 으르며 철도 수송에 유달리 신경을 썼다. 그리고 성과는 열매를 맺었다.

역
포
위
작
전

성
공

반전(反轉) 공세 계획을 세우다

스탈린그라드와 캅카스의 점령이 예정대로 진행되지 않자, 국방군 장군들에 대한 히틀러의 불신감은 높아만 갔다. 식사 자리에서 히틀러가 장황하게 늘어놓는 말을 경청하는 '식탁 담화(Table talk)'에도 1942년 10월부터 장군들은 초대받지 못하였다. 히틀러는 참모본부를 '단 하나도 망가뜨리지 못하는 비밀 결사'라고 부르며 9월 24일에는 할더 참모총장을 해임하였다.

히틀러와 반대로 스탈린은 직업군인의 의견에 귀를 기울이게 되었다. 거듭된 실패 끝에 배운 겸손한 태도였다.

스탈린그라드에서는 추이코프가 이끄는 제62군이 볼가강 기슭의 좁은 장소로 독일군을 유인하여 히틀러를 비롯한 독일군은 시가전에 온 신경이 쏠려 있었다.

하지만 시가전은 미끼였다. 그사이 소련군은 전쟁 상황을 뒤집을 '천왕성 작전'을 계획하고 있었다. 천왕성 작전을 입안한 사람은 주코프 최고총사령관 대리와 바실렙스키 참모총장이었다. 주코프의 회상에 따르면 스탈린이 천왕성 작전을 승인한 날은 9월 13일이었지만, 최근 들어 9월 말로 추정되고 있다.

우선 병사 100만 명을 동원하여 스탈린그라드 남동부와 북부 두 방면으로 진격한다. 목표는 스탈린그라드 근교에 진을 친 독일 동맹국 루마니아의 부대였다. 허술한 루마니아 부대를 쳐서 통로를 만들고 돈강의 '항구 도시' 케르치에서 남북부에 있던 소련군과 합류한다. 돈강의 도하지점인 케르치를 잃으면 독일군은 돈강 서쪽으로 탈출할 수 없었다. 천왕성 작전은 스탈린그라드 중심부에서 싸우는 독일군을 고립시켜서 포위하는 것이 목표였다.

소련군은 모스크바를 방어하며 얻은 교훈을 '천왕성 작전'에 활용하였다. 적의 세력이 강하고 크면 소멸전으로 유도하여 예비군을 비밀리에 모은다. 그리고 적이 생각지 못한 순간을 노려 예비군을 투입하고 역전을 꾀하는 작전이었다.

스탈린은 11월 7일 신문에 공표한 명령서에서 적의 세력은 작년 여름과 가을보다 약해졌다고 발표하고 소련의 새로운 힘을 적이 뼈저리게 느낄 날이 가까워졌다고 반전 공세의 뜻을 알렸다. 하지만 반전 공세 직전 스탈린에게 불안감이 엄습하였다. 11월 11일에는 공군의 보충을 기다리라고 주코프에게 명령하였는데, 독일군과 싸워서 이기려면 항공 병력이 우위에 있을 때뿐임을 깨달았기 때문이다. 그러나 머지않아 스탈린그라드에서 독일군의 공세가 다시 시작되었다. 더 이상 미룰 수 없게 된

[지도 1-3] 동부전선 1942년 11월 18일부터 1943년 5월까지

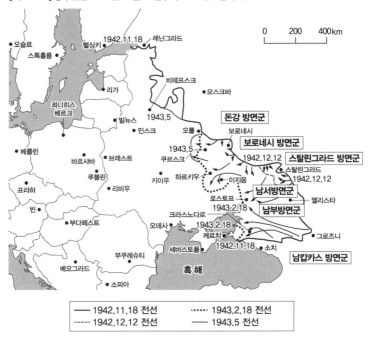

스탈린은 주코프에게 반격을 시작할 권한을 맡겼다.

소련군은 병사 100만 명, 전차 900대, 전투기 1,500기로 맞섰다. 비밀 유지는 철저하였다. 스탈린그라드에서 싸우던 추이코프는 작전을 전달받은 것도 반격 시작 직전인 11월 18일 밤이었다고 회상하였다. 스탈린그라드를 둘러싼 남쪽과 서쪽에 있는 돈강의 방면군에게 공격 명령이 전달된 때는 반격 시작 불과 3시간 전이었다. 작전이 새어 나갈 것을 염려하여 철저하게 감추었기 때문이다.

화성 작전

11월 19일 아침 소련군이 움직였다. 남서방면군의 기갑부대가 돈강을 건너고 스탈린그라드 방면군도 도시의 남쪽에서 총공격을 시작하였다. 11월 20일 스탈린은 루스벨트 대통령에게 총공격의 내용을 적은 서신을 보냈다.

"스탈린그라드를 향해 남쪽과 북서쪽에서 공세를 시작하였습니다. 공세 작전 첫 번째 목표는 스탈린그라드와 서쪽 리하야 지역 사이의 철도를 탈취하고 스탈린그라드에 있는 독일군 부대를 고립시키는 것입니다. 독일 전선의 북서쪽에는 22킬로미터 정도, 남쪽에는 12킬로미터 정도의 돌파구를 만들었습니다. 작전의 진척 상황은 나쁘지 않습니다."

남북쪽에서 진격한 소련군은 허술한 루마니아군이 방어하는 취약 부분을 돌파하였다. 작전을 시작하고 3일째가 되는 11월 22일에는 아군과 성공적으로 합류하였다. 포위망은 완성되었고 독일군, 루마니아군, 크로아티아군을 포함해 30만 명을 가두었다.

작전의 성공 여부는 스탈린그라드로 오는 지원군을 저지할 수 있는가에 달려 있었다. 소련군은 포위망을 완성한 다음 날인 11월 25일, 적의 관심과 행동을 다른 곳에 전환할 목적으로 '화성 작전'을 시작하였다. 주코프가 칼리닌 방면군과 서부방면군을 지휘하여 모스크바 근교 르제프에 있는 독일 중앙집단군을 공격하였다. 독일군의 남하를 막기 위해서였다.

하지만 그것은 주코프가 회상록에서 주장한 이야기이고, 실제로 '화성 작전'은 양동작전이 아니라 반전 공세의 일부였다고 판단된다. 주코프는 스탈린그라드뿐 아니라 독일 중앙집단군의 섬멸도 계획하고 있었다. '화성 작전'의 규모가 '천왕성 작전'과 비슷하고, 스탈린그라드에서 총반격이 시작되었을 때에도 주코프는 모스크바에서 '화성 작전'을 직접 지휘하고 있었던 것이 간접적으로 밝혀졌다. '천왕성 작전'을 지휘하기 위해 파견된 사람은 바실렙스키였다.

결론부터 말하면 '화성 작전'은 독일군의 반격으로 실패하였다. 약 33만 5천 명이 전사하거나 행방불명이 되었고 전차도 1,600대 잃었기 때문에 '주코프의 가장 큰 패배'로도 평가되는 참담한 결과였다. 이 때문에 주코프는 '화성 작전'이 단순한 방해작전이었다고 주장한 것이리라. 그래도 확실하게 견제의 역할을 다하였다.

허를 찔린 독일군

스탈린그라드에서 지휘하던 파울루스는 좋지 않은 예감

을 한 듯하다. 도시를 찾아온 히틀러의 부관은 소련군의 총반격이 시작되기 5일 전 파울루스의 발언을 남겨두었다.

"장군은 시간이 걸리더라도 틀림없이 스탈린그라드를 점령할 수 있으리라 생각하고 있소. (중략) 그러나 아군이 파악한 적군의 정보가 정확하고 제6군의 좌우에서 위기 상황이 발생한다면 스탈린그라드의 방어는 감히 미친 짓이라고 말하겠소. 대항할 수 있는 병력이 더 이상 남아 있지 않단 말이오."

파울루스는 포위당하면 어떤 위험에 처하는지 알고 있었다. 그럼에도 불구하고 히틀러의 11월 16일 명령은 변함없이 시가지를 제압하는 것이었고, 파울루스는 명령의 실행에 매달릴 수밖에 없었다. 파울루스는 전체적 형세를 내다보는 눈이 있어서 참모로서는 적합했을지도 모른다. 하지만 히틀러에게 충성을 다한 나머지 현지 상황에 맞추어 행동할 수 없었다. 시시각각 변하는 전쟁 상황에 대처해야 하는 야외 전투의 지휘관으로서는 부적합하였다.

스탈린그라드의 포위망이 완성된 날 파울루스는 히틀러에게 서신을 보냈다. 남서 방면으로의 철수와 제6군의 지휘를 자신에게 맡겨달라는 내용이었다. 알프레트 요들(Alfred Jodl) 국방군 최고사령부 작전부장 역시 볼가강 하류에서의 철수를 진언하였으나 히틀러는 스탈린그라드의 사수를 명령할 뿐이었다.

구출 작전 실패

스탈린그라드에 있던 독일군은 먼 후방에서 항공으로 수송되는 식량, 탄약, 연료용 석유로 간신히 버티고 있었다. 그러나 독일군이 서서히 제공권을 잃어가고 겨울 날씨도 악화되어 감에 따라 항공 수송은 점점 줄어들었다.

히틀러는 레닌그라드에 있던 에리히 폰 만슈타인(Erich von Manstein) 원수에게 연락하여 포위망에 갇힌 제6군을 구출하라고 명하였다. 만슈타인은 제6군도 안쪽에서 포위를 돌파할 수 있도록 요청하였는데, 스탈린그라드를 포기하고 싶지 않았던 히틀러는 그 청을 거부하였다.

만슈타인이 지휘하는 부대는 소련군의 저항으로 스탈린그라드를 눈앞에 두고 발이 묶였다. 덧붙여 소련군은 항공지원을 막기 위해 독일군 공군기지에 전차부대를 투입하였고, 독일군 항공부대는 엄청난 타격을 입었다. 독일군은 수비를 강화하기 위해 다른 곳으로 지원을 보낸 전차부대를 다시 불렀다. 12월 23일 스탈린그라드로 향하던 제4기갑집단이 철수하였고 구출 작전은 실패로 끝났다.

한편 캅카스의 독일군은 소련 최대 석유 산출지 바쿠를 노렸는데, 스탈린그라드가 포위되면서 퇴로를 잃고 포위될 가능성이 높았다. 히틀러는 군 간부의 제안을 마지못해 받아들여서 A집단군을 철수시켰다.

소련군은 캅카스에 있던 독일군의 후퇴를 막기 위해 '토성 작전'을 세웠지만 작전 승인이 늦어졌다. A집단군은 겨우 철수할 수 있었지만 중요한 석유는 확보할 수 없었다. 소련은 세계에서 손꼽히는 유전 지대인 바쿠의 방어에 성공하였다.

파울루스 항복하다

1943년 1월 8일 소련군은 파울루스에게 항복을 권하였다. 하지만 히틀러는 여전히 퇴각을 허락하지 않았다. 소련군은 1월 10일부터 포위망을 서서히 좁혔다. 시가지에서는 계속하여 격전이 벌어졌고, 마마이 언덕에서도 몇 번이나 공격과 수비가 바뀌었다. 소련군이 시가지와 마마이 언덕을 확보한 시기는 1월 말이었다.

1월 13일 히틀러가 참석하는 작전 회의가 열렸다. 쿠르트 자이츨러(Kurt Zeitzler) 참모총장은 파울루스가 탈출 허가를 요청한다고 전하였는데, 히틀러는 "지금 상황에서는 어차피 탈출 따위 못 해"라며 몹시 화를 냈다.

히틀러는 구출을 포기하였다. 그럼에도 불구하고 파울루스를 원수로 승격시켰다. 목숨이 붙어 있는 채로 포로가 된 독일군 원수는 없었다. 다시 말하면 독일군의 명예를 지키기 위해 스스로 목숨을 끊거나 전쟁터에서 죽으라는 무언의 압박이었다. 하지만 파울루스는 원수로 승격된 다음 날 1월 31일 밤에 제6군 참모 250명과 함께 소련군에게 투항하였다. 파울루스가 아직 남아 있었다는 사실을 몰랐던 소련군은 놀랐다. 2월 2일 아침 제6군의 마지막 남은 부대도 항복하였다.

그리하여 소련은 승리하였다. 추계에 따르면 전쟁터에서 죽거나 병으로 죽거나 굶어 죽은 독일군은 14만 6천 명이었다. 소련군은 전사자 47만 4,871명, 부상자 97만 4,734명 외에도 많은 희생자를 냈다. 추계에 도시에서 발생한 시민 희생자는 포함되지 않았는데, 통계에 따르면 소련의 희생자는 훨씬 많았다.

그런데도 스탈린은 1월 25일 승리를 선언하며, 2개월 동안 적의 사단 102개를 괴멸시키고 20만 명을 포로로 잡아서 500킬로미터를 전진하는 눈부신 성과를 올렸다고 말하였다. 승리 선언은 크고 많은 희생을 외면하기 위한 연막이었다.

한편 히틀러는 1942년 9월부터 스탈린그라드 점령이 눈앞에 있다고 국민들에게 선언했었다. 그런 까닭에 패배 소식이 전해지자 국민들 사이에서 히틀러의 인기는 사그라들었다. 그 대신 모습을 보일 기회가 많아진 괴벨스 선전장관은 국민 앞에서 총력전으로 끝까지 싸울 각오를 다졌다. 단기전으로는 소련군에게 승리할 가망이 없었기 때문이다.

스탈린그라드 전투 후의 독소전

스탈린그라드 전투의 승리를 과대평가하는 것은 금물이다. 소련군이 행성 이름을 붙인 작전 가운데 성공한 작전은 일부에 불과하였다. 레닌그라드의 포위는 뚫지 못하였고, 발트해에서 흑해에 이르는 광대한 국토도 독일의 점령 아래 놓여 있었다. 그 때문에 소련군은 즉시 추격을 시작하였다.

방어전으로 태세를 바꾼 독일군은 1943년 3월 모스크바 정면에서 철수하고 스몰렌스크 부근으로 후퇴하였는데 만슈타인이 지휘하는 남방집단군이 승리를 거두기도 하였다. 하르키우를 탈환하고 소련군을 돈강의 지류인 도네츠강으로 격퇴하였다. 만슈타인은 쿠르스크 방면에 생긴 소련의 돌출부도 격파하려고 하였다. 모스크바에서 약 800킬로미터 떨어진 철도 요충지 쿠르스크를 점령하면 1943년 내에는 소련군의 공세가 불가능할 것이라고 판단하였기 때문이다.

쿠르스크 점령을 목표로 한 '성채 작전'은 위험 부담이 컸기 때문에 히틀러는 주저하였다. 독일군의 지휘관들도 최신예 전차와 항공기를 다수 확보한 후에 공세하는 것을 원하였다. 결국 작전은 연기되었다.

작전이 연기된 사이 영국 첩보기관과 내통자의 활약으로 독일군의 작전은 소련군에게 새어 나갔다. 소련군은 시민도 동원하여 참호를 파고 지뢰를 설치하고 포문을 배치하여 만반의 준비를 하고 기다렸다.

작전이 새어 나간 것을 몰랐던 독일군은 7월 5일 '성채 작전'을 실행하였다. 독일은 보유하고 있던 전차 3분의 2를 투입하였지만 결국 쿠르스크에 도달하지 못하였다. 소련군의 반격이 본격적으로 시작되고 영국군과 미국군이 이탈리아 남단 시칠리아섬에 상륙하기도 해서 히틀러는 7월 13일에 작전을 중지하였다. 7월 5일부터 16일까지 7만 명이나 되는 전사자와 부상자가 발생하였고 전차 3천 대, 항공기 1,400기를 잃었다.

쿠르스크 전투는 독일군의 특기였던 전차전을 소련군이 완벽하게 지배하였다는 특징이 있다. 전차의 질, 수량, 운용법 모든 면에서 소련군은 독일군을 앞질렀다.

쿠르스크 전투는 동부전선에서 독일군이 마지막으로 준비한 대규모 공세였다. 한편 1944년 6월 22일에 시작된 소련의 '바그라티온 작전'은 정확히 3년 전에 독일이 펼친 '바르바로사 작전'을 흉내 낸 듯한 대규모 전격전이었다. 바그라티온 작전으로 중앙집단군을 괴멸하였고 독일군을 소련 영토에서 몰아내었다. 독일군은 베를린 함락으로 이어지는 장렬한 퇴각전을 펼치며 점점 붕괴하였다.

　　모스크바 시각으로 1945년 5월 9일 독일은 정식으로 항복하였다. 5월 9일은 '전승 기념일'로 지정되어 러시아의 공휴일이 되었다. 매년 대대적으로 개최되는 러시아 전승 기념일 퍼레이드는 소련이 붕괴된 현재도 소련 시대와 마찬가지로 국민 단결을 위해 이용되고 있다.

[지도 1-4] 동부전선 1943년 2월 19일부터 1943년 8월 1일까지

[지도 1–5] 동부전선 1943년 8월 1일부터 1944년 12월 31일까지

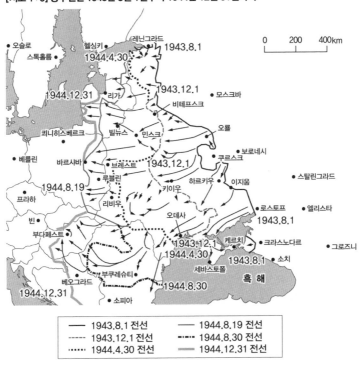

범례	
—— 1943.8.1 전선	—— 1944.8.19 전선
----- 1943.12.1 전선	-·-·- 1944.8.30 전선
····· 1944.4.30 전선	—— 1944.12.31 전선

[지도 1-6] 동부전선 1945년 1월 1일부터 1945년 5월 11일까지

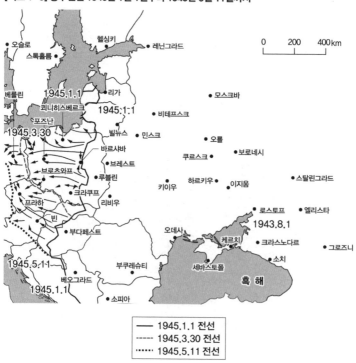

Ⅲ

분석

소련은 전쟁에서의 승리를 전부 스탈린의 공으로 돌렸지만, 주코프는 부정하였다. 주코프는 스탈린이 죽은 뒤 "작전에서는 풋내기"였다며 그의 명성을 깎아내렸다. 현대 러시아에서도 스탈린 덕분에 승리한 것인지 스탈린의 지배 아래에서도 승리한 것인지는 역사를 이해하는 데 중요한 쟁점이다.

　　어느 쪽이든 히틀러보다 스탈린이 우수하였기 때문에 소련이 승리하였다고 보는 것은 매우 안이한 생각이다. 스탈린도 히틀러도 이상을 담은 희망적인 예측을 하고 단기 결전을 실행하였다. 게다가 전략적 철수는 거부하여 많은 장군을 희생시켰다. 그러한 '어리석은 행동'을 거듭한 것은 스탈린도 히틀러도 마찬가지다.

　　지도자는 자신의 권한을 계급이 낮은 자에게 넘기거나 양보하고 전체를 총괄하는 역할을 담당해야 하지만, 스탈린과 히틀러는 작전의 세세한 부분까지 개입하여 장군들을 지치고 힘들게 한 점도 비슷하였다. 작전이 실패하면 현지의 사령관에게 책임을 떠넘겼다. 결단력이 뛰어난 듯 보였지만 정작 중요한 상황에서는 망설였고 지는 횟수가 늘어나면 흐트러지는 모습을 보인 것도 같았다.

최고총사령관이 가진 군사적 재능으로 우열을 가릴 수 없다면 무엇이 승패를 갈랐을까?

모스크바

승패를 가른 열쇠 가운데 하나는 보급이다.

독일군을 저지하는 것은 어려웠지만, 소련군은 각지에서 독일군에게 크고 많은 피해를 입혔다. 꾸준하게 타격을 받은 독일군이 특기였던 전격전을 계속 펼치기에는 무리가 있었다. 전쟁은 하나하나의 전투에서 어느 쪽이 병사와 무기를 많이 이용할 수 있는지에 승패가 달린 소모전으로 변하는 형편이었다. 양군의 전력 차이가 줄어든 상황에서 국내의 보급로를 자유롭게 이용할 수 있었던 소련군이 승리를 거머쥐었다.

그중에서도 철도는 큰 역할을 하였다. 모스크바와 우랄의 동쪽을 연결하는 철도가 피해를 입지 않아서 보급이 원활하였다. 대량 수송 인프라를 통해 시베리아나 중앙아시아로부터의 지원군과 식량을 모스크바 최전선으로 꾸준하게 공급하였다.

압도하게 우세한 적에게도 한계가 있음을 내다보고 열세를 참고 견디며, 좋은 기회를 놓치지 않고 예비 병력을 단숨에 투입하였다. 이러한 소련군의 단순하고 꾸밈없는 작전을 과소평가

해서는 안 된다. 그리고 예비 병력을 준비한 자가 스탈린이다. 주코프도 회상록에서 다음과 같이 말하였다.

"모스크바에서 스탈린은 병력과 무기를 모으는 역할을 완수하였다. 특히 전략예비군과 실천에 필요한 자재, 기술을 준비하는 데 큰 힘이 되었다."

참모총장으로 스탈린을 보좌한 바실렙스키도 다음처럼 말하였다.

"모스크바 공방전에서 결정적 의의를 가지는 것은 당과 소비에트 국민이 필요한 때에 많은 군대를 편성하여 장비를 갖추고 훈련시켜서 수도로 보낸 일이다."

곡물 징수와 계획 경제를 책정하고 국민과 국가 경제를 강제적으로 동원해야 하는 보급전은 스탈린이 가장 활약할 수 있는 '전쟁터'였다. 무기와 장병의 보충, 수송의 중심이 되는 철도로의 남다른 배려는 그러한 경험에 뒷받침되었다.

다만 소련군도 열세를 만회할 '비장의 카드'의 준비는 쉽지 않았다. 예비 병력의 투입이 며칠 늦어졌다면 모스크바도 스탈린그라드도 어떻게 되었을지 모른다. 독일군의 공세가 한계에 달한 때에 반격이 가능했던 것에는 행운도 뒤따랐다. 그 행운은 독일군의 약점을 찾아내려고 끊임없이 노력한 소련군이 스스로 불러온 것이었다.

소련군의 강인한 전법은 단기 결전을 선택한 독일군과는 대조적이었다. 쓰러져도 다시 일어서는 끈기야말로 소련군의 장점이었다. 병사를 일으켜 세운 데에는 애국심뿐만 아니라 아군에게 처형당할지도 모른다는 공포심도 자리 잡고 있었다.

스탈린그라드

스탈린그라드에서 소련이 역전할 수 있었던 요인은 세 가지이다.

첫 번째로 전쟁 물자와 전투 가능한 병장의 준비가 독일군보다 우위에 설 때까지 소련군은 참고 견디었다. 물적·인적으로 우위에 있으려면 시가전에서 시간을 끌 필요가 있었다. 도시라고 부르기도 어려워진, 참담하게 부서진 파편 더미에 소련군이 많은 병사와 물자를 보낸 것은 이기기 위한 작전이었다.

도시의 방어를 지휘하던 추이코프가 자서전에 '시간은 피'라는 말을 남겼다. 시간을 벌기 위해서라면 추이코프는 지옥으로 변한 전쟁터에 병사들을 몰아넣는 것도 서슴지 않았다.

두 번째는 전술의 변경이다. 스탈린그라드 전투 이전까지 소련군은 도시가 포위되면 무리해서 탈출하였고 교외에서 독일군 전차에 쫓겨 포위 섬멸을 당하였다. 하지만 스탈린그라드에서는 독일군의 특기였던 전격전을 막아내기 위해 보병을 중심으로 하는 접근전을 펼쳤다.

공방전이 한창일 때 추이코프는 소련의 종군기자에게 다음처럼 설명하였다.

"러시아 보병에게 스탈린그라드는 영광의 땅이오. 보병이 독일의 거대한 기계화 병력에 이겼단 말이오. 공격을 되받아쳤을 뿐만 아니라 이쪽에서 공격도 해야만 했소. 후퇴는 곧 파멸이오. 후퇴하면 총살이오. 내가 후퇴하면 나도 총살당하오."

스탈린그라드에서 펼쳐진 시가전과 비슷한 전투는 21세기 이라크나 시리아에서도 되풀이되었다. 소수의 부대가 부족한 점을 메우기에 도시는 전쟁터로써 적합하다. 시가전에서는 병력의 차이보다 지형을 활용하는 편이 유리하기 때문이다. 그러한 의미로 스탈린그라드 전투에서 얻은 교훈은 현대까지 적용된다.

세 번째는 군사 전문가 장군들에게 권한을 위임한 것이다. 독소전이 시작되기 전에 소련군은 당의 명령에 따라야만 했으나, 이후부터는 권한의 위임으로 장군들의 지위와 명예를 회복시키고 정력적으로 전투에 임할 수 있게 하였다. 1942년 10월에는 당으로부터 파견되어 군을 감시하는 역할을 하던 정치위원의 직책도 폐지하였다.

가장 중요한 사실은 스탈린이 참모들의 의견에 귀를 기울이게 된 것이다. 모스크바 방어 후에 스탈린은 참모들의 반대를 무시하고 추격을 지시했지만 실패하였다. 스탈린은 스탈린그라드 전투에서 작전의 입안은 참모본부에 맡기고 승인을 내리는 역할을 맡았다. 스탈린 자신은 부대를 감독하고 격려하며, 보급에 집중하고 작전이 성공할 수 있도록 지원하였다. 1942년부터는 작전에 관한 일이라면 측근 베리야보다 장군들과 협의하는 일이 늘었다.

스탈린과 반대로 히틀러는 전쟁 상황이 악화될수록 작전의 세세한 부분까지 참견하였다. 참모들을 의심하고 경험과 능력보다 충성심으로 평가하였다. 결과적으로 히틀러의 주변에는 예스맨만 남았고 유능한 장군들의 의욕은 사그라들었다.

전술과 전략의 극적인 진화

마지막으로 지적하고 싶은 것은 소련이 승리가 아닌 패배에서 배워나갔다는 점이다.

전쟁 초반 독일군은 매번 우위에 있었고 의표를 찌르는 기습으로 항상 목표를 향해 한발 앞까지 공격하였다. 그러나 물자의 양과 병사의 수는 한계가 있었고, 날이 지남에 따라 공세는 약해져서 진격하는 거리도 점점 짧아졌다. 히틀러와 군 간부는 소련군의 실력과 규모를 과소평가하여 전쟁 후반에 지칠 것을 예상하지 못하고, 그때까지 '승리의 전술'이었던 전격전을 계속 고집하였다. 과거에 성공한 체험을 현재에 그대로 적용한 것이다.

사실 소련군도 처음에는 전격전을 막아낼 전술이 없었다. 소련군은 시간을 벌기 위해 각지에서 소모전을 펼쳤고 그동안 '비장의 카드'인 예비 병력을 모았다. 그리고 마지막 순간에 예비 병력을 투입하고 기동전을 펼쳐서 전선의 돌파구를 단숨에 뚫었다. 전쟁을 시작하기 전에는 예상도 못 한 엄청난 패배의 길목에서 소련이 필사적으로 짜낸 새로운 전술이었다.

소련군에게 승리를 가져다준 것은 전쟁 상황에서의 전술과 전략의 극적인 '진화'였다. 뚜렷하게 말하면 전쟁 상황에 맞춰서 소모전과 기동전을 유연하게 이용한 것이다. 스탈린그라드의 독일군은 전격전 외에 다른 전술로 싸우는 방법을 알지 못하였다.

적보다 먼저 전쟁터에 적응하는 쪽이 승자가 되는 적자생존의 법칙은 모스크바 공방전과 스탈린그라드 전투에서 찾을 수 있다. 다만 그 '교훈'은 2천6백만 명이 넘는 소련 국민의 피와 맞바꾼 것이었다.

오키 다케시, 『독소전쟁』(AK), 2021

소련 공산당 중앙위원회 부속 마르크스·레닌주의 연구소, 『제2차 세계대전사(3)』(국내 미출간), 1963

야마자키 마사히로, 『독소전쟁사 — 히틀러 대 스탈린, 사투 1416일 동안의 전모』(국내 미출간), 2016

육상막료감부교육훈련부, 『바실렙스키 회상록』(국내 미출간), 1978

아돌프 히틀러, 『Hitler's Table Talk』(국내 미출간), 1945

앨런 블록, 『Hitler And Stalin: Parallel Lives』(국내 미출간), 1991

앤터니 비버, 『피의 기록, 스탈린그라드 전투』(다른세상), 2012

바실리 그로스맨, 『A Writer at War』(국내 미출간), 2007

앤드루 나고르스키, 『세계사 최대의 전투 모스크바 공방전』(까치), 2011

이안 커쇼, 『히틀러 2: 몰락 1936~1945』(교양인), 2010

캐서린 메리데일, 『Ivan's War: Life and Death in the Red Army, 1939-1945』(국내 미출간), 2005

게르하르트 엥겔, 『Heeresadjutant bei Hitler 1938-1943』(국내 미출간), 1974

제프리 로버츠, 『Stalin's General: The Life of Georgy Zhukov』(국내 미출간), 2012

제럴드 섹터, 비아체슬라프 루츠코프, 『흐루시초프, 봉인되어 있던 증언』(시공사), 1991

드미트리 볼코고노프, 『스탈린(세경사)』, 1993

하인츠 구데리안, 『구데리안』(길찾기), 2014

아돌프 히틀러, 『Hitler's war directives 1939-1945』(국내 미출간), 1965

마르틴 반 크레펠트, 『보급전의 역사』(플래닛미디어), 2010

리델 하트, 『History of the Second World War』(국내 미출간), 1970

리처드 베셀, 『Nazism and War』(국내 미출간), 2004

로드릭 브레이스웨이트, 『Moscow 1941: A City and Its People at War』(국내 미출간), 2006

Butler, Susan. (ed.), *My Dear Mr. Stalin: The Complete Correspondence of Franklin D. Roosevelt and Joseph V. Stalin,* New Haven and London: Yale University Press, 2005.

Chuikov, Vasili. *The Beginning of the Road: Battle for Stalingrad,* MacGibbon and

Kee: London 1963.

Gerbet, Klaus. (ed.), *Generalfeldmarschall Fedor von Bock: The War Diary, 1939–1945,* Atglen, Pa.: Schiffer Military History, 1996.

Hellbeck, Jochen. (translated by Christopher Tauchen and Dominici Bonfiglio) *Stalingrad: The City that Defeated the Third Reich,* New York: Public Affairs, 2015.

Hill, Alexander. *The Great Patriotic War of the Soviet Union, 1941-45: A Documentary Reader,* New York: Taylor & Francis, 2008.

——*The Red Army and the Second World War,* New York: Cambridge University Press, 2016.

John, Barber. "The Moscow Crisis of October 1941," in J. Cooper, M. Perrie and E. A. Rees, (eds.), *Soviet History, 1917–53,* London: Macmillan, 1995.

Khlevniuk, Oleg V. (translated and edited by Nora Seligman Favorov), *Stalin: New Biography of a Dictator,* New Haven and London: Yale University Press, 2015.

Lissance, Arnold (ed.), *Franz Halder: The Private War Journal, 14 August 1939 to 24 September 1942,* 9 vols., Washington, D.C.: Historical Division, SSUSA, 1950.

Stahel, David. *The Battle for Moscow,* New York: Cambridge University Press, 2015.

Soviet General Staff (translated and edited by Richard W. Harrison), *The Battle of Moscow 1941-1942: The Red Army's Defensive Operations and Counter-offensive along the Moscow Strategic Direction,* Solihull, West Midlands: Helion & Co. Ltd., 2015.

United States Department of State, *Foreign relations of the United States Diplomatic Papers, 1941. General, The Soviet Union, Volume I,* Washington, D.C.: U.S. Government Printing Office, 1958.

Жуков Г. К. Воспоминания и размышления. В 2 т. М., 2002.

Россия и СССР в войнах XX века. Потери вооруженных сил. М., 2001.

Русский архив: Великая Отечественная война: Битва под Москвой: Сб. документов. Т.15 (4-1). М., 1997.

РГАСПИ (Российский государственный архив социально-политической истории) , Ф. 558 (И. В. Сталин).

Архива Национальной Безопасности.

Директива Сталина Жукову «Положение со Сталинградом ухудшилось»

Наставление Сталина командующему Сталинградским фронтом.

https://nsarchive2.gwu.edu//rus/Index.html [2018년 11월 9일 참조]

제 2 장

수비에서 역전으로
영국 1941~1943년

제2차 세계대전은 1939년 9월 독일군이 폴란드를 공격하면서 시작되었다. 폴란드의 서부 지역은 독일에, 동부 지역은 소련에 점령되었고 전쟁은 소강상태로 접어들었다. 하지만 1940년 4월 독일은 노르웨이를 급습함과 동시에 덴마크를 점령하였다. 5월에는 서부전선에서 기습 공격으로 네덜란드와 벨기에를 차례로 항복시키고, 6월 중순 프랑스까지 패배로 내몰았다.

독일은 승승장구하며 북쪽 노르웨이에서 남쪽 피레네산맥까지 광대한 지역을 지배하였다. 독일과 반대로 영국은 프랑스에서 벌어진 전투에 패하여 대륙에 파견한 자국군을 허둥지둥 됭케르크에서 철수시켜야 했다. 막강한 독일군은 영국을 침공할 의사를 드러내었고 영국의 운명은 바람 앞의 등불처럼 보였다.

그때 히틀러는 영국에 평화협정을 제안하였고 영국 정부 내에서도 독일의 제안을 받아들이려는 움직임이 있었다. 그러나

1940년 5월 총리에 취임한 윈스턴 처칠은 평화협정 제안을 단호하게 거부하였다. 거부한 것만이 아니었다. 모든 수단을 동원하여 독일의 공격으로부터 영국을 지켜냈다. 처칠의 지도로 영국이 독일의 공격에 견디며 나라를 지켜낸 것은 제2차 세계대전의 큰 전환점이 되었다.

제2장에서는 1940년 여름부터 가을에 걸쳐 벌어진 영국 본토 항공전(Battle of Britain)과 독일의 유보트(U-boat)에 맞서 싸운 대서양 전투(Battle of the Atlantic)의 두 가지 사례를 들어, 영국이 스스로를 어떻게 지켜냈는지 고찰하려고 한다. 항공전과 해전으로 장소는 다르지만, 두 전투 모두 마지막에 승리를 이끌어낸 쪽은 영국이었다.

물론 영국에 최종적으로 승리를 불러온 것은 두 전투만이 아니다. 노르망디 상륙작전의 공헌도 크다. 하지만 노르망디 상륙작전은 미국이 주도권을 쥔 연합군의 작전으로 실시되었다. 앞으로 고찰할 두 개의 사례는 영국 자치령의 여러 국가와 미국을 포함한 연합국의 지원을 받기는 하였으나 영국의 단독 전투였다. 영국 본토 항공전과 대서양 전투로 한정하여 고찰하면 영국 전법의 특징을 명확하게 밝혀낼 수 있을 것이다.

I

영국 본토 항공전

수비로 이겨낸 여름

1940년 여름 독일군은 영국 본토를 공격하려고 하였다. 다만 독일군이 영국 본토를 침공하려면 영국 해협을 건너 육군을 보내기 전에 영국 해군과 공군, 특히 공군의 방해가 없어야 했다. 영국 항공 전력을 섬멸하는 것은 독일군이 영국을 침공하기 위한 절대적 전제 조건이었다. 그 임무를 맡은 것은 독일 공군이었다. 영국 측에서 보면 독일의 침공을 저지하기 위해 우선 독일 공군의 공격에 대항하여 본토 또는 해협 상공에서 항공전으로 맞설 필요가 있었다. 그리하여 벌어진 전투가 영국 본토 항공전이다.

승승장구하는 것처럼 보였던 독일은 영국 본토 항공전을 치르고 수개월 뒤 영국 침공을 단념해야 했다. 히틀러는 소련 침공을 고집하여 전략상 금기인, 두 개의 전선에서 싸우는 전쟁(Two-front war)을 해야 하는 처지에 빠지고 말았던 것이다.

영국은 독일의 침공을 저지하고 국가의 존속을 쟁취하였다. 그뿐 아니라 독일군에 맞서 싸울 의지와 능력을 표명하였고 미국의 전면적 지원도 받을 수 있었다. 단독으로는 독일을 이길 수 없었던 영국에 미국의 지원은 독일과의 전쟁에 최종적 승리를 안겨줄 열쇠였다. 그런 의미로 영국 본토 항공전은 영국에게 중대한 전환점이었다.

연전연승 파죽지세로 진격해오는 독일군을 상대로 영국은 어떻게 승리를 거머쥘 수 있었을까?

전
격
전
의

주
역

독
일

공
군

히틀러의 지령

히틀러가 영국 본토 상륙작전 준비의 지령을 내린 때는
1940년 7월 16일이었다. 8월 2일에는 상륙작전의 전제 조건으로
영국 본토 상공의 제공권을 확보하기 위해 신속하게 영국의 항
공 전력을 섬멸하라는 명령이 떨어졌다. 영국 해협의 짙은 안개
를 포함한 험한 기상 조건으로 10월 이후의 상륙작전은 곤란하
였기 때문에, 작전은 9월이나 이듬해 5월 이후에 시작해야 했다.
작전의 시작 시기는 공군의 성과를 보고 판단하기로 하였다.

히틀러는 정말로 영국 침공을 실행하려고 했을까? 히틀러
는 영국과 타협하여 강화조약을 맺으려 하였다. 정확하게 말하
면 영국이 싸우지 않고 항복하기를 바랐다. 6월 7일에 마친 영국
군의 됭케르크 철수와 6월 22일 프랑스 항복 이후 바로 영국을
공격하지 않은 이유는 영국과의 평화를 기대하고 있었기 때문이

기도 하였다.

영국 항공 전력의 섬멸을 위해 공격 명령을 내린 후에도 히틀러가 정말로 영국 상륙작전을 결심하였는지는 의문이다. 다만 상륙작전의 결심은 제쳐두더라도 독일 공군의 영국 공격은 단순하게 보여주기식은 아니었다. 영국을 폭격한 것은 상륙작전의 전제가 아니라고 해도 영국의 전의를 상실시켜서 항복하게 하려는 효과를 기대하였기 때문이다.

7월 말 히틀러는 소련 침공을 결의하였다. 영국이 평화 협상을 받아들이지 않는 이유가 소련에 기대하기 때문이라고 생각한 히틀러는 소련을 무력화하여 영국으로부터 항복을 받아내려 하였다. 다만 약 1년 후에 벌어질 소련 침공의 결정이 공군의 영국 공격 방침에 영향을 끼치는 일은 없었다. 전부 영국이 싸울 의지를 잃게 만드는 것이 목적이었기 때문이다.

항공함대의 편성

영국 공격의 선두로 나선 부대는 공군 장관 헤르만 괴링(Hermann Göring) 원수가 이끄는 독일 공군이었다. 제1차 세계대전에서 패하여 공군을 보유할 수 없었던 독일은 비밀리에 기술을 개발하며 준비하였고 히틀러가 정권을 장악한 후에는 공공연하게 모습을 드러냈다. 독일 공군이 스페인 내전에서 실전 경험을 쌓고 폴란드와 프랑스 전투에서 혁혁한 성과를 올린 것은 잘 알려져 있다.

같은 시기 다른 나라의 공군과 마찬가지로 독일 공군은 폭격기를 사용하여 적의 공업지대, 교통·통신의 중추, 병참기지 등을 공격하는 '전략폭격'을 운용의 기초로 삼고 있었다. 다만 중부 유럽이라는 지리적 조건 때문에 독일 공군은 육군과의 긴밀한 협력 및 통합을 강력하게 지향하였다. 그 점이 독일 공군의 특징이다. 물자 집결지, 철도 거점, 간선 도로를 폭격하는 것만이 아니라, 제공권을 확보하여 지상의 육군을 돕고 전선 후방에 있는 적의 중요 거점을 공격하는 것이 공군에게 맡겨진 임무였다. 제공권을 확보하여 육군을 돕는 공군의 역할이 독일군이 이루어낸 군사 혁신이라고 할 수 있는 '전격전'에 적합했던 것이다.

전격전은 기동력이 뛰어난 기갑 전력, 즉 전차를 이용하여 적의 지휘·명령 중추를 마비시키는 군사전략이다. 전격전에서는 기동력과 스피드가 중요하다. 공군은 앞장서서 전차의 진격을 이끌어주는 역할을 담당하고 때로는 적의 명령 중추를 공격하여 전략폭격만이 아니라, 제공권 확보, 요격, 지상부대를 가까운 거리에서 지원해주는 역할까지 수행 가능하다는 것을 증명하였다.

영국 본토 항공전이 시작될 무렵, 독일 공군은 여러 개의 항공함대로 편성되었다. 공격에 참가한 부대는 브뤼셀에 사령부를 둔 제2항공함대, 파리에 사령부를 둔 제3항공함대, 노르웨이와 덴마크에서 작전을 기다리던 제5항공함대였다. 항공함대는 여러 개의 항공단으로 구성되었고 각 항공단은 전투기, 폭격기, 정찰기로 구성되어 '소규모 독립공군'과 같았다. 각 항공단은 담당 지역에서 지상군의 요청에 따라 유연하게 대응할 수 있었다.

전력의 중심은 융커스 Ju 88, 하인켈 He 111, 도르니에 Do 17이라는, 엔진이 두 개인 쌍발 중형 폭격기였다(영국과 독일의 공군 항공기 성능은 표 2-1을 참고). 당시 여러 국가 공군의 항공기 가운데 가장 뛰어난 중형 폭격기였다. 다만 전략폭격은 위력으로 보면 폭탄 탑재량이 많은 대형 폭격기가 중형 폭격기보다 유리했다. 독일 공군은 왜 대형 폭격기를 개발하지 않았을까? 주요한 이유는 제1차 세계대전에서 패한 후 공군 보유를 금지당하여 대형 폭격기를 제조할 수 있는 기술의 기반이 없었기 때문이다. 특히 엔진 부분에서 뒤처진 것이 큰 영향을 미쳤다. 엔진을 4개 탑재하는 대형 폭격기의 개발을 시도한 적도 있으나 전쟁 시작 전에 성공하지 못하였다.

독일 공군 가운데 중형 폭격기 이상으로 유명해진 것은 전격전에서 활약한 급강하폭격기인 융커스 87 슈투카였다. 급강하폭격기는 점조준 폭격 방식을 채택하여 명중확률이 높았지만, 방어력이 낮고 속도도 떨어졌기 때문에 지상에서 쏘는 화포의 공격에 약했다.

전투기의 주력은 한 개의 엔진에 한 명이 탑승하는 단발 단좌인 메서슈미트 Bf 109였다. 메서슈미트 109는 한정된 지역에서 방공(防空) 태세를 갖추고 전선의 지상군을 호위하기 위한 제공권을 확보할 목적으로 개발되었는데, 원거리 폭격을 호위하기 위한 항속거리는 부족하였다. 엄호 전투기로는 두 개의 엔진에 두 명이 탑승하는 쌍발 복좌인 메서슈미트 Bf 110이 개발되었지만, 속도가 느리고 선회 능력도 떨어졌다.

전체적으로 보면 독일 공군은 전략폭격을 운용의 기초로 삼아 지상군의 작전에도 효과적으로 협력 가능한 융통성을 가지고 있었고, 당시 최첨단 기술을 도입하여 우수한 전투기도 다량 보유하고 있었다. 문제는 운용 방법, 편성, 항공기 모두 중부 유

[표 2-1] 영국 공군과 독일 공군의 주요 기종 항목

영국 공군

· 전투기

	최고 시속(마일)	상승한도(피트)	무장
허리케인 1형	316 (고도 17,500피트)	32,000	303 기관총 8자루
스피트파이어1형	355 (고도 19,000피트)	34,000	303 기관총 8자루
디파이언트	304 (고도 17,000피트)	30,000	303 기관총 4자루
블레님 4형	266 (고도 11,000피트)	26,000	303 기관총 7자루

독일 공군

· 전투기

	최고 시속(마일)	상승한도(피트)	무장
메서슈미트 109E형	355 (고도 18,000피트)	35,000	7.9밀리미터 기관총 2자루 20밀리미터 기관포 2문 (기종에 따라 다름)
메서슈미트 110형	345 (고도 23,000피트)	33,000	7.9밀리미터 기관총 6자루 20밀리미터 기관포 2문

· 폭격기

	최고 시속(마일)	상승한도(피트)	무장
융커스 87B형	245 (고도 15,000피트)	23,000	7.9밀리미터 기관총 3자루
융커스 88형	287 (고도 14,000피트)	23,000	7.9밀리미터 기관총 3자루
도르니에 17형 * 도르니에 215형은 성능이 약간 향상되었다	255 (고도 21,000피트)	21,000	7.9밀리미터 기관총 7자루
하인켈 111형	240 (고도 14,000피트)	26,000	7.9밀리미터 기관총 7자루

(출처)리처드 휴, 데니스 리처드, The Battle of Britain

럽에서의 작전 행동을 전제로 삼았다는 점이었다. 다시 말하면 독일 항공함대가 영국 항공 전력의 섬멸이라는 새롭게 부여된 임무에도 적합한지를 영국 본토 항공전에서 시험해본 것이었다. 그리고 독일의 항공기 생산 능력에는 한계가 있었는데, 그 점도 영국 공군과의 전투가 소모전이 되었을 때 시험받게 되었다.

영
국
방
공
전
력

처칠의 대비

연전연승을 거듭하던 독일군과 반대로, 됭케르크에서 철수하고 함께 싸워야 할 프랑스까지 잃은 영국은 실의의 늪에 빠져 있었다. 하지만 영국은 독일의 평화 협상을 받아들이지 않고 과감하고 용감하게 계속 싸울 의지를 보였다. 5월에 총리로 취임한 처칠은 연설과 라디오 방송에서 국민의 사기를 북돋웠다.

처칠은 조직력, 기술, 사기 등 많은 부분에서 독일군이 영국군보다 앞서 있다고 인정하였다. 낙관론은 배제하고 영국에 닥친 중대한 위기를 솔직하게 고백하면서 국민에게 국가에 대한 공헌과 희생을 호소하였다.

처칠은 다가올 독일과의 전투가 대전의 흐름을 결정할 것이라고 꿰뚫고 있었다. 단순히 독일의 공격에 견디고 침공을 저지하는 것만이 아니라, 독일에 맞서 싸울 영국의 의지와 능력을 나라 안팎으로 표명하고 미국의 협력과 참전을 끌어내기 위한 매우 중요한 전투라고 판단하였다.

독일이 유럽으로 세력 범위를 넓혔을 때 영국의 힘만으로 독일을 이기는 것은 무리였다. 전쟁에서 승리하기 위해서는 미국의 지지, 궁극적으로는 미국의 참전이 절실하게 필요하였다. 그러한 판단으로 처칠은 독일과의 전쟁을 준비하였다.

영국은 됭케르크 철수를 시작할 무렵부터 독일의 다음 목표가 자국이 될 것을 각오하였고, 문제 해결의 열쇠가 제공권 확보에 있음을 잘 알고 있었다. 육해공 삼군의 수뇌는 처칠이 자문하였을 때 상황을 판단하여 다음과 같이 대답하였다.

"우리가 제공권을 보유하고 있는 한, 독일이 본토를 침공하여도 우리 해군과 공군이 저지할 수 있습니다. 그러나 독일이 제공권을 쥐게 되면 우리 해군이 적의 침공을 일시적으로 저지할 수는 있겠지만 계속하여 막을 수는 없습니다. 침공이 시작된다면 우리 연안의 방어로는 적의 전차나 보병의 상륙을 저지하는 것이 불가능합니다. 그 후 계속될 육상 전투에서도 우리 육군은 적의 본격적 침공에 충분히 대처할 수 없습니다. 문제의 핵심은 제공권에 있습니다."

확실히 문제의 핵심은 영국 해안과 본토 상공의 제공권 확보였다. 독일의 제공권 확보를 저지하기 위해서는 전투기를 주체로 하는 영국 방공 전력이 중요하였다. 영국은 제공권을 쥐고 있는 한, 독일군이 섣불리 본토 침공을 시도하지 못하리라 판단하였다. 독일군의 폭격으로 국민이 싸울 의지를 잃거나 전쟁을 계속할 능력이 저하되는 것을 막기 위해서도 제공권의 확보가 필요하였다. 영국 본토 항공전이 시작되는 시점에 영국은 제공권 확보가 가능한 방공 전력을 보유하고 있었다.

영국 공군의 전략 딜레마

영국은 어떻게 제공권 확보가 가능한 방공 전력을 준비할 수 있었을까? 영국은 1918년에 공군성을 설치하고 세계 최초로 육해군과 분리된 독립공군을 창설하였다. 다만 방공 체제의 정비는 순조롭게 진행되지 않았다. 방공 시스템의 개념은 제1차 세계대전 말기에 생겨났는데, 전쟁이 끝나고 방공 시스템의 개념을 바탕으로 구체적인 조치가 이루어지기까지는 상당한 시간이 걸렸다.

지연된 이유 가운데 한 가지는 한번 폐지하였던 군대를 다시 갖추는 것에 대한 국내의 저항이 강했기 때문이다. 또 공군 자체에도 방공 전력을 충실하게 갖추지 못하는 이유가 있었다. 전략폭격이라는 전투에 대한 기본적 사고방식의 영향이었다.

전략폭격은 제1차 세계대전이 끝나고 이탈리아의 공군전략가 줄리오 두에(Giulio Douhet)가 주장하였는데, 항공기로 적국의 중추를 대량 폭격하는 것이 전쟁의 결과를 정한다는 이론이다. 전략폭격은 공군의 독자적 존재 가치를 알리고 육해군으로부터 독립할 수 있는 최적의 이론이기도 하였다. 공군의 예산 확보에도 충분한 근거가 되었다. 게다가 대전이 끝나고 폭격기의 기술 혁신이 방공의 기술 혁신을 앞지른 상태였다. 폭격기의 스피드는 두 배로 빨라졌고 그에 맞설 기술은 좀처럼 개발되지 못했다.

당시 가장 두려웠던 일은 전쟁 초기에 적이 난데없이 권투 경기의 녹아웃 펀치와 같은 강력한 전략폭격을 퍼붓는 것이었다. 영국 공군은 적의 전략폭격에 맞서기 위해 자신들도 효과적으로 전략폭격을 할 수 있는 보복 능력을 가져야 한다고 주장하였다. 충분한 보복 능력이 있으면 적의 전략폭격을 억제할 수 있기 때문이다. 또 전략폭격은 비행장과 항공기 생산 공장을 파괴하여 적의 항공 전력을 무력화할 수 있기 때문에, 보복 능력이야말로 항공 우세를 확보하는 최선의 방법이라고 여겨졌다. 그리하여 공군은 공격력을 지닌 폭격기를 개발하고 생산하는 일을 항상 우선으로 생각하였다.

1936년 영국 공군은 조직을 개편하였는데 임무와 기능에 따라 폭격기군단(Bomber Command), 전투기군단(Fighter Command), 연안항공군단(Coastal Command), 훈련군단(Training Command)으로 편성하였다. 기능별 편성의 표면상 이유는 전력의 충실에 따라 한 명의 사령관이 여러 부대를 지휘·통제하는 것이 곤란하다는 것이었다. 그러나 실제로는 가장 중요한 폭격기군단의 사령관을 방공 임무의 부담에서 벗어나게 하여 공격 임무에 전념하게 하는 것이 본래의 이유였다. 어디까지나 주역은 폭격기이고 전투기는 보조역에 불과하였다.

하지만 그러한 전략 태세에 다음과 같은 반론이 제기되었다. 만약 전쟁 초기에 적의 전략폭격으로 녹아웃 블로를 당하게 되면, 즉 항공기 생산 공장이 파괴되고 비행장도 사용할 수 없게 되면 어떻게 적에게 보복할 수 있겠는가? 적의 전략폭격을 저지하기 위해서는 방공 전력을 충실히 해야 하지 않겠는가? 그러한 주장이 초대 전투기군단 사령관으로 취임한 휴 다우딩(Hugh Dowding) 대장을 중심으로 제기되었다.

'폭격기인가 전투기인가'를 둘러싼 논쟁은 뮌헨 위기를 거친 1938년 가을 이후에 일단락되었다. 재군비의 재정상 제약이 사라지면서 전투기의 증산이 우선된 것이다.

폭격기를 우선하는 공군의 대세에 맞서 다우딩이 방공의 중요성을 강조했을 때, 방공의 취약성에 위기감을 품고 있던 정치 지도자가 다우딩을 지지하여 공군 수뇌부를 설득하였다. 정치가가 방공 전력의 우선을 지지한 것은 폭격기보다 전투기의 경비가 저렴했기 때문이라는 견해도 있다. 또 공군의 수뇌부도 재정적 제약이 있을 때는 폭격기 증산을 우선하였지만, 결코 방공의 중요성을 가볍게 여긴 것은 아니었다.

생산을 늘린 전투기는 단발 단좌의 허리케인과 스피트파이어였다. 두 기종 모두 전투기군단 사령관이 되기 전 공군 연구개발 부문의 책임자였던 다우딩의 지시로 1930년대 중반에 개발되어, 1936년부터 본격적으로 생산되었다.

허리케인과 스피트파이어는 기동성과 기관총의 집중 화력이 뛰어났다. 독일 주력 전투기 메서슈미트 109의 성능과 비교했을 때 허리케인은 약간 뒤떨어졌지만, 스피트파이어는 거의 호각이었다. 허리케인은 견고하고 튼튼했지만 속도가 스피트파이어보다 느렸다. 그 외에도 영국 공군은 폭격기였지만 쌍발 복좌 장거리 전투기로 용도를 바꾼 블레님, 단발 복좌 전투기 디파이언트 등을 보유하고 있었다. 그러나 그들 가운데 아무것도 독일 전투기의 적수가 되지는 못하였다.

명암을 가른 레이더의 개발 — 실용화·시스템화

우수한 전투기는 방공 시스템의 중요한 요소이지만 어디까지나 일부분에 지나지 않는다. 영국 방공 전력의 강점은 다양한 요소를 서로 밀접하게 연관시킨 시스템에 있었다.

그러한 요소 가운데 하나가 레이더이다. 항공전에서는 일반적으로 공격하는 쪽이 유리하다. 작전 진행이 상당히 빨라서 공격을 주도하는 쪽에 좋은 점이 더 많기 때문이다. 다시 말하면 공격하는 쪽은 공격할 시기, 목표, 방법을 자유롭게 선택할 수 있지만, 방어하는 쪽은 설령 상대방의 계획을 알게 될지라도 공격해 오는 속도가 빠르기 때문에 대처할 시간이 극히 부족하다.

게다가 벨기에, 네덜란드, 프랑스를 제압하고 대서양 해안으로 전진한 독일군의 공군기지와 영국과의 거리가 큰 폭으로 줄어들어서 그만큼 공격하는 쪽이 유리해졌다. 참고로 영국에서 가장 가까운 프랑스의 항구 도시 칼레와 런던의 거리는 약 120킬로미터다.

공격하는 쪽에게 우위를 빼앗기지 않으려면 가능한 한 빨리 적을 찾아내어 경보를 울리고 적이 오기를 기다려서 방공 전투기로 요격해야 한다. 그러나 감시원이 직접 보는 것만으로 적의 내습을 알아차리는 것은 어려운 일이다.

그러한 이유로 영국 공군은 적의 내습을 되도록 신속하게 알아차리기 위해 과학자의 협력을 얻어 다양한 실험을 하였다. 예를 들면 거대한 음향판을 사용하여 적의 항공기 소리를 탐지하려는 실험도 있었는데 성공하지는 못하였고, 항공기의 엔진이 내는 열이나 전파를 탐지하는 연구도 생각만큼 성과를 내지는 못하였다. 현재의 레이저 광선과 비슷한 '살인 광선'으로 적의 폭격기에 탑재된 폭탄의 기폭 장치를 파괴하거나, 기내에서 폭탄을 폭발시키거나 조종사를 살상하는 아이디어도 진지하게 고려되었지만 역시 성공하지는 못하였다.

그러한 시도 가운데 전리층(電離層, 태양 에너지에 의해 공기 분자가 이온화되어 자유 전자가 밀집된 곳)의 반사를 이용하여 적의 위치를 파악하는 방법이 주목받았다. 전파의 반사를 이용한 장치가 나중에 레이더라고 불리는데, 처음 반응은 시큰둥했다. 그럼에도 불구하고 다우딩은 레이더의 가능성을 크게 평가하여 개발을 추진하였다.

공군의 연구개발 부문 책임자였던 다우딩은 레이더를 이용한 조기 경계 네트워크와 요격 전투기의 지상관제를 연계하여 효과적인 방공 시스템을 구축하려 하였다. 다우딩은 직접 실험용 항공기를 타고 레이더 기술의 개발 상황을 확인하기도 하였다. 많은 기술적 문제가 해결되지 않은 상태에서 레이더 감시망의 건설이 결정되고 실험, 개발, 배치가 중점적으로 추진되었다. 병기에 남다른 관심을 갖고 있던 처칠은 총리가 되기 전부터 레이더 개발을 지지한 정치가 가운데 한 명이었다.

레이더의 기술 개발에 종사한 과학자들 사이에서는 완벽을 추구하지 않는 것이 모토였다. 가장 완벽한 것은 결코 실현할수 없다. 다음으로 완벽한 것은 실현할 수는 있지만 시간이 부족하다. 그렇기에 세 번째로 완벽한 것을 선택하여 가능한 한 빠르게 만들어내야 한다. 완벽을 추구하지 않는다는 것은 이러한 태도를 의미하였다. 레이더 개발과 실용화는 실용주의의 산물이었다.

물론 처음부터 레이더가 만족스럽게 작동한 것은 아니었다. 레이더의 도달 거리에는 한계가 있었고 저공에서 날아오는 적기를 포착하는 것도 어려웠다. 레이더는 주로 적기의 위치와 침공 코스의 정보를 제공하였는데 적기의 정보에는 오류가 많았다. 그래도 독일군의 침공을 저지하는 데 큰 역할을 하였다. 레이더 연구는 사실 독일이 앞서 있었다. 영국은 레이더 연구를 응용하여 실용화하였고 나아가 시스템화하여 독일을 앞지른 것이다.

방공 시스템의 또 하나 중요한 요소는 항공기를 공격하는 지상 화기 고사포다. 고사포가 적기를 격추하는 데 뛰어난 공헌을 한 것은 아니었다. 고사포의 역할은 오히려 방공 기구(Barrage Balloon)와 마찬가지로 적기가 저공에서 폭격하는 것을 저지하고 폭격의 정확도를 떨어뜨리는 데 있었다.

주목해야 할 점은 고사포가 공군의 통제 아래 있었다는 것이다. 원래 고사포부대와 대공 탐조등(서치라이트)부대는 육군 소속이었지만, 1920년대에 방공 책임이 육군에서 공군으로 이관되었을 때 작전 통제권도 공군에 위탁되었다. 즉 고사포부대의 병기와 인원은 육군 소속이었지만 작전 지휘권은 방공을 책임지는 공군 지휘관(1936년 이후부터는 전투기군단 사령관)이 갖게 되었다. 게다가 고사포군단의 사령부는 전투기군단 사령부와 가까운 곳에 설치되었다.

그렇게 각 군단이 연계하여 방공은 하나의 시스템으로 만들어졌고 다우딩의 일원적 지휘로 통합·운영되는 기초가 마련되었다.

방공 시스템의 짜임새

전쟁이 일어났을 때 방공 시스템의 각 구성 요소가 계획했던 수준에 이른 것은 아니었지만 영국 본토 항공전의 시점에서는 거의 다음과 같은 구조로 되어 있었다.

전투기군단은 런던 북서부 스탠모어에 사령부를 두고 4전투기군(Fighter Group), 즉 편성·재편 중인 것을 포함하여 58개 전투비행대대(Squadron, 1개 비행대대는 제1선기 16기와 예비기 3~5기, 작전 시에는 12기로 1개 비행대대 편성)를 거느리고 있었다.

전투기군은 잉글랜드 남서부를 담당하는 제10군, 런던을 포함한 잉글랜드 동남부를 작전 구역으로 하는 제11군, 잉글랜드 중부와 웨일스의 제12군, 잉글랜드 북부와 스코틀랜드의 제13군으로 구성되었고, 제11군이 독일군을 정면에서 상대하였다(지도 2-1 참고).

뉴질랜드 출신의 제11군 사령관 키스 파크(Keith Park) 소장은 다우딩 군단 사령관의 선임 참모를 지낸 적이 있어서 전투기 운용에 관한 사령관의 생각을 잘 알고 있었다. 파크 소장은 제1차 세계대전에서 '공군 에이스'로 활약한 경력이 있었다.

또한 전쟁 전에는 의사 결정과 조직 관리 측면에서 권한, 인원, 자재가 스탠모어의 군단 사령부에 지나치게 집중되어 있었는데, 뮌헨 위기로 비상사태를 겪으면서 시스템이 제대로 작동하지 않는다는 것이 판명되었다. 그 일을 계기로 많은 권한을 군단 사령부에서 하급 사령부로 위임하였고, 필요한 인재나 자재도 군단 사령부에서 각지의 군사령부로 보냈다.

그렇게 전투기군단은 다우딩의 지휘 아래 하나의 시스템

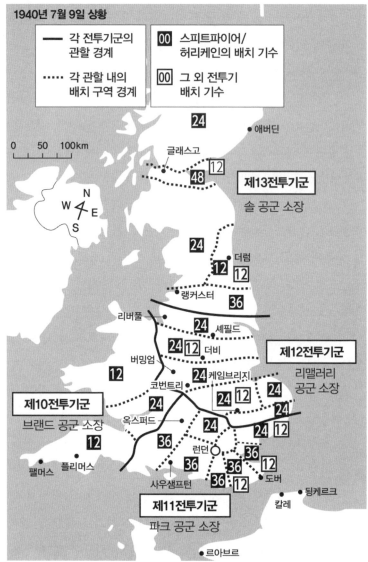

1940년 7월 9일 상황

	각 전투기군의 관할 경계	00 스피트파이어/ 허리케인의 배치 기수
	각 관할 내의 배치 구역 경계	00 그 외 전투기 배치 기수

24
• 애버딘

0 50 100km

글래스고
12
48   **제13전투기군**
솔 공군 소장

N
W   E
S

24
• 더럼
12 12

랭커스터
36

리버풀 •
24 셰필드
24 12 더비   **제12전투기군**
버밍엄 •   리맬러리 공군 소장
12   24 케임브리지
코번트리 •   24 12   24
제10전투기군   24   24
브랜드 공군 소장   옥스퍼드 •   24   24 12
12   36   24
런던
36   36
팰머스 •   플리머스 •   36   12 도버
사우샘프턴   36 12   • 됭케르크
제11전투기군   칼레 •
파크 공군 소장
• 르아브르

(출처) 야마자키 마사히로의 「서부전선 전체 역사」를 참고해서 작성

으로 통제되면서도 현장의 하급 사령부가 상황에 즉시 대응할 수 있는 권한을 보유하여, 중앙 통제와 현장에서의 판단이 잘 맞물리게 되는 유연한 대처가 가능하게 되었다.

　　방공 시스템은 적의 내습을 레이더 기지가 탐지하는 순간부터 작동한다(지도 2-2 참고). 레이더는 영국 건너편 상공에서 적기가 대형을 갖추어 오는 것을 포착하고, 레이더가 포착한 정보는 감시 초소에서 직접 눈으로 확인한 정보와 함께 특수 전화 회선으로 스탠모어의 군단 사령부로 보내진다.

　　군단 사령부는 요격 전투기군을 정하여 관련 데이터와 함께 해당 군사령부로 전달한다. 전투기군이 담당 구역을 여러 개의 섹터로 구분하면(제11군은 7개 섹터가 있었다), 군사령부가 요격을 담당할 섹터와 출격기 수를 정하여 해당 섹터 기지로 보낸다. 이어서 섹터 기지는 출격할 비행대대를 결정하고 자세한 지시를 각 비행대대로 전달한다.

　　주목할 것은 지상 섹터 기지가 무선 전화로 전투기를 통제한 점이다. 일반적으로 전투기 조종사는 지상으로부터의 작전 통제를 싫어한다고 알려져 있는데, 영국 본토 항공전에서는 지상관제가 처음으로 가능하였다. 지상관제를 가능하게 만든 것은 레이더였고, 각지의 레이더와 감시원이 포착한 정보를 종합하여 신속하게 현지 군사령부와 섹터 기지로 전달한 것은 통신 네트워크였다. 나아가 정보를 받은 섹터 기지에서 조종사에게 지시를 확실하게 전달할 때 사용한 고성능 무선 전화도 중요한 요소였다.

　　앞서 설명한 내용이 영국 본토 항공전을 뒷받침한 조기 경

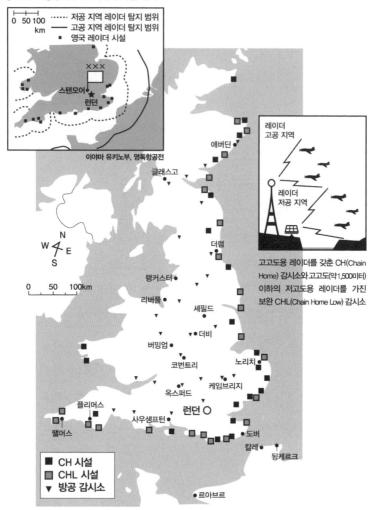

[지도 2-2] 영국 본토 레이더 시설 배치

0 50 100 km

······ 저공 지역 레이더 탐지 범위
——— 고공 지역 레이더 탐지 범위
■ 영국 레이더 시설

스탠모어
런던

이야마 유키노부, 영독항공전

레이더
고공 지역

레이더
저공 지역

고고도용 레이더를 갖춘 CH(Chain Home) 감시소와 고고도(약1,500미터) 이하의 저고도용 레이더를 가진 보완 CHL(Chain Home Low) 감시소

애버딘
글래스고
더럼
랭커스터
리버풀
셰필드
더비
버밍엄
코번트리
노리치
옥스퍼드
케임브리지
런던 ○
플리머스
사우샘프턴
팰머스
도버
칼레
됭케르크
르아브르

■ CH 시설
□ CHL 시설
▼ 방공 감시소

(출처) 야마자키 마사히로의 『서부전선 전체 역사』를 참고해서 작성

계와 요격 시스템이다. 물론 방공 시스템이 완벽했던 것은 아니다. 레이더 경보가 요격 전투기부대에 닿을 때까지 적어도 4분은 걸렸는데 적기가 영국 해협을 건너오는 데는 6분밖에 걸리지 않았다. 요격 태세를 갖추고 출격하기까지는 시간이 매우 촉박하였다.

레이더의 정보 가운데 적기의 고도에 관련된 오류도 많았다. 영국은 독일 공군이 사용하는 암호를 해독하는 데는 성공하였지만, 해독한 암호에서 얻을 수 있는 정보에는 한계가 있었다. 폭격 시기, 대상, 규모를 알 수 있는 정보는 손에 넣지 못하였다.

영국 방공 시스템이 아무리 뛰어났다고 하더라도 한계가 있었고 이후의 실전 경험을 통해 수정, 보완해야 할 부분도 적지 않았다.

프랑스 전투 — 전투기, 조종사 부족

독일 공군과의 결전에서 중요한 역할을 한 것은 전투기였다. 특히 중요했던 것은 허리케인, 스피트파이어의 수와 조종사의 수였다.

1940년 5월 독일이 서부전선에서 공세를 펼친 후 사태는 항공전 준비와는 반대로 진행되었다. 우선 영국 공군은 유럽에 파견한 자국군을 엄호해야 했다. 파견군이 대륙에서 철수할 때 됭케르크 주변과 영국 본토까지의 해로를 적의 공격으로부터 지켜야 했다.

영국 공군은 됭케르크 철수를 완료할 때까지 많은 전투기를 잃었는데, 지상군과의 협력에 익숙하지 않았던 점과 대륙에서는 레이더를 이용한 조기 경보 시스템의 활용이 불가능했던 점 등이 손실의 원인이었다.

영국의 파견군뿐만 아니라 프랑스에서도 지원 요청이 끊이지 않았다. 패색이 짙어짐에 따라 프랑스는 전투기 증원을 강하게 요청하였고 영국은 고통스러운 선택을 해야 하는 처지에 놓였다. 처칠의 말을 빌리면 "프랑스의 위기를 못 본 체할 것인가 아니면 우리에게 남은 최후의 수단마저 써버려야 하는가" 하는 괴로운 선택이었다. 처칠은 프랑스가 독일에 항복하도록 내버려두지 않았다. 처칠은 총리가 되고 나서 프랑스가 항복할 때까지 5번이나 프랑스로 날아가서 독일과 계속 맞서야 한다고 프랑스 수뇌부에 호소하였다.

그때 다우딩이 전시 내각 회의에 출석하여 프랑스의 전투기 증원 요청을 받아들이면 영국의 방공이 위협받을 수 있다고 주장하였다. 5월 19일 처칠은 앞으로 무슨 일이 벌어져도 프랑스에 전투기를 파견하지 않겠다고 결정하였다.

물론 프랑스의 요청에 전혀 응답하지 않은 것은 아니었다. 허리케인 중심의 전투기부대를 영국 기지에서 발진시켜서 프랑스에서 임무를 마친 다음 영국 기지로 귀환하는 형태의 지원은 얼마간 실시하였다. 그러나 전투기부대를 프랑스 기지로 파견하여 프랑스를 본거지로 삼는 작전 행동은 본국의 항공전에 필요한 전투기와 조종사를 지키기 위해 중지되었다.

전투기와 조종사의 보존은 영국 본토 항공전의 승패를 결정하는 최초의 결단이었다.

5월 이후 서부전선에서 독일 공군은 1,284기를 잃었고 영국 공군은 전투기 219기를 포함하여 931기를 잃었다.

1940년 7월 중순 독일 공군의 전력은 폭격기 및 급강하폭격기 약 1,600기, 전투기 약 1,100기였다. 같은 시기 영국 공군의 전력은 전투기 약 800기였고 그 가운데 독일 공군에 맞설 수 있는 허리케인과 스피트파이어는 700기를 조금 넘는 정도로, 전력 면에서는 독일 공군이 우위였다.

그리하여 어떤 방법으로 전투기의 소모를 보충하여 독일 공군과의 전력 차이를 줄일 것인가로 의견이 모였다. 다시 말하면 전투기를 얼마나 생산할 수 있는가 하는 문제였다(표 2-2, 표 2-3 참조). 전투기 생산 수는 1939년 9월에 월평균 110기였는데, 1940년 3월에 177기, 4월에는 256기로 늘었다.

[표 2-2] 월별 전투기 생산 수(1940년)

	견적기 수	생산기 수
5월	261	325
6월	292	446
7월	329	496
8월	282	476
9월	392	467
10월	427	469

(출처) Basil Collier, The Defence of the United Kingdom

처칠은 항공기 증산을 위하여 생산성을 신설하고 책임자로 신문사 경영자인 비버 브룩(Beaver Brook)을 기용하였다. 비버 브룩의 지휘로 생산에 박차를 가하여 1940년 5월에는 처음으로 예상한 견적 수를 넘었고 7월 중순에는 프랑스에서의 손실을 만회하였다. 나중에는 격심한 공습에도 불구하고 한 달에 450~500기의 전투기를 생산하였다.

항공기 분야에 문외한이었던 비버 브룩은 항공기 생산을 관할했던 공군 최대 기관인 공군성 전문가의 세세한 주문을 무시한 채 경영자로서의 수완을 발휘하여 대담하게 증산에만 전념하였다. 처칠은 비버 브룩의 방식이 시의적절하다고 판단하여 계속 지지하였다.

[표 2-3] 영국 전투기군단의 전력(7월 9일/ 9월 7일)

전투기군	기종별 비행대대 수					
	스피트파이어	허리케인	블레님	디파이언트	글래디에이터	합계
제10군	2(4)	2(4)	(1)		(1)	4(10)
제11군	6(7)	13(14)	3(2)			22(23)
제12군	5(6)	6(6)	2(2)	1(1)		14(15)
제13군	6(3)	6(8)	1(1)	1(1)		14(13)
합 계	19(20)	27(32)	6(6)	2(2)	(1)	54(61)

＊괄호 안 숫자가 9월 7일의 비행대대 수
(출처) Basil Collier, The Defence of the United Kingdom

항공기 생산성은 허리케인과 스피트파이어를 우선하였다. 스피트파이어의 제조를 위해 독일군의 폭격이 닿지 않는 곳에 새로운 공장을 건설하여 기존 공장이 폭격을 받아도 생산량이 떨어지지 않도록 하였다. 6월부터 10월까지 5개월 동안 허리케인은 1,367기, 스피트파이어는 724기를 생산하였다. 모든 전투기 가운데 허리케인은 55퍼센트, 스피트파이어는 31퍼센트를 차지하였다.

전투기의 증산은 착실하게 진행되었지만 조종사의 보충은 쉽지 않았다. 조종사는 대륙에서의 전투로 실전 경험을 쌓고 허리케인이나 스피트파이어가 독일군과 호각으로 싸울 수 있다는 것을 증명하였지만 그만큼 희생이 따랐다. 전투로 조종사와 전투기를 잃고 있었지만, 아이러니하게도 전투기의 생산은 늘어나 조종사 부족이라는 문제가 생긴 것이다. 조종사의 부족은 영국을 괴롭히는 심각한 문제로 떠올랐다.

초반전에서 배운 점

영국이 공식으로 발표한 자료에 따르면 영국 본토 항공전은 1940년 7월 10일에 시작되었다. 다만 8월 초순까지 독일 공군은 영국 연안을 항행하는 선박에 공격을 집중하였기 때문에 본격적인 전투라고 부르기는 어려웠다. 독일군의 목적은 항구나 선박에 피해를 주는 것보다 본격적으로 공격하기 위해 영국의 전투기를 약화하는 데 있었다. 연안 항로를 항행하는 선박을 적의 공격으로부터 지키는 것은 본래 연안항공군단의 임무였지만, 전투기군단도 엄호 요청에 대응할 의무가 있었다.

연안 항로에 입은 피해로 영국은 도버해협의 항행을 금지하였지만, 독일군의 목적은 충분하게 달성되지 못하였다. 다우딩이 적의 도발에 넘어가지 않고 전력을 보전하였기 때문이다. 다우딩은 전력을 아끼고 병력의 소모를 막았다.

영국이 전력을 보전할 수 있었던 것은 레이더를 중심으로 한 조기 경계 시스템 덕분이었다. 독일군은 공격하는 측의 장점을 살려서 파상공격이나 양동작전으로 요격 전투기를 약화할 수 있다고 계산하였지만, 영국군에는 공격하는 측의 장점을 덮을 유력한 무기인 레이더가 있었던 것이다.

독일 측이 목적을 달성하지 못한 것은 숫자에도 명백하게 드러난다. 7월 10일 새벽부터 8월 12일 밤까지 독일 공군은 거의 매일 영국 해협을 항행하는 선박을 공격하였지만, 1주일 평균 100

만 톤에 가까운 항행량에 비해 5주 동안 3만 톤 정도를 침몰시키는 데 그쳤다. 영국 전투기군단은 1일 평균 530기를 출격시켰는데, 34일 동안 150기를 잃었다. 독일 공군의 손실은 전투기 105기를 포함하여 286기였다. 전투기끼리의 전투에서는 독일 측이 약간 우세였지만 목적을 달성하기에는 무리였다.

영국 공군은 독일 공군과의 교전에서 많은 것을 배우고 개선책을 찾아내었다. 프랑스에서의 전투로 다음과 같은 학습 효과가 나타났다.

우선 전투기 날개 아랫면을 독일 공군과 똑같이 옅은 하늘색으로 칠하였다. 아래에서 올려다보았을 때 눈치채기 어렵게 하려는 의도였다. 또 전투기 기관총의 탄도 집중점을 짧게 줄였다. 적기에 가까이 다가가 공격하여 기관총의 파괴력을 높이기 위해서였다. 나아가 허리케인의 프로펠러를 개량한 것도 기술적으로 중요했다. 또한 주목해야 할 점은 전투기의 조종석 뒤에 장갑판을 붙인 것이다. 조종석 뒤 장갑판은 후방에서 날아오는 총격의 피해를 막았다.

영국 본토 항공전 초반의 학습 효과로는, 실전 경험을 통해 레이더의 조작 기술이 향상되었고 정보의 정확성도 높아진 점을 들 수 있다. 기술적 면에서는 전투기 연료 탱크의 방호 장치를 개량하여, 총격을 받으면 쉽게 화재가 일어나서 조종사의 목숨을 위태롭게 하는 일에 대한 대책이 세워졌다. 또 공격을 받은 탑승기로부터 이탈하여 바다에 빠진 조종사를 구하기 위해 항공기와 구난정으로 구성된 해상 구조대가 만들어졌다.

사실 연료 탱크 방호도 구조대도 독일군이 먼저 시작하였지만, 영국군도 실전 체험에서 필요성을 깨닫게 된 것이다. 그러한 조치는 조종석 뒤 장갑판의 부착과 함께 훈련된 조종사를 잃지 않는 데 중요한 역할을 하였다.

마지막으로 7월부터 영국 공군이 옥탄가 100의 연료를 사용하게 된 것도 지적해 둘 필요가 있다. 옥탄가가 높을수록 연료 내 이상 폭발이 적게 일어나는데, 옥탄가 100의 연료는 비밀 협정에 근거하여 미국으로부터 공급되었고 그로 인하여 전투기의 상승 능력이 큰 폭으로 향상되었다. 참고로 독일 공군 연료의 옥탄가는 87이었다.

독수리 공격 ― 독일이 잃어버린 기회

8월 2일 히틀러는 '바다사자 작전(영국 본토 상륙작전)'을 실행하기 위한 전제 조건으로 영국 공군의 섬멸을 명령하였다. 총공격의 시작은 공군의 판단에 맡겨졌는데, 기상 악화로 연기되어 13일이 되어서야 실행할 수 있었다. 8월 13일 시작된 총공격 방식은 '독수리 공격'이라고 불린다.

총공격에는 조짐이 있었다. 독일군은 그때까지의 공격과 다르게 선박이나 항만이 아니라 전투기군단의 지상 시설도 폭격한 것이다. 총공격에 대비하여 영국 공군의 감시망인 레이더 기능을 마비시키는 것이 목적이었다. 실제 그 공격으로 여러 개의 비행장은 일시적으로 사용할 수 없었고 레이더 기지 가운데 기능이 마비된 곳도 있었다. 고공 구역 레이더 송신 안테나의 높이는 100미터를 넘어서 공격받기 쉬웠지만, 안테나 탑은 트러스 구조(목재 등을 삼각형 그물 모양으로 짜서 하중을 지탱시키는 구조―역자 주)로 강인하였기 때문에 폭격을 받아도 파괴되는 일은 드물었다.

독일군은 같은 장소를 반복하여 공격하는 집중 폭격의 축적 효과를 충분하게 이해하지 못하였던 것인지 성과를 과대평가하였 던 것인지 다음 공격부터는 폭격 목표를 바꾸었다. 그동안 영국 측 은 응급조치를 하고 철야 작업으로 시설을 복구할 수 있었다.

전투기군의 각 섹터에는 섹터 기지의 비행장 말고도 다수의 보조 비행장이 있어서 섹터 기지가 공격을 받으면 보조 비행장을 사용하였다. 여러 비행장에 전투기를 분산 배치하여 적의 집중 공 격에 대한 효과적인 대비책을 세운 것이다. 상공에서 비행장을 식 별하기 어렵게 지상에 교묘한 위장 시설도 갖추었다.

8월 13일 시작된 총공격이 절정에 다다른 것은 8월 15일 전 투였다. 15일 독일군은 처음으로 3개의 항공함대로 합동 연합 폭 격을 시도하였다(지도 2-3 ①, 지도 2-3 ② 참고).

8월 15일 오전 10시 45분 잉글랜드 남동쪽 해안으로 향하 는 독일군 대형 편대의 접근이 탐지되어 제11전투기군의 4개 비행 대대(1개 비행대대는 12기로 편성)가 출격하였다. 독일군은 메서슈미 트 109가 엄호하는 제2항공함대의 급강하폭격기 40기 정도가 11 시 30분 영국 상공에 도달하여 비행장을 공격하였다. 영국 측에서 는 1개 비행대대만이 적과의 접촉에 성공하여 급강하폭격기 2기 를 격추했지만 2개 비행장이 폭격을 받았다. 점심 무렵에는 영국 해협 상공에 독일군 소규모 편대가 나타나서 제11군은 3개 비행대 대를 출격시켰지만 적과 접촉하지 못하고 돌아왔다.

정오가 지난 무렵 잉글랜드 북쪽에서도 적기의 접근이 탐 지되어 제13전투기군은 적과의 본격적인 전투에 대비하여 스피

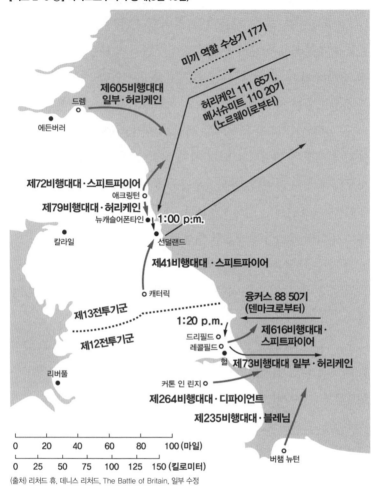

[지도 2-3 ①] 북쪽으로부터의 공세(8월 15일)

미끼 역할 수상기 17기

제605비행대대
일부·허리케인

허리케인 111 65기,
메서슈미트 110 20기)
(노르웨이로부터)

제72비행대대·스피트파이어
애크링턴

제79비행대대·허리케인
뉴캐슬어폰타인 ▮ 1:00 p.m.

에든버러

드렘

칼라일

선덜랜드

제41비행대대·스피트파이어

캐터릭

제13전투기군

제12전투기군

융커스 88 50기
(덴마크로부터)
1:20 p.m.

드리필드
레콜필드
헐
커톤 인 린지

리버풀

제616비행대대·
스피트파이어

제73비행대대 일부·허리케인

제264비행대대·디파이언트

제235비행대대·블레님

버챔 뉴턴

| 0 | 20 | 40 | 60 | 80 | 100 (마일) |

| 0 | 25 | 50 | 75 | 100 | 125 | 150 (킬로미터) |

(출처) 리처드 휴, 데니스 리처드, The Battle of Britain, 일부 수정

[지도 2-3 ②] 비행장으로의 시련(8월 15일)

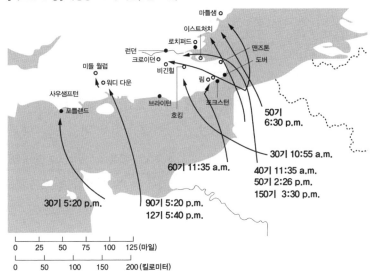

(주석) 독일군 공격대 기수 및 시각은 대략적인 숫자이다. 호위 전투기의 기수는 포함하지 않는다. 시각은 영국 본토 해안선을 넘은 시점을 나타낸다.
(출처) 리처드 휴, 데니스 리처드, The Battle of Britain, 일부 수정

트파이어 3개 비행대대, 허리케인 2개 비행대대를 출격시켰다. 노르웨이 제5항공함대로부터 날아온 적은 예상보다 규모가 큰 하인켈 111 폭격기 약 65기와 메서슈미트 110 호위 전투기 20기로 구성되었다.

12시 30분이 지나 접근해 오는 적을 상공에서 기다리고 있던 제72비행대대(스피트파이어)는 기습 공격을 퍼부었다. 예기치 못한 공격으로 독일군 폭격기 일부는 탑재한 폭탄을 바다에 버리고 구름 속으로 도망갔고 전투기는 방어 전략을 펼쳤다. 그 뒤로도 독일군 편대는 두 갈래로 나누어 목표한 비행장으로 접근을 시도하였지만 전부 영국 전투기의 방해로 실패하였다. 이 전투에서 독일군은 폭격기 8기, 전투기 7기를 잃었는데 영국군의 전투기 손실은 없었다.

거기에서 160킬로미터 떨어진 남쪽에서는 제5항공함대에 남은 부대가 덴마크로부터 접근해 왔다. 융커스 88 폭격기 편대 약 50기로 호위 전투기는 없었다. 오후 1시 제12전투기군 3개 비행대대가 요격 태세에 돌입하였고 제13군으로부터 블레님 1개 비행대대도 지원에 나섰다. 호위 전투기가 없던 독일군은 고전을 면치 못하였지만, 영국 군용 비행장에 도착하여 지상의 폭격기와 시설을 파괴하였다. 독일군은 폭격기 8기를 잃었는데 영국군의 손실은 없었다.

앞서 말한 두 개의 전투를 보면 독일 제5항공함대는 이렇다 할 성과를 올리지 못하였다.

그로부터 한 시간 정도 지났을 무렵 호위 전투기를 동반한 독일군 급강하폭격기 약 40기가 방공망을 뚫고 들어와 영국 군용 비행장과 시설을 파괴하고 상처 하나 없이 돌아갔다. 영국 측은 7개 비행대대에 적의 포착을 명령하였지만 제대로 전달되지 못하였다.

오후 3시가 지났을 때 잉글랜드 동남쪽에 100기에 가까운 독일군 폭격기가 엄호 전투기와 함께 접근해 왔다. 영국군의 4개 비행대대가 요격 태세에 들어갔지만, 고도 상공에서 날아오는 적의 전투기에 저지당하여 폭격기의 침입을 막을 수 없었다. 독일 측은 4~5기를 잃었지만 로체스터의 항공기 제조 공장과 이스트처치 비행장에 타격을 주었다. 영국 측은 전투기 9기를 잃었다.

오후 5시를 넘겨서 독일 제3항공함대는 폭격기·급강하폭격기 70~80기와 다수 전투기로 잉글랜드 남부를 공격하였다. 그에 맞서 제10전투기군은 4개 비행대대의 전력으로 요격하고 뒤따라 2개 비행대대를 더 출격시켰다. 최대 규모의 요격 태세였다. 전투는 5시 20분 포틀랜드 앞바다에서 시작되었다. 제10군의 1개 비행대대는 태양을 등진 채 급강하폭격기 약 50기를 공격한 뒤, 급상승했다가 내려오면서 날아왔던 방향으로 바꾸어 단발 전투기 메서슈미트 109의 엄호를 받는 쌍발 전투기 메서슈미트 110을 공격하였다. 독일군은 포틀랜드에 폭탄을 소량 투하하고 메서슈미트 110에 큰 피해를 입은 채 달아났다. 동쪽에서는 엄호 전투기를 동반한 30기 정도의 독일 폭격기가 5개 비행대대의 영국 전투기로부터 공격을 받으면서 미들 월럽(Middle Wallop) 비행장에 폭격을 가하였다.

독일 측은 폭격기 8기, 급강하폭격기 4기, 쌍발 전투기 13

기를 잃었고 영국 측은 전투기 16기를 잃었다.

포틀랜드 앞바다에서 전투가 끝나고 오후 6시를 지나서 독일 공군은 수비가 허술한 제11전투기군의 좌측을 치고 들어왔다. 많은 부대가 2~3번 출격했다가 돌아온 지 얼마 되지 않은 상태여서 제11군 사령관 파크는 고심 끝에 경계 비행을 하던 1개 비행대대를 포함한 4개 비행대대를 출격시키고 이어서 4개 비행대대의 절반 정도를 보냈다. 그 가운데는 잉글랜드 남해안에서 작전 행동을 마치고 온 3개 비행대대도 속해 있었다. 독일군은 적어도 2개 비행대대와의 교전에 휘말려서 방향 감각을 잃고 원래 목표와는 다른 지점에 폭탄을 투하하였다. 공교롭게도 그 실수는 독일군의 가장 효과적인 폭격이었다.

8월 15일 전투에 독일군은 총 1,790기를 투입하여 75기를 잃었다. 영국군의 손실은 34기였다. 전투기군단의 출격 횟수는 총 1천 번에 가까웠다.

독일군은 넓은 범위에 걸쳐 비행장 공격을 시도하였고 영국 전투기를 유인하여 전력을 약화시키려고 하였다. 결과적으로 목표는 달성하지 못하였다. 독일군은 호위 전투기가 영국 요격 전투기를 유인하는 사이에 폭격기로 지상 공격을 시도하였지만, 영국 측은 이를 눈치채고 적기를 섬멸하기보다 폭격을 할 수 없도록 하는 데 중점을 두었다.

독일군은 성과를 과대평가하였다. 처음부터 독일군은 영국 방공 전력을 낮게 평가하였기 때문이다. 런던 남쪽의 방공 전력을 굴복시키는 데 4일, 모든 항공 전력을 섬멸하는 데 4주면 충분하다고 괴링은 호언장담했었다. 8월 16일 아침 영국 전투기군단의 전력은 독일 측이 예상한 것의 두 배였다. 7월 10일부터 8월 15일까지 독일 공군은 영국 공군기 500기 이상을 격추했다고 계산하였지만, 실제 영국의 손실은 200기 정도였다.

최대의 적은 조종사 부족

영국 측도 낙관할 만한 상황은 아니었다. 허리케인과 스피트파이어는 일시적이기는 하였으나 보충보다 손실이 컸다. 심각한 문제는 조종사의 부족이었다.

탑승기가 격추되어도 탈출 가능했던 조종사는 적지 않았고, 그 점은 독일군 작전에 없었던 유리한 점이었다. 한때는 1주일 동안 조종사 120명을 잃었다. 보통 1개 비행대대 조종사는 26명이고 각 비행대대의 예비 조종사는 6~7명이었다. 정원의 90퍼센트를 채우지 못하는 경우는 드물었지만 과로를 방지하기 위한 교대나 전투 손실 보충을 하는 데 어려움을 겪었다.

조종사 절반이 22세 미만이었는데 다우딩은 조종사의 스트레스를 덜어주기 위해서 매주 24시간 쉴 수 있도록 하였다.

허리케인이나 스피트파이어의 정원을 채우기 위해서는 3개월 이내의 훈련 과정을 끝낸 신입 조종사를 투입해도 부족하였다. 게다가 신입 조종사 대부분은 실전 경험이 없었다. 폭격기군단, 연안항공군단, 해군 항공대로부터 전투기군단으로 조종사를 전속시키는 조치를 하여도 필요한 만큼 수를 채우지 못하였다.

대륙에서 도망쳐 온 폴란드, 체코, 프랑스, 벨기에 등 연합국의 조종사도 채용하였지만, 의사소통의 문제로 외국인 조종사는 국가별 비행대대를 편성해야 했고 실전에 참가할 때까지 시간이 걸렸다.

위기 ― 독일 공군의 전술 전환

8월 19일부터 잠시 소강상태였지만 24일부터 다시 본격적인 전투가 시작되었다. 독일군은 그때까지의 전투에서 얻은 교훈을 바탕으로 편대 구성을 크게 바꾸었다.

우선 급강하폭격기 융커스 87은 도움이 되지 않는다고 판단하여 최전선에서 제외하였다. 다음으로 전투기의 수를 큰 폭으로 늘리고 호위를 받는 폭격기의 수를 줄였다. 호위 전투기 일부는 폭격기와 거의 같은 고도에서 전방, 후방, 측방을 날며 직접 엄호하였다. 그와 동시에 다른 전투기는 전과 마찬가지로 폭격기보다 상공에서 간접 엄호하였다.

이전에는 폭격기와 전투기의 속도가 달라서 자칫하면 멀어졌기 때문에 영국 측이 그 틈을 노리고 폭격기만 공격하여 호위 전투기는 손을 쓰지 못하는 경우도 자주 있었다. 그래서 전투기가 폭격기의 가까이에서 호위할 수 있도록 하였다.

독일의 주력 전투기 메서슈미트 109는 특히 높은 고도에서의 전투 능력이 뛰어났다. 하지만 항속거리에 한계가 있어서 목표를 런던으로 하였을 때, 런던 상공에서 머물 수 있는 시간은 최대 15분 정도였다. 공중전에 휘말리면 평상시보다 3~4배의 연료를 소비하여 상공에서 머물 수 있는 시간은 더 줄어들었다. 보조 연료 탱크를 달면 시간을 늘릴 수 있었지만 민첩하게 움직일 수 없어서 공중전에 불리하였다. 아군 폭격기가 임무를 달성하기 전이라도 연료가 부족하면 기지로 돌아가야 하는 상황도 적지 않았다. 또한 지상으로부터 7~12킬로미터의 고도에서는 적수가 없었지만 폭격기를 직접 엄호하기 위해 고도를 낮추면 전투 능력이 떨어졌다.

한편 메서슈미트 110은 항속거리는 길었지만 민첩하게 움직이지 못하여 허리케인이나 스피트파이어의 상대가 되지 못하였다. 독일 공군은 메서슈미트 109가 전투기 메서슈미트 110을 호위하는, 모양새가 좋지 못한 대책까지 세웠다. 때로는 메서슈미트 110이 미끼 역할을 하여 영국 전투기를 유인하는 동안 폭격기가 목표 지점으로 향하는 일도 있었다. 일반적으로 독일 폭격기의 방어력은 높지 않았고 대륙에서 그토록 용맹을 떨치던 급강하폭격기도 속도가 느려서 영국 전투기의 희생양이 되었다.

영국 측에서는 공격을 정면으로 받던 제11전투기군 사령관 파크가 폭격기와 메서슈미트 110에는 허리케인으로 대항하고 메서슈미트 109에는 스피트파이어로 맞섰다.

8월 19일 파크는 그때까지의 경험을 토대로 새로운 방침을 세웠다. 전투기의 손해를 줄이고 폭격으로 지상 시설이 파괴되는 것을 막기 위해서 폭격기 요격에 집중하고 엄호 전투기에는 최소한의 전력으로 대응하는 방침이었다. 다시 말하면 허리케인이든 스피트파이어든 폭격기에 공격을 집중하는 것이었다.

그러나 8월 24일 독일 측이 전술을 변경하면서 파크는 새로운 방침을 철회해야 했다. 독일 전투기 수가 늘어난 데다 폭격기에 가깝게 붙어서 엄호하는 전투기를 무시하고 폭격기만 공격하는 것은 불가능하였기 때문이다.

대부분 전투에서 전투기의 수는 독일 측이 더 많았다. 다수 전투기와 정면에서 싸운다면 영국 측은 상당한 전력 소비를 감당해야 했다. 그런 상황은 영국 측에 위기를 불러왔다.

궁지에 몰린 제11전투기군

8월 24일부터는 본격적으로 야간 폭격이 시작되었는데 영국 측의 심각한 문제는 낮 전투에서의 전투기 손실과 조종사 부족이었다. 독일 측은 8월 15일에 펼친 3개 항공함대의 총공격이 효과가 없다고 판단하여 반복하지 않았다. 공장이나 시설을 공격하려 해도 낮에는 영국의 요격 태세가 강력하여 밤으로 변경하였다. 낮 공격의 주요 목적은 영국 전투기군단의 약화였기 때문에 독일 공군은 잉글랜드 남동부의 비행장을 집중적으로 공격하였다.

비행장을 공격하면 영국 전투기를 유인하여 전력을 낮추는 것은 물론이고, 비행장을 파괴하는 것 자체가 큰 타격을 주기 때문이었다.

8월 24일부터 9월 6일까지 독일의 출격 횟수는 약 1만 3,700번, 영국은 약 1만 700번이었다. 영국 측은 적군 380기에 손해를 입혔지만, 아군도 전투기 약 300기를 잃었다. 전과 비교하여 영국의 손실은 상당히 커졌다. 별로 도움이 되지 못한 디파

[표 2-4] 전투기군단 조종사 사상자 개요

	전사자	중상자
8월 8일 ~ 8월 23일	94	60
8월 24일 ~ 9월 6일	103	128
9월 7일 ~ 9월 30일	119	101

(출처) Basil Collier, The Defence of the United Kingdom

이언트는 최전선에서 물러나야 했다. 조종사의 전사자는 103명, 중상자는 128명이었다(표 2-4 참고). 그러한 상황이 지속된다면 조종사의 보충을 제때 맞추지 못하여 위기에 직면하는 것은 의심할 여지 없이 명백하였다.

파크는 조종사 부족이 심한 제11전투기군 소속 비행대대가 다른 전투기군으로부터 베테랑 조종사를 보충받을 수 있도록 다우딩에게 요청하였다. 다우딩은 파크의 요청을 거절하고 비행대대 자체를 교체하였다. 제11전투기군 가운데 조종사의 부족이 심한 비행대대를 다른 전투기군으로 전속시키고, 그 자리에 다른 전투기군의 비행대대를 투입하였다. 그러한 교체는 각 비행대대의 일체감을 유지하는 것과 동시에, 다가올 결전에 대비하여 지치고 쇠약해진 비행대대의 전력을 회복시킬 기회를 주기 위해서였다.

중요한 국면은 8월 31일부터 9월 6일까지였다. 일주일 동안 독일 공군은 189기, 영국 공군은 161기를 잃었다. 파크는 보유한 모든 전력을 최대한으로 이용하여 위기에 대처해야 했다. 전투를 회피하면 비행장이나 지상 시설이 공격을 받아서 적에게 생사를 내어주는 것과 다름없었기 때문에 교전은 피할 수 없었다. 파크는 내습에 재빨리 대처하기 위해 2개 비행대대 편대를 꾸려 맞서도록 지시하였다. 그리고 폭격을 저지하기 위해 폭격기를 우선 공격하라고 명령하였다.

그러한 파크의 방식은 공군 내에서 비판을 받았다. 제12전투기군 사령관 트래퍼드 리맬러리(Trafford Leigh-Mallory)는 수적으로 우위에 있는 적에 대항하려면 3개 내지는 5개 비행대대로 큰 편대를 구성하여 요격해야 한다고 주장하였다. 그리고 폭격을 저지하기보다 전투기와 폭격기를 격추하는 것이 우선이라고 이야기하였다.

파크는 큰 편대를 구성하려면 시간이 오래 걸려서 적을 붙잡을 기회를 놓칠 것이라며 리맬러리의 주장을 거부하였는데, 이 논쟁은 나중에 미묘한 불행을 초래하였다.

파크의 전법도 예상대로 진행된 것은 아니었다. 적의 호위 전투기 수가 많아서 요격 전투기는 적의 폭격기에 접근하는 것조차 힘들었다. 독일 측은 같은 방향에서 짧은 간격으로 계속 공격하는 파상공격을 펼쳤는데, 1차 공격 때 요격기가 연료 부족으로 되돌아가면 2차 공격이 시작되었다. 교묘한 양동작전을 이용하여, 대규모 편대가 해안선 근처까지 접근했다가 후퇴하면 경계하기 위해 출격한 요격기가 귀환하는 시간을 계산하여 본격적인 2차 공격이 펼쳐졌다.

영국 측의 조종사가 부족한 상황은 개선의 여지가 보이지 않았다. 파크가 담당하는 지역에서는 7개 섹터 가운데 6개 비행장이 심각한 타격을 받았고 사용할 수 없게 된 곳도 있었다. 다른 전투기군에서 제11군으로 전속한 비행대대도 조종사 부족 문제와 피로에 시달리는 형편이었다.

그러한 상황이 일주일 더 지속되었다면 제11군은 절체절명의 위기에 빠졌을지도 모른다. 그런데 독일군은 갑자기 방침을 바꾸었다. 9월 7일부터 독일군은 런던에 공격을 집중한 것이다. 덕분에 파크는 전력을 회복할 시간적 여유를 가질 수 있었다.

종반전 — 9월 15일에 찾아온 전환점

독일은 왜 런던에 공격을 집중하였을까? 8월 24일 밤 독일의 폭격기 가운데 일부가 항법 실수로 인해 칠흑처럼 어두웠던 런던 시내에 폭탄을 떨어뜨렸는데, 영국 공군은 그 보복으로 이튿날 밤 베를린을 폭격하였다. 9월 7일 이후 런던 공격은 베를린 폭격에 대한 히틀러의 보복이라는 해석이 있다. 실제 그때까지 히틀러는 주민을 공격 대상으로 보고 폭격하는 것을 금지했었다. 아니면 런던을 폭격하여 수도를 지키는 영국 전투기를 유인한 뒤 한 번에 섬멸하려는 계산이었다는 설도 있고, 인구 집중 지역을 폭격함으로써 영국 국민의 전의를 꺾고 굴복시키려는 계획이었다고 보는 견해도 있다. 또 독일 측은 영국 방공 전력이 한계에 다다랐다고 판단하여 상륙작전의 준비로 공격목표를 항공 전력에서 도시의 군사·병참기지로 바꾸었다는 해석도 있다.

이유가 무엇이든 9월 7일 런던 폭격을 시작으로 독일 공군은 작전의 중점을 대도시 공격으로 바꾸었다.

한편 많은 섹터 기지에 피해를 입은 제11군은 복구에 여념이 없었다. 비행장, 작전지휘실, 통신 시설 등의 복구공사에는 육군 공병대와 우정청의 협력 직원이 활약하였다. 하지만 섹터 기지가 계속 공격을 받는다면 응급조치로 복구할 수 있을지는 의문이었다. 독일군 공격의 중점이 대도시로 바뀌었어도 한동안 섹터 기지로 향하는 위협을 가볍게 여겨서는 안 되었다.

9월 7일 전투는 독일 측의 승리였다. 전투기군단에서 출격시킨 23개 비행대대 가운데 21개 비행대대가 적과 접촉하였지만, 독일군 편대는 목표에 도달하여 런던을 폭격하는 데 성공하였다. 독일 측은 41기를 잃었는데 영국 측은 21기가 격추되고 16기가 크게 파괴되어 조종사 17명이 전사하거나 중상을 입었다.

9월 8일 다우딩은 그때까지 거부했던 비상조치를 실행에 옮겼다. 다우딩은 비행대대를 A, B, C 카테고리로 나누었다. 제11군과 제11군에서 가까운 섹터의 비행대대를 카테고리 A, 제10군과 제12군 대부분은 카테고리 B, 나머지는 카테고리 C로 구분하였다. 카테고리 A는 정면에서 독일군과 맞서고 카테고리 B는 언제든 카테고리 A를 지원할 수 있도록 태세를 갖추었다. 카테고리 C는 실전 경험이 부족한 조종사를 배치하고 카테고리 A에 빈자리가 생기면 보충할 수 있도록 훈련하였다.

숙련된 조종사를 카테고리 A로 모으기 위해서 독일군의 공격이 집중되지 않는 지역의 전력은 약간 허술해지는 것을 감안해야 했다. 다우딩이 그러한 조치를 단행한 이유는 그만큼 상황이 절박하였기 때문이었다.

전환점이 된 때는 9월 15일이었다. 9월 15일은 영국의 '영국 본토 항공전의 날'이다. 8월 15일이 독일 공군에게 영국 본토 상공의 제공권을 단기간에 확보하는 것은 불가능하다는 것을 보여준 날이라고 한다면, 9월 15일은 독일 공군에게 제공권의 확보가 영원히 불가능하다는 것을 깨닫게 해준 날이었다.

9월 15일 독일군은 파상공격을 시도하였는데 다른 때처럼 양동작전은 펼치지 않았다. 그리하여 영국 측은 1차 공격을 받은 뒤 충분하게 연료를 보급하고 태세를 갖추어 2차 공격에 맞설 수 있었다. 게다가 독일 전투기의 직접 엄호도 허술했다. 그날 영국 측은 26기를 잃었지만 독일군 185기에 손실을 입혔다고 공표하였다. 실제로 독일의 손실은 약 60기 정도였지만 전투 효과는 대단히 컸다.

9월 15일 전투 결과, 독일 공군은 2개월이 넘도록 폭격 작전을 펼쳤음에도 불구하고 영국 방공 전력이 괴멸하지 않은 현실과 마주해야 했다. 독일 측에는 스스로의 전술이나 병기에 대한 심각한 의문이 생겨났다. 폭격기 조종사는 전투기의 직접 엄호가 충분하지 않았다고 비판하였고, 전투기 측은 메서슈미트 109가 원래 엄호 전투기가 아니라고 항변하였다.

괴링은 비행대대장 가운데 한 명에게 사태를 개선하려면 무엇이 필요한지 물었다. 그러자 비행대대장은 "스피트파이어를 배치해주십시오"라고 대답하였고, 이를 들은 괴링은 아연실색했다고 한다.

9월 7일 이후 독일 공군은 도시에 폭격을 집중하였으나 적합한 병기가 없었다. 폭격기는 폭탄 탑재량이 적어서 공격에 성공한다고 하더라도 효과에는 한계가 있었다. 전투기도 항속거리에 한계가 있어서 내륙부까지 폭격기를 직접 엄호할 만한 여유가 없었다. 독일 공군은 자신감이 떨어졌고 의욕도 잃어갔다.

한편 9월 초부터 독일 공군이 섹터 기지로의 공격을 멈추고 내륙부의 대도시에 공격을 집중하면서 영국 전투기군단은 차츰 전력을 회복하였다. 9월 중순에는 허리케인과 스피트파이어의 생산이 손실을 넘어섰다. 조종사를 보충하는 문제도 조금씩 위기에서 벗어나고 있었다.

효과 없는 야간 폭격

9월 하순 독일 공군은 항공기 생산 공장을 폭격하는 데 성공하였지만 일시적이었고, 10월에는 공격 규모를 축소하였다. 독일군은 폭격기를 낮 동안의 공격에서 철수시키고 전투기 편대만으로 혹은 전투기가 전투폭격기로 전용된 메서슈미트 110을 동반하여 도시 공격을 시도하였다.

공격은 고공에서 펼쳐졌기 때문에 레이더로 포착하기가 상당히 어려웠고 요격도 곤란하였다. 그러나 파크는 적기 탐지를 위해 처음에는 1개 비행대대 나중에는 2개 비행대대에 상시 고공 경계 비행을 명령하여 요격 효과를 높일 수 있었다. 경계 비행은 여유의 표현이었다. 10월 전투기 조종사의 전사자는 100명, 부상자는 65명으로 9월의 절반이었다. 10월 독일 공군의 손실은 328기였다.

독일 측이 가을에 상륙작전을 펼치기 위한 전제 조건으로 영국 항공 전력을 섬멸하는 것은 시간상 무리였다. 9월 11일 이후 히틀러는 '바다사자 작전'의 실행을 여러 번 연기하였고, 9월 17일에는 작전 실행을 이듬해 봄까지 연기한다는 명령을 내렸다. 그 후 독일군은 낮에 폭격으로 영국을 굴복시키는 것을 단념하고 야간 폭격과 해상봉쇄로 영국의 전력을 약화하는 방침을 세웠다. 10월 31일 영국 정부는 독일로부터 본토 침공을 당할 위기가 멀어졌다는 판단을 내릴 수 있었다.

'블리츠(Blitz)'라고 불린 야간 폭격은 11월 중순까지 런던에 집중되었고 그 후로는 공업지대나 항만 지역이 공격 대상이었다. 9월 7일부터 11월 13일까지 런던은 거의 매일 밤 평균 160

기로부터 폭격을 받았다. 야간 폭격에 맞서 영국 전투기군단이 완벽한 승리를 거두었다고 보기는 어렵다. 영국의 편을 든다 해도 무승부였다. 야간 폭격의 군사적 효과는 크지 않았고, 야간 폭격으로 영국의 전의를 잃게 하려는 독일 측의 목적은 실패하였다.

야간 폭격은 시민을 공포에 떨게 하거나 잠들지 못하게 하고 때로는 많은 사상자를 냈다. 1940년 말까지 영국 민간인 가운데 전쟁과 관련된 사람은 블리츠 희생자를 포함하여 2만 3천 명이 넘고, 중상을 입은 사람은 3만 2천 명에 달하였다.

인적·물적 피해를 가볍게 볼 수는 없지만, 군사 입장에서 보면 효과는 그리 크지 않았다. 시민은 블리츠에 조금씩 적응하였고 어느 순간부터는 일상생활의 일부로까지 생각하였다. 야간 폭격으로도 영국 국민의 사기를 떨어뜨릴 수는 없었다.

그 후에도 독일 공군의 공격은 계속 이어졌다. 하지만 독일은 영국 상륙작전을 전제로 하는 항공 전력의 섬멸이라는 목표를 이루지 못하였고 이미 상륙작전을 펼치기 어려운 계절로 접어들었다. 야간에 도시를 폭격하는 것도 군사적 효과를 거두지 못하였다.

영국은 영국 본토 항공전을 극복하였다. 7월부터 10월 말까지 조종사 전사자가 450명에 가까운 숫자를 기록하는 등 손실은 적지 않았다. 위기에 빠진 적도 있었다. 그렇지만 영국은 승승장구하던 독일 공군에 호각 이상으로 맞섰고 독일의 목표를 저지하였으며 자국의 생존을 위협하던 위기에서 벗어났다.

Ⅱ
대
서
양
전
투

영국은 영국 본토 항공전을 극복하고 독일군의 영국 본토 침공을 좌절시켰지만 패전의 위기에서 벗어난 것은 아니었다. 영국은 군수품뿐 아니라 식량의 3분의 1 이상과 석탄을 제외한 생활필수품 대부분도 수입에 의존하였기 때문에, 수입 경로가 독일 해군 잠수함(U-boat)으로부터 위협받고 있는 한 영국의 존속은 보장받지 못하였다.

　　처칠이 지적한 대로 영국의 전쟁 수행 능력, 나아가서는 영국의 생존 능력조차도 해상 교통로 확보에 전부 의존하고 있었다. 전쟁이 끝나고 처칠은 "전쟁 중에 정말로 나를 불안하게 만든 것은 유보트였다"라고 말하였다.

　　독일 해군은 적국의 상선을 공격하거나 진로를 방해하는 통상파괴 전략을 펼쳤는데, 1941년 2월 처칠은 독일 해군에 맞선 연합군의 전투를 '대서양 전투'라고 이름 붙였다. 대서양 전투에서 이기지 못하면 영국 그리고 연합국의 승리는 없었다.

대서양 전투에서의 승리는 영국의 존속에만 필요한 것이 아니라, 유럽에 공격을 되돌려주기 위해 영국을 거점으로 삼아 미국으로부터 병력이나 군수품을 받아서 반공 전력을 갖추기 위해서도 필요했다. 영국을 전략폭격의 기지로 하여 적군의 전력을 약화하고 적의 사기를 떨어뜨리는 것도 중요하였다.

다시 처칠의 말을 빌린다. "대서양 전투야말로 제2차 세계대전을 지배하는 요소였다. 육지, 바다, 하늘 어느 장소에서 전투가 벌어져도 결국 모든 것은 대서양 전투의 결과에 좌우되었다."

한편 독일에서는 잠수함부대를 지휘한 카를 되니츠(Karl Dönitz)가 반대편에서 처칠의 말을 뒷받침하였다.

되니츠는 세계 최대 해군을 보유한 영국과 싸워서 승리하려면 세 가지 방법밖에 없다고 하였다. 첫 번째는 영국 본토에 상륙하는 것이고 두 번째는 추축국이 지중해 방면을 확보하고 영국을 지중해 동쪽에서 몰아내는 것이었다. 그러나 그 두 가지 방법은 실현 불가능하였다. 그리하여 되니츠는 세 번째 방법으로 '영국 해상 연락망을 공격하는 전투'를 추구하였다. 잠수함을 이용한 통상파괴 작전으로 영국을 굴복시키는 것이 되니츠가 노리는 바였다.

대서양 전투는 1939년 9월 제2차 세계대전이 시작했을 때부터 1945년 5월 독일이 패배할 때까지 대단히 긴 기간에 걸쳐 벌어졌다. 대서양에서 연합군의 승리가 결정되는 1943년 5월까지라고 해도 상당히 긴 기간이다.

1943년 3월까지 대서양 전투는 대체로 독일군이 우세하였다. 그 후 연합군이 역전하여 그 승리가 전쟁 전체의 승리에 크게 공헌한 것은 분명하다. 그런 의미에서 대서양 전투가 전략적 역전임이 틀림없지만 역전이 어느 극적인 전투로 벌어진 것은 아니었다.

영국 본토 항공전도 수개월에 걸쳐 벌어졌고 특정한 전투를 계기로 역전한 것은 아니었지만, 대서양 전투는 수년에 걸쳐 벌어졌다. 영국 본토 항공전보다 긴 전투였고 우여곡절을 겪은 '역전극'이었던 것이다.

대서양 전투에서 최종적으로 연합국은 상선 3,500척, 함선 175척을 잃었고 군인 전사자는 3만 6,200명, 상선 탑승원 사망자는 3만 6천 명이었다. 독일 측은 잠수함 783척을 잃었고 전사자는 3만 명이었다. 유보트는 탑승원의 4분의 3이 전사하였다. 수치가 말해주듯 대서양 전투는 길게 지속되었을 뿐 아니라 혹독한 전투의 연속이었다.

대서양 전투는 암호 해독을 이용한 지혜의 전투, 병기 개발과 실용화로 볼 수 있는 과학 기술의 전투, 독일 잠수함의 이리 떼 전법(Wolf pack)과 연합군의 호송선단(Convoy) 방식이라는 조직의 전투 등 다양한 레벨에서의 전투가 거듭되면서 펼쳐졌다.

본 장에서는 대서양 전투의 경위를 시기로 구분하여 분석하고 다양한 레벨의 전투를 두루 살피면서 영국군을 중심으로 한 연합군이 어떻게 역전을 이끌어낼 수 있었는지 고찰한다.

유
보
트

진
화
하
는

개
념

카를 되니츠

　잠수함을 이용한 독일의 통상파괴전과 영국 해군의 대잠
수함전은 제1차 세계대전에서 벌어졌었는데, 제2차 세계대전에
서도 되풀이되었다.

　반복된 데는 이유가 있었다. 영국보다 해군력이 상대적으
로 열세였던 독일이 수입에 의존하는 영국을 굴복시키려면 통상
파괴전을 이용하는 것이 가장 합리적이었기 때문이다.

　통상파괴전의 주요 전력은 잠수함만이 아니었다. 제1차
세계대전 이후 수중 탐지기 ASDIC(애즈딕)이 개발되어 실용화
되자, 잠항하는 잠수함은 쉽게 발견되었고 잠수함은 시대에 뒤
떨어졌다고 여겨졌다. 제2차 세계대전 초기 영국이 잠수함의 위
협을 심각하게 받아들이지 않았던 이유이기도 하였고, 독일 측
에서도 통상파괴전에서 잠수함보다 다른 전함에 기대를 하였다.

기대를 모은 것은 포켓 전함이었는데, 특히 전쟁 초기에 '독일 장갑함 그라프쉬페(Admiral Graf Spee)'가 통상파괴전에서 올린 성과는 눈부셨다.

하지만 독일 해군 잠수함대 사령장관 카를 되니츠는 수상함정을 이용한 통상파괴전에 한계가 있다는 것을 꿰뚫어 보고 있었다. 영국이 해군 전력을 앞세워 해상권을 쥐고 있는 한, 포켓전함 등 바다 위의 수상함은 자유롭게 행동할 수 없었기 때문이다. 그런 점에서 잠수함에는 한계가 없다고 되니츠는 생각하였다.

되니츠는 잠수함에 대한 개념을 밑바탕부터 다시 생각하였다. 되니츠가 생각하는 잠수함은 '잠수도 가능한 수상함'이었다. 평상시에는 물 위에서 움직이지만 구축함이나 항공기의 공격을 피할 때와 낮 동안 어뢰 공격을 할 때는 잠항한다는 것이었다. 잠수함의 특징은 잠항이 가능하다는 것 말고도, 함의 높이가 낮은 데다 소형이어서 맨눈으로 확인하기 어렵다는 점도 있었다. 밤에는 물 위로 올라가도 잘 발견되지 않았고 물 위에 있으면 ASDIC도 소용없었다. 즉 잠수함이 밤에 해수면에서 공격하면 효과가 크다고 생각한 것이다.

이러한 수상 공격법은 사실 잠수함 함장들이 생각해내어 1941년 훈련 과정에 도입하였다는 견해도 있다. 하지만 수상 공격법의 장점을 꿰뚫어 보고 정식으로 훈련 과정에 도입한 인물은 되니츠였다.

독일은 제1차 세계대전이 끝나고 베르사유 조약으로 인하여 잠수함의 보유를 금지당했지만, 1935년 영독해군협정으로 잠수함의 보유를 인정받았다. 제1차 세계대전에서 잠수함장 경험이 있던 되니츠는 1936년에 잠수함대 사령관, 1939년에는 해군 소장으로 승진하여 잠수함대 사령장관으로 취임하였다. 잠수함 부대의 확장과 함께 되니츠의 지위도 높아진 것이다.

독일의 잠수함부대는 처음부터 다시 만들어졌다. 경험자도 적었다. 하지만 그만큼 쓸데없는 일에 얽매이지 않고 새로운 발상을 적용할 수 있었다. 되니츠가 생각하는 잠수함전의 개념이 단적인 예였다. 처음부터 다시 조직하였기 때문에 인재도 새롭게 육성해야 했지만, 그만큼 젊고 유능한 인재가 등용되는 계기가 되었다. 되니츠는 '마치 병아리를 보살피는 암탉처럼' 젊은 잠수함장들을 보호하고 가르쳤다.

히틀러 정권이 시작되고 독일 해군은 Z 계획이라는 확장 계획을 작성하였는데, 다른 나라의 해군을 모방하여 함대를 건조하려는 내용이었다. Z 계획에 되니츠는 몹시 반대하였다. 다른 나라와 비슷하게 함대를 만들어도 독일 해군은 영국 해군을 따라갈 수 없고, 같은 비용을 효과적으로 사용하려면 300척의 유보트를 건조해야 한다고 되니츠는 주장하였다. 하지만 되니츠의 주장은 받아들여지지 않았다.

세 명의 에이스

독일 해군의 체계를 살펴보면, 히틀러의 지휘 아래 육해공 삼군 통합 최고사령부(OKW)가 있었고 최고사령부 밑에 해군 총사령부가 있었다. 잠수함대 사령부는 해군 총사령부에 속해 있었다. 해군 총사령관 에리히 레더(Erich Raeder) 원수는 수상함대를 중시한 전통적인 타입이어서 되니츠의 주장에 동조하지 않았다.

제2차 세계대전이 시작되었을 때 독일 해군이 보유한 유보트는 약 60척이었고 발트해 연안을 기지로 하였다. 대서양에 출격 가능한 것은 20척 정도였는데, 전체의 3분의 1은 보급이나 휴식을 위해 기지에 머물렀고 남은 3분의 1은 기지와 전쟁터를 왕복하고 있었다. 보유한 잠수함이 적었기 때문에 홀로 항행하는 연합국의 함선을 노렸다.

　　통상파괴전의 초기에는 포켓 전함이나 가장 순양함(假裝巡洋艦)에 기대하였지만 유보트도 중요한 부분을 담당하였고, 어뢰를 이용한 공격만이 아니라 자기기뢰(磁氣機雷, 배가 가까이 지나가면 자기감응 작용을 일으켜 자동적으로 폭발하는 기뢰. 적 군함의 접근을 막기 위하여 물속에 설치한다—역자 주)도 설치하였다. 1939년 11월과 12월에는 자기기뢰가 유보트보다 많은 적의 함선을 침몰시켰다.

　　1939년 9월부터 1940년 3월까지 유보트는 연합국 상선 199척, 합계 70만 톤을 가라앉혔다. U-29는 전쟁이 시작되자마자 영국 항공모함 '커레이저스(Courageous)'를 격침하였다. U-47도 영국 본토 최대 해군기지인 스코틀랜드의 스캐퍼플로(Scapa Flow) 수역에 침입하여 전함 '로열 오크(Royal Oak)'를 침몰시켰다.

　　1940년 5월 영국의 기선을 제압하고 노르웨이에 침공하려는 히틀러의 작전에 되니츠는 반대하였지만, 유보트를 함대작전에 투입하였다. 그런데 어뢰가 명중하여도 폭발하지 않는 일이 자주 발생하였고, 결함이 있는 어뢰가 절반 이상을 차지하였다. 어뢰제조 부문은 좀처럼 결함을 인정하지 않았지만, 되니츠의 강경한 주장에 눌려서 개선하기 위해 노력하기로 하였다.

순조로운 시작을 보여준 유보트가 전환기를 맞은 때는 1940년 6월이었다. 서부전선에서 거침없이 진격한 독일군에 프랑스가 패배하여 독일 해군이 비스케이만(Bay of Biscay) 기지를 확보한 것이다.

비스케이만의 브레스트, 로리앙, 생나제르, 라팔리스(La Pallice), 라로셸, 보르도 등에 기지를 설치하고 잠수함대 사령부도 발트해의 빌헬름스하펜에서 파리를 거쳐 로리앙으로 옮겼다. 비스케이만 기지에서 대서양으로 출격하게 된 유보트는 발트해에서 출격하는 것보다 720킬로미터나 거리를 줄일 수 있었다.

1940년 4월 9일 시작된 노르웨이 전역이 6월 10일에 끝나고 되니츠가 대서양 전투에 다시 투입되었을 때, 영국은 됭케르크 철수와 독일의 본토 침략 작전에 대비하여 대서양에 있던 많은 함선을 본국 근처로 집결시켜야 했다. 그로 인해 대서양이 허술해져서 1940년 5월 영국은 카리브해의 영국군 기지와 미국이 보유한 50척의 구축함을 교환하는 협정을 맺었지만, 미국에서 넘겨받은 구축함은 대부분이 오래되고 낡아서 별 도움이 되지 못하였다.

1940년 6월부터 10월까지 대서양에서 독일 유보트는 '황금기'를 맞이하였다. 유보트가 격침한 연합국 상선의 수는 비약적으로 늘어났고 귄터 프린(Günther Prien), 오토 크레치머(Otto Kretschmer), 요아힘 셰프케(Joachim Schepke) 세 명의 에이스가 종횡무진 활약하였다.

20대 후반부터 30대 초반이었던 유능한 함장들의 대담한 행동은 유보트의 활약으로 이어졌는데, 되니츠 사령부의 뛰어난 지휘 덕택이기도 하였다. 되니츠는 유보트가 기지로 귀환하면 직접 나가서 맞이하였고 성과를 칭찬하며 사기를 북돋웠다. 훈장도 수여하였으며 휴가 중 오락 시설에도 신경을 썼다.

이리 떼 전법

잠수함의 전통적 사용법은 홀로 매복하였다가 적의 해군기지에 드나드는 함선을 공격하는 것이었지만, 되니츠는 제1차 세계대전에서 사용했던 이리 떼 전법을 다시 채택하였다. 다만 처음에는 유보트의 수가 적고 통신 연락 수단도 부족하여 이리 떼 전법을 실행할 수 없었다.

이리 떼 전법을 실행할 수 있게 된 것은 1940년 7월 사령부를 파리에서 로리앙으로 옮기고 되니츠가 작전을 지휘할 수 있게 되면서부터였다. 당시 연합국은 제1차 세계대전처럼 호송선단 방식을 채택하였는데, 독일은 연합국 선단의 위치나 항행 경로를 파악하기 위해 잠수함 스스로가 적을 찾아내고 발견하는 것 외에도 베를린의 군 정보부 암호해독기관(B-Dienst)의 암호해독정보를 활용하였다. 되니츠는 얻은 정보를 바탕으로 대서양에서 활동하는 유보트를 호송선단의 항로로 보낸 것이다.

비스케이만의 잠수함 기지에 있던 되니츠는 유보트가 낮동안 적의 수송선단을 탐지했다는 보고를 받으면 발견한 선단 가까이에서 행동을 확보하고 위치, 진행 방향, 속력 등을 계속하여 보고하도록 함과 동시에, 부근의 유보트를 집결시켰다. 이리 떼처럼 집결한 유보트는 적의 선단에 발견되지 않도록 수상에서 일정 거리를 유지한 채 추적하였다. 잠항하면서 접근한 후에 해가 지면 수면 위로 올라와서 어둠을 틈타 공격하였다.

　　요컨대 되니츠는 육상기지에서 무선으로 통제한 것이다. 정확하게 말하면 공격을 하기 전까지는 되니츠가 지휘하고 공격을 시작하면 현장 지휘관이 지휘하였다. 사냥감을 노리는 이리 떼처럼 많은 유보트를 집결시키고 긴 시간에 걸쳐 공격을 반복하여 적에게 큰 타격을 준 것이다. 호송선단의 호위를 맡은 구축함이 반격에 나서면 재빨리 잠항하여 '잠항도 가능한 수상함'의 특징을 발휘하였다.

황금기

　　유보트를 이용한 이리 떼 전법 가운데 황금기에 있었던 사례 하나를 소개하고자 한다.

　　1940년 10월 5일 캐나다 노바스코샤의 시드니 항구에서 리버풀을 향해 호송선단 SC 7이 출항하였다. SC 7은 속도가 느리고 오래된 상선 35척으로 편성되었는데, 가장 오래된 유조선은 약 50년 전에 건조된 선박이었다. 선단은 날씨가 좋아도 시속 7노트를 유지하는 것이 고작이었고, 옆으로 반 마일씩 거리를 둔 8열 종대로 항행하였다.

　　처음 11일 동안 선단을 호위한 것은 슬루프형 군함 '스카버러(Scarborough)' 1척뿐이었다. 출항하고 4일째 되던 날 오대호 항행용 4척이 대서양의 파도에 휩쓸려 선단에서 이탈하였다. 이탈한 4척 가운데 1척은 목적지에 도착하였지만 3척은 유보트에 희생되었다.

　　남은 31척은 7일 뒤에 영국이 담당하는 호송 수역 서쪽 끝에 도착하여 슬루프형 군함 '포위(Fowey)'와 플라워급 코르베트함 '블루벨(Bluebell)'의 호위를 받았다. 영국의 식물로부터 이름을 딴 동급 코르베트함은 전체 길이 200피트 정도로 소형이었기 때문에 영국 각지의 작은 조선소에서도 건조할 수 있어서 전쟁이 끝날 때까지 267척이 생산되었다. 시속 17노트로 소형이었지만 대서양의 거센 파도를 이겨낼 수 있었다.

3척의 호위함 함장은 유보트의 매복을 각오하고 있었는데 3척 모두 대잠수함전 훈련을 받지 않아서 전술 원칙도 없는 상태였다. 10월 16일 밤 유보트는 선박을 발견하였다.

U-48은 SC 7의 위치, 속도, 진행 방향을 로리앙에 있는 되니츠 사령부에 알렸다. 되니츠는 부근에서 대기하던 6척의 유보트를 집결시켰다. U-48은 공격 명령을 기다리지 않고 선단의 상선을 공격하여 2척을 가라앉히고 퇴각하였다. 48시간 동안 벌어질 이리 떼 작전의 시작이었다.

슬루프형 군함 2척은 U-48을 추적하였지만 성공하지 못하였고 '블루벨'은 가라앉은 상선의 탑승원을 구출하였다. 그로 인하여 선단은 호위함이 없는 상태였다. '스카버러'가 호위 임무로 돌아가려 했을 때 상공을 통과하던 선더랜드 수상기가 다른 유보트를 발견하고 연락하여 '스카버러'는 유보트가 있는 쪽으로 향했다.

사태의 심각성을 깨달은 영국 해군본부는 뒤따라 2척의 호위함을 현장으로 보냈지만 도착한 10월 17일 이른 아침에는 이미 로리앙에서 지시를 받고 온 U-28, U-46, U-93, U-99, U-100, U-101, U-123이 공격 태세를 갖추고 있었다.

10월 18일 밤 이리 떼 작전 지휘에 나선 것은 U-99 함장 오토 크레치머였다. 집결한 유보트는 되니츠의 원칙에 따라 적의 호송선단의 측면에 위치하여 바깥쪽부터 공격하였는데, 실전 경험이 풍부했던 크레치머는 되니츠의 지시에 따르지 않고 적의 수면 아래로 잠항하여 매우 가까운 거리에서 선단 안쪽을 공격하였다. 19일 이른 아침까지 48시간 동안 SC 7은 15척을 잃었는데, 그 가운데 절반 이상을 U-99가 침몰시켰다.

그리고 SC 7을 습격한 것과 비슷한 참사가 거의 동시에 발생하였다. 습격당한 것은 10월 8일 노바스코샤의 핼리팩스에서 출항한 선단 HX 79였다. HX 79는 49척으로 편성되었고 철광석, 철강, 석유, 천연가스 등 귀중한 자원을 싣고 있어서 SC 7보다 강력한 호위가 배치되었다. 출항할 때 호위는 가장 순양함 2척뿐이었지만 11일 후에 구축함 2척, 소해정, 코르베트함 3척, 대잠 트롤선 3척으로 교대되었다.

그러나 호위함의 수는 아무런 소용이 없었다. 선단은 스캐퍼플로에서 전함 '로열 오크'를 격침시킨 프린 함장의 유보트에 발견되었고, 10월 18일 밤 6척의 유보트로부터 공격을 받아서 HX 79는 12척을 잃었다. 호위함을 늘려도 막대한 손실을 피할 수 없었던 것은 영국 해군에게 엄청난 충격이었다.

호송선단 미숙한 전투

호송선단 방식의 부족한 점

1940년 11월 이후 유보트로부터 받은 피해는 약간 감소하였다. 영국 측의 대항 조치가 효과를 발휘하였다기보다, 겨울은 대서양 특히 북쪽의 파도가 거세어 수송선도 타격을 받았고 유보트도 사나운 기상과 해상 조건 때문에 공격할 기회를 잡기 어려웠다.

영국은 전쟁이 시작되고 제1차 세계대전에서 얻은 교훈을 바탕으로 호송선단 방식을 채택하였는데(그림 2-1 참고) 모든 수송선이 호송선단 방식으로 편성된 것은 아니었다. 홀로 항행하는 수송선도 적지 않았다. 호위함정의 부족이 큰 이유였지만 고속 수송선이라면 적에게 공격당할 가능성이 더 낮다는 이유도 있었다. 하지만 호송선단의 피해보다 홀로 항행하는 고속 수송선의 피해가 더 크다고 판명되었다.

초반에 호송선단 방식의 효과를 발휘하기 위해 거의 아무런 조치도 취할 수 없었다. 특히 호위함정이 매우 부족하였는데, 그마저도 선단 호위에는 부적합하였다. 구축함의 대부분은 전투함대를 따르는 고속함으로 저속 수송선의 호위에 필요한 지구력이 부족하였다. 슬루프형 군함은 구식이었고 저속이어도 튼튼하고 견고한 코르베트함은 수가 부족한 상황이었다.

선단 호위 훈련도 실시되지 않았다. HX 79를 호위했던 구축함의 함장은 다음처럼 이야기하였다. "호위선단에 관한 자세한 정보를 받지 못하였고 호위가 무엇인지도 모른다. 다른 함선의 지휘관을 만나본 적도 없다. 공격을 받았을 때의 전투 계획에 대해 아무런 협의도 없었다."

훈련이 충분하지 못하여 호위함정은 원칙에 어긋나는 행동을 저질렀다. 퇴각하는 유보트를 끝까지 쫓아가거나 격침당한 함선의 생존자를 구조하기 위해 선단에서 이탈하여 선단을 긴 시간 무방비 상태로 둔 것이다.

선단에 속한 선박은 크기, 속도, 조종 성능, 선원의 능력도 제각기였다. 선박과 선박과의 거리는 전후 360~550미터, 좌우 900미터 정도 간격을 유지하고, 40척 선단의 경우는 가로 8열, 세로 5척의 가로로 긴 직사각형을 형성하였다. 가로 4해리, 세로 2해리의 면적이었다. 그러한 선단이 대단히 적은 수의 호위함정을 동반하여 대서양을 횡단하는 것은 보통 일이 아니었다.

초반에 호송선단 방식이 효과가 없었던 원인은 불과 1마일밖에 탐지할 수 없는 ASDIC을 지나치게 믿은 것이었다. 직접 눈으로 망을 보는 것도 무리였다. 다시 말하면 대잠수함전의 준

[그림 2-1] 호송선단의 편성 1940~1941년

(A) 약한 호위 함정(구축함 1, 코르베트함 3)에 의한 대선단(45척) 호송

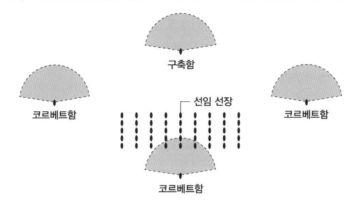

(B) 강한 호위 함정(구축함 3, 코르베트함 7)에 의한 대선단(55척) 호송
(날씨가 좋고 유보트의 공격 조짐이 없을 경우)

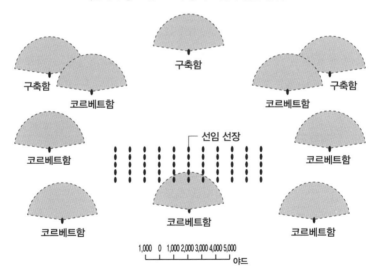

(주석) 호위함정 전방 부채형은 12노트 이하 속도로 ASDIC으로 통제 가능한 범위(거리 2,500야드로 160도 범위)를 말한다.
보통 거리 1,200~1,500야드 이하의 경우가 아니라면 잠수함 발견은 어렵다.
(출처) S. W. Roskill, The War at Sea Vol. 1

비가 되지 않았던 것이다.

제1차 세계대전 때 해군본부에 설치한 대잠수함전을 담당하는 부는 재정난으로 전술부에 흡수되었다가 1939년에 부활한 참이었다. 게다가 전쟁 초기 포켓 전함 등 독일 해군 수상함정이 펼친 통상파괴전의 눈부신 활약에 대처해야 했다.

그 후 수륙 양용 장거리 정찰기 카탈리나(Catalina)가 등장하면서 독일 수상함은 쉽게 발견되었고, 1941년 5월 전함 '비스마르크(Bismarck)' 격침에 충격을 받은 독일 해군은 수상함을 이용한 통상파괴전을 중지해야 했다. 통상파괴전의 주력은 유보트가 되었고 유보트의 공격으로 연합국 수송선의 상실량은 급증하였다.

그러나 영국 해군은 한동안 호송선단의 호위 전력을 강화하기보다 수상함부대를 이용하여 유보트를 찾아내고 공격하는 방식에 중점을 두었다. 호송선단이라는 수비를 중시한 전략보다 공격적인 전략이 우선된 것이다.

서부 근접 해역 사령부(Western Approaches Command)

물론 대잠수함전에 맞설 조치를 전혀 취하지 않았던 것은 아니다. 1940년 7월 헤브리디스제도의 멀섬에 해상 훈련기지를 세웠고, 호위함에 탑승할 사관과 병사들은 한 달 정도 대잠수함전에 대비한 엄격한 훈련을 받았지만 효과는 바로 나타나지 않았다. 한편 독일군이 영국 본토 상륙작전을 실행할 가능성이 작아지면서, 침공 경계를 위해 연안 초계에 구축함을 배치할 필요성이 줄어들었고 1941년 봄부터는 구축함을 포함한 호위함정 공동 훈련을 실행하였다.

1941년 2월 미국에서 대서양 동쪽을 거쳐 영국의 여러 항구로 들어오는 선단의 호위를 담당하는 서부 근접 해역 사령부의 소재지는 플리머스에서 리버풀로 이전하였다. 영국 서쪽 해안 플리머스에서 아이리시해에 접하는 리버풀로의 이전은 유보트의 위협에 대응하는 조치였다. 영국에 도달하려면 북아일랜드를 돌아서 아이리시해로 들어가는 경로밖에 없었기 때문이다.

게다가 1941년 4월 공군에 속하는 연안항공군단의 작전 통제권은 해군으로 넘어갔다. 그리하여 장거리 정찰기의 초계가 가능해진 것이다.

또 영국 해군의 호위 범위는 서경 17도로 아일랜드의 서쪽 약 300마일까지였는데, 아이슬란드의 연료기지가 세워진 1941년 4월 이후 서경 35도까지 연장되어 북대서양의 절반 이상으로 넓어졌다. 비슷한 시기 정찰기의 전진기지를 아이슬란드에 두고 초계기 허드슨과 수상기 선더랜드가 배치되었다.

새롭게 서부 근접 해역 사령관으로 취임한 퍼시 노블(Percy Noble) 해군 장관은 대잠수함전에 맞서기 위해 함정, 무기, 지원 항공기 등을 정부에 요구하였고 직접 호위함정을 타고 실태를 조사하였다. 또한 노블은 리버풀에 대잠수함전 전술 학교를 설립하고 호위함정의 함장들을 대상으로 선단 호위 운용법과 유보트 전술에 반격하는 방법 등을 교육하였다.

노블은 유보트에 대항할 처방전은 훈련뿐이라고 강조하였다. 첫 번째도 훈련, 두 번째도 훈련, 세 번째도 훈련이라고 주장함과 동시에, 사령부의 지시를 최소한으로 줄이라고 명령하였다. 충분한 훈련을 받은 호위함정들이 현장에서 스스로 판단하여 행동하는 것을 존중하고 신뢰하였다.

호송선단은 닥치는 대로 그러모은 오합지졸에 불과한 호위함정에 호위받는 것이 아니라, 충분한 훈련을 받고 팀으로서 기능하는 호위함정의 호위를 받게 되었다. 그때까지 큰 피해를 낸 가장 순양함은 호송 임무에서 물러났다.

당시 영국 해군의 체계는 처칠 총리 아래 삼군참모장위원회가 있었고 위원회의 구성원인 해군참모총장(First Sea Lord)의 지휘 아래 본국함대사령관(Commander in Chief, Home Fleet)이 있었으며, 본국함대사령관 지휘 아래 서부 근접 해역 사령관이 있었다. 유보트 작전에 대하여 본국함대사령관은 거의 개입하지 않았다.

암호 해독

1940년 5월 호송선단 방식을 모든 행정에 적용하였다. 서대서양의 호송은 처음에 캐나다 해군이 담당하였는데 그때까지는 중립국이었던 미국 해군도 협력하여 호송 수역 끝부분을 서경 60도에서 26도로 연장하였다. 미국은 그린란드에 공군기지를 설립하고 아이슬란드의 경비 임무를 영국으로부터 이어받았다. 수상함이나 항공기에 레이더를 탑재하여 수면 위의 잠수함 발견도 그만큼 쉬워졌다. 세 명이 에이스가 이끄는 유보트를 격침한 것은 레이더 덕분이었다.

여름부터 가을에 걸쳐 영국은 독일 해군이 사용하던 에니그마(Enigma) 암호 해독에 성공하였다. 모든 암호를 매번 해독할 수 있었던 것은 아니지만 해독한 정보로부터 얻은 이익은 적지 않았다. 런던 해군본부에는 잠수함 추적실(Submarine Tracking Room)을 세웠고 다양한 정보를 바탕으로 유보트의 위치나 항로를 알아내었다. 잠수함 추적실로부터 연락을 받으면 호송선단은 항행 경로를 변경하여 유보트의 공격을 피할 수 있었다.

하지만 영국 측의 그러한 대처에도 불구하고 수송 선박의 상실 수는 별로 줄어들지 않았다. 장거리 정찰기로 초계할 수 있었지만 모든 행정을 초계할 수 있는 것은 아니었다. 영국제도에서 약 700마일, 캐나다 연안에서 약 600마일, 아이슬란드 남쪽 해안에서 약 400마일 떨어진 대서양 중앙에는 너비 300마일 정도 공백 지역이 존재했다. 에니그마 암호해독정보(ULTRA)도 항상 이용할 수 있는 것은 아니었다.

게다가 대서양에서 작전 행동에 종사하는 유보트의 수가 늘어났지만 캐나다 해군이나 미국 해군의 호송 기술은 경험 부족으로 미숙하였다. 호위함정의 수도 전과 다름없이 부족하였고 홀로 항행하는 선박은 유보트의 공격을 받았다. 1941년 7월과 8월을 제외하고 유보트에 당한 수송선의 피해가 컸던 것은 그러한 이유였다.

영국은 유보트의 위협으로부터 호송선단을 지키기 위해 항공기 호위를 강화하였다. 항공기를 이용한 유보트 대책 가운데 하나는, 유보트가 대서양으로 드나드는 출구인 비스케이만과 스코틀랜드의 북쪽 수역을 초계하고 공격하는 것이었는데 항공기가 부족하여 실행할 수 없었다. 유보트의 위협만이 아니라 적의 수상함도 수송선을 공격하였기 때문에 항공기가 필요하였다.

1941년 3월 처칠은 유보트 기지와 유보트 조선소 폭격을 명령하였고 3개월 동안 우선으로 폭격을 실행하였지만 유보트는 견고한 셸터에 격납되어 있어서 별 효과를 보지 못했다. 효과가 없다는 것이 판명되자 공군의 폭격기군단은 유보트 생산을 방해하기 위해 독일의 공업지대에 전략폭격을 하기로 방침을 바꾸었다.

1941년 12월 미국이 참전하였지만 상황은 바뀌지 않았다. 연합국 입장에서 보면 오히려 대서양 전투의 상황은 악화되었다. 1942년 유보트에 격침당한 수송선 수가 증가한 것이다. 이유 가운데 하나는 유보트 수가 더욱 증가한 데 있었다. 대서양에서 활동하는 유보트는 1942년 전반에 50척, 7월에는 70척, 9월에는 100척을 넘었다. 되니츠는 이리 떼 전법을 종횡무진 펼쳤다.

다른 이유는 미국 수송선이 공격받았기 때문이다. 미국 해군은 미국에 근접한 바다나 카리브해에서 항행하는 수송선을 호송선단으로 편성하지 않았다. 게다가 미국 연안 지역에서는 초반에 등화관제(적 특히 적의 항공기로부터 관측을 방해하기 위하여 모든 불빛을 차폐하거나 전등을 소등하여 적의 목표 발견을 방해하기 위한 활동—역자 주)를 하지 않아서 밤에 항행하는 수송선은 연안 도시의 전등 빛을 받아 선명한 그림자를 드리웠고 유보트는 수면에 비친 그림자를 보고 쉽게 공격할 수 있었다.

되니츠는 북소리 작전(Drumbeat, Paukenschlag)을 발동하였다. 원양항해형 유보트를 대서양 서쪽의 미국 연안과 카리브해에 출격시킨 것이다. 유보트는 긴 시간 작전을 실행하였기 때문에 비스케이만 기지로 귀환하지 않고 해상에서 보급을 받았다.

해상보급을 위해 '젖소(Milch Cows)'라는 이름의 잠수함 탱커가 사용되었다.

항공지원 부족

미국 해군도 호송선단 방식을 도입하였다. 1942년 7월 되니츠는 미국 연안과 카리브해에서 유보트를 철수시키고 대서양에 집중하였다. 그래도 연합국 선박의 상실 수는 줄어들지 않았다. 유보트는 그린란드와 아이슬란드의 사이에 있는 항공지원 에어 갭(air gap, 공백 지역 또는 대서양 간극, 지도 2-4 참고)에서 호송선단을 공격하여 큰 성과를 올렸기 때문이다.

아이슬란드에 미국군이 진출하여 에어 갭은 점차 좁아졌지만 없앨 수는 없었다. 독일 해군의 암호 키가 변환되어서 1942년 2월부터 12월까지 연합국은 암호 해독이 불가능한 상태였다. 그러한 상황도 피해를 키운 요인이 되었다.

영국 장거리 폭격기는 유보트의 건조 자재를 생산하는 독일 공업지대에 우선으로 전략폭격을 실행하였다. 호송선단 방식의 중요성이 인식되었지만 호송선단 방식을 뒷받침해 줄 수 있는 항공지원보다 전략폭격이 우선되었다. 여전히 유보트를 탐색하고 공격하는 해상 전력이 중시되었다.

눈에 띄지 않고 지루하며 단조로운 수비인 호송선단의 호위 임무보다 적을 찾아내어 공격하는 전법이 채택된 것이다. 전략폭격도 공격이었다.

항공지원의 부족은 독일도 마찬가지였다. 처음부터 잠수함을 이용하여 적의 선단을 발견하는 데는 한계가 있었다. 잠수

[지도 2-4] 대서양 호송 경로와 에어 갭

(출처) Jonathan Dimbleby, The Battle of the Atlantic

함은 높이가 낮고 속도가 느려서 정찰에는 적합하지 않았다. 유보트는 암호해독정보 등을 바탕으로 적의 항로를 미리 파악하여 매복하는 경우가 많았다.

유보트를 이용하는 방식보다 장거리 항공기로 적을 찾아내는 것이 유리하였지만 적극적으로 실행하지는 않았다. 공군 사령관 괴링이 공군이 아니면 항공기 사용을 인정하지 않았고 해군 총사령관은 괴링과 겨룰 만한 정치력이 없었기 때문이다. 비스케이만에는 매우 적은 수의 정찰기가 배치되었을 뿐이다.

항공지원은 부족하였으나 유보트의 성과는 훌륭하였고 영국과 미국에서는 호송선단 방식의 유효성에 의문을 품게 되었다. 1943년 3월 초 10일 동안 영국은 51척의 선박을 잃었고 그다음 10일 동안 56척을 잃었다.

20일 동안 잃은 선박 적재량은 50만 톤을 넘었는데, 그중 약 3분의 2가 호송선단의 피해였던 점은 영국 해군에게 충격을 주었다. 영국 해군은 호송선단 방식을 중지해야 할 상황에 부닥쳤지만, 바로 그때 상황이 크게 변화하였다.

기술 혁신

1943년 3월이 전환점이었다. 3월 초중순 20일 동안 영국은 107척을 잃었지만, 하순 11일 동안 상실 수는 15척이었다. 4월부터 연합국 수송선의 상실 수는 눈에 띄게 줄어들었고 반대로 연합국이 격침한 유보트의 수는 늘어났다. 연합국 수송선의 상실 수는 6월, 격침당한 유보트 수는 5월에 극적인 변화를 보였다(표 2-5, 표 2-6 참고).

변화한 이유 가운데 하나는 수송선단을 호위하는 함정의 수가 증가한 것이었다. 그 예로 미국에서 건조한 구축함은 일본과의 전쟁을 대비하여 태평양 전쟁 구역에 배치하는 것이 우선이었는데 생산이 순조롭게 진행되어 대서양에도 배치할 수 있었다. 기술 혁신의 축적 효과도 변화를 일으킨 이유 가운데 하나였다. 1942년 1월 연합군의 선단 호위를 담당하는 구축함 등에 다

[표 2-5] 유보트가 연합국·중립국 선박에 입힌 손실

	1월	2월	3월	4월	5월	6월	7월	8월	9월	10월	11월	12월
1939년									41 15.4	27 13.5	21 5.2	25 8.1
1940년	40 11.1	45 17.0	23 6.3	7 3.2	13 5.6	58 28.4	38 19.6	56 26.8	59 29.5	63 35.2	32 14.7	37 21.3
1941년	21 12.7	39 19.7	41 24.3	43 24.8	58 32.5	61 31.0	22 9.4	23 8.0	53 20.3	32 15.7	13 6.2	26 12.4
1942년	62 32.7	85 47.6	95 53.8	74 43.2	125 60.7	144 70.0	96 47.6	108 54.4	98 48.5	94 61.9	119 72.9	60 33.1
1943년	37 20.3	63 35.9	108 62.7	56 32.8	50 26.5	20 1.8	46 12.3	16 1.0	20 4.4	20 5.6	14 2.3	13 4.8
1944년	13 9.2	18 9.3	23 14.3	9 6.2	4 2.4	11 5.8	12 6.3	18 9.9	7 4.3	1 0.7	7 3.0	9 5.9
1945년	11 5.7	15 6.5	13 6.5	13 7.3	3 1.0	1 1.1						

(주석) 윗줄은 선박 수, 아랫줄의 단위는 만 톤
(출처) 하타 이쿠히코, 실록 제2차 세계대전

연장 투사형 단거리 대잠수함 폭뢰인 헤지호그(Hedgehog)를 탑재하여 수중으로 도망가는 유보트를 공격하는 능력이 높아졌다. 겉모습이 고슴도치(hedgehog)를 닮은 헤지호그는 전에 사용하던 폭뢰보다 많은 24발의 폭뢰를 한꺼번에 먼 거리로 투사할 수 있었고 속도도 빨랐다. 폭뢰도 개량하여 이전보다 더 얕은 바다에서 폭발이 가능해졌다.

1942년 가을에는 단파 방향탐지기 허프더프(Huff Duff)를 호위함정에 장비하였다. 허프더프는 유보트가 사용하는 무선을 찾아내어 현재 위치의 방위를 탐지할 수 있었다. 유보트는 이리 떼 전법을 펼치기 위해 사령부와 자주 연락해야 했는데 허프더프는 이를 역으로 이용한 것이다.

[표 2-6] 유보트의 손실 수와 작전 실행 횟수의 추이

	1월	2월	3월	4월	5월	6월	7월	8월	9월	10월	11월	12월
1939년									2 23	5 10	1 16	1 8
1940년	2 11	5 15	1 13	5 24	1 8	0 18	2 11	3 13	0 13	1 12	2 11	0 10
1941년	0 8	0 12	5 13	2 19	1 24	4 32	1 27	3 36	2 36	2 36	5 38	10 25
1942년	3 42	2 50	6 48	3 49	4 61	3 59	12 70	9 86	10 100	16 105	13 95	5 97
1943년	6 92	19 116	15 116	16 111	41 118	17 86	37 84	25 59	9 60	26 86	19 78	8 67
1944년	15 66	20 68	25 68	21 57	22 43	25 47	23 34	34 50	24 68	12 45	8 41	32 51
1945년	12 39	22 47	34 56	37 54	28 45							

(주석) 윗줄은 손실 수. 아랫줄은 대서양에서 작전을 실행한 횟수
(출처) 하타 이쿠히코, 실록 제2차 세계대전

허프더프를 이용하여 유보트까지의 거리를 알아낼 수는 없었지만, 탐지한 방향으로 호위함정을 파견하여 유보트가 공격 태세로 들어가기 전에 물리치는 것을 목표로 하였다. 1942년 6월에는 항공기에 탑재 탐조등 레이 라이트(Leigh Light)를 장비하여 밤에도 수면 위의 유보트를 쉽게 발견하였다.

레이더는 그때까지 사용하던 파장 1.5미터 대신 파장 10센티미터로 바꾼 기기를 수상함에 장비하여 성능이 큰 폭으로 좋아졌다. 최대 도달 거리는 60마일이었고 12마일 거리에서는 유보트의 함교를 확인할 수 있었다.

레이더 기술은 전쟁 초기 독일 측이 조금 앞서 있었는데, 독일이 정확도를 우선한 것에 비해 영국은 도달 거리를 중시하

였고 실제로 사용해보면서 개량을 거듭하였다. 영국 본토 항공전에서 공헌한 레이더는 깊은 신뢰를 받았고 기술 개량이 우선되었던 것이다.

레이더, 허프더프, 에니그마 암호해독정보 울트라를 이용하여 유보트의 현재 위치를 확인했을 때는, 호송선단의 진로를 바꾸어 적의 공격을 피하고 때에 따라서는 호위함이나 폭격기가 공격에 나섰다. 밤에 호송선단에 접근하여 공격하는 유보트를 레이 라이트가 발견했을 때는 헤지호그로 반격하였다.

장거리 폭격기 B-24 리버레이터도 대잠초계·공격에 사용할 수 있어서 에어 갭도 소멸하였다. 호송선단의 모든 행정에 항공지원을 받았던 것이다.

리버레이터의 효과는 공격만이 아니었다. 리버레이터가 날아오면 유보트는 공격을 피하기 위해 잠항해야 했는데 잠항하면 속도가 떨어져서 저속 호송선단이라도 유보트를 떼어 놓을 수 있었고 잠항하는 유보트는 ASDIC으로 탐지할 수 있었다. 잠항하여 속도가 느려진 유보트는 호송선단의 행동을 가까이에서 확인할 수 없어서 사령부에 자주 무선 연락을 하였고, 무선 교신은 암호 해독이나 방위 측정의 재료가 되었다.

호송선단에는 호위 항공모함(Escort carrier)이나 신형 호위구축함(Frigate)이 배치되었고 공격 능력이 비약적으로 높아졌다. 호위 항공모함에 탑재한 항공기는 리버레이터와 같은 효과를 발휘하였다.

대잠수함 전법의 진화

기술 혁신으로 신병기를 실용화하고 편성하여 축적 효과가 나타나기 시작할 무렵, 1942년 11월 서부 근접 해역 사령관으로 맥스 호튼(Max Horton) 대장이 취임하였다. 호튼은 이른바 '잠수함 전문가'였는데 제1차 세계대전에서 잠수함장으로서 뛰어난 실적을 올렸고, 1940년부터는 영국 본토 수역의 잠수함대 사령관을 지냈다.

호튼은 훈련에 까다로웠고 "경험은 훈련으로 얻는 것이다. 실전에서 얻는 것이 아니다"라고 주장하였다. 호튼은 "호송선단의 방어 기반이 되는 것은 호위함정의 수만이 아니다. 선단으로서의 훈련이야말로 방어 기반이 된다"라고 하였다. 호튼은 사기도 중시하여 소형 함정에 같이 타거나 홀로 항공기에 탑승하여 전선에 있는 장병의 고생과 위험을 공유하려 노력하였다.

호튼은 전임자 노블이 전술 학교에서 가르친 대잠수함 전법의 도상 연습(Map Exercise)을 바탕으로 편성한 지원군(Support Group)을 확장·강화하였다. 고속 호위구축함으로 구성된 지원군은 특정한 선단을 호위하는 것이 아니라, 기본적으로는 유보트로부터 공격을 받거나 공격받을 가능성이 있는 선단을 호위하고 반격하였다. 지원군은 육지전의 기병부대처럼 재빠르게 움직이고 스스로 적을 찾아내어 공격했기 때문에 전쟁 초기 공격을 중시한 발상도 이어받았다. 지원군은 장거리 폭격기나 호송 항공모함과 연계하여 유보트 격멸에 큰 힘을 발휘하였다.

호송선단 자체의 호위 전력이 향상됨과 더불어 호송 항공모함이나 장거리 폭격기 등 지원군의 등장으로 연합국 해군과 유보트의 전투는 기동적으로 벌어졌다.

신병기와 신전법을 자유자재로 다루기 위해서는 충분한 훈련을 거듭해야 했다. 호튼이 훈련에 까다로웠던 것은 그러한 의미에서도 중요하였다. 실전에서 효과를 거두려면 시간이 필요하였다. 얼마간은 대서양 전투에 내보내는 장거리 폭격기의 수도 적었다. 호튼이 서부 근접 해역 사령관으로 취임하고 역전을 눈앞에 둘 때까지 어느 정도 시간이 걸린 것은 그러한 이유 때문이었다.

역전에 관련해서는 통계 해석을 전술 분야에 응용한 미국 오퍼레이션리서치(OR)의 공헌도 빼놓을 수 없다. 물리학, 전기학, 화학, 생물학, 유전학, 경제학, 통계학, 수학 등 과학자로 구성된 오퍼레이션리서치 그룹은 유보트와 맞설 전법에 통계 해석을 중심으로 한 과학 방법을 응용하였다.

그 예로 오퍼레이션리서치는 항공기가 투하하는 대잠수함 폭뢰의 최적심도를 알아내었다. 바다 깊게 가라앉아 폭발하는 폭뢰는 급속도로 잠항하는 유보트를 따라갈 수 없어서, 타격을 입어서 급속하게 잠항할 수 없는 유보트를 표적으로 삼아 얕은 바다에서 폭발하는 폭뢰를 투하하는 것이 효과가 있다고 판단하였다.

호송선단의 규모도 수송선과 호위함의 수, 유보트로부터 받은 피해 등을 통계 해석으로 분석한 결과 대규모 선단 편성이 최적이라는 권고를 받았다. 1943년 봄까지 호송선단의 평균 규모는 40척 정도였는데, 1944년 봄부터는 보통 100척을 넘었다. 규모를 크게 편성하여 수송량이 늘어난 것과 동시에, 항해 횟수는 줄어들어서 유보트로부터 받은 습격 횟수도 줄어들었다.

1943년 3월 대서양 전투에서 연합군이 유보트로부터 받은 피해는 선박 82척, 47만 6천 톤이었는데, 두 달 뒤 5월에는 34척, 13만 4천 톤으로 줄었다.

중요한 것은 연합군이 격침한 유보트의 수였다. 대서양에서 독일이 잃은 유보트는 3월에 12척이었는데 5월에는 34척이었다. 유보트의 건조 수는 증가세였지만 독일에 중대한 손실이었다.

그 후로도 유보트의 손실은 급증하였다. 1943년에만 대서양에서 258척의 유보트가 가라앉았다. 그 가운데 141척은 연안 항공군단에 입은 피해로 알려져 항공기의 역할이 컸던 것을 알 수 있다.

독일에서는 해군 대장 되니츠가 1943년 1월 원수로 승진하여 잠수함대 사령장관을 겸임한 채 레더를 대신하여 해군 총사령관으로 취임하였다. 잠수함대 사령부는 1942년 3월 파리로 돌아갔고, 1943년 3월에는 베를린으로 옮겼다. 되니츠는 히틀러에게 직접 의견을 보고할 수 있는 위치에 올라 유보트의 예산과 지원을 요청하였으나 결과는 괴링으로부터 적은 수의 항공기를 받았을 뿐이었다.

성공한 사례 ONS 5

역전 사례를 보자. 1943년 4월 23일 40척이 넘는 수송선으로 구성된 선단 ONS 5가 호위함 5척을 동반하여 리버풀에서 노바스코샤의 핼리팩스를 향하여 출항하였다. 4월 28일 선단은 에어 갭에 진입하였고 유보트의 교신을 포착하여 적의 매복에 각오하고 있었다. 실제로 되니츠는 ONS 5 진로에 39척의 유보트를 전투대형으로 배치했었다.

몹시 나쁘고 궂은 날씨였지만 ONS 5는 레이더와 허프더프를 이용하여 유보트의 파상공격을 따돌렸다. 5월 1일 강풍으로 선단은 움직일 수 없었고 그린란드 앞바다의 빙하가 있는 곳까지 내몰렸다. 낮에 1천 마일이나 떨어진 아이슬란드 기지에서 리버레이터가 날아왔지만 유보트는 태풍을 피하려고 잠항한 상태여서 위기를 모면하였다.

5월 2일 태풍으로 선단이 흩어졌지만 에어 갭에서 초계 임무를 수행하던 리버레이터 가운데 1기가 날아와서 경로를 벗어난 수송선의 위치를 호위함부대의 지휘관에게 알렸다. ONS 5는 선단을 다시 구성하여 빙하와 충돌하지 않고 목적지로 향하는 항로를 유지하였다. 오후에는 제3지원군으로부터 5척의 구축함이 도착하여 선단의 호위 전력이 크게 강화되었다. 그러나 태풍으로 인하여 연료 탱크에 구멍이 생긴 호위함부대의 기함이 선단을 이탈해야 했다. 5월 4일 오후에는 연료 부족으로 제3지원군 5척 가운데 3척이 이탈하였다.

사태가 심각해질 것을 우려한 호튼은 뉴펀들랜드의 세인트존스에 정박해 있던 제1지원군의 프리깃함 3척과 슬루프형 군함 2척을 호위로 보냈지만, 선단에 도착하려면 이틀이 걸렸고 그 사이 ONS 5는 위기에 빠졌다. 그 사실을 알아챈 되니츠가 기회를 놓칠 리 없었다.

5월 4일 밤 ONS 5는 이리 떼 전법을 펼치는 유보트로부터 거듭 공격을 받았다. 남아 있던 호위함은 종횡무진으로 움직여 여러 방향에서 공격해 오는 유보트를 격퇴하려고 하였지만 호송선 5척을 잃었다. 이튿날도 전투가 계속되었다. 레이더와 허프더프로 확인한 결과 ONS 5 근처에는 유보트가 7척 있었고 그 가운데 1척을 격파하였지만, 호송선단은 5월 4일과 5일 이틀 동안 12척을 잃었다.

5월 6일 이른 아침 안개가 짙어서 시야가 가려졌는데 그러한 기상 조건의 변화가 전투에 변화를 일으켰다. 유보트가 수송선을 발견하기 전에 선단의 호위함은 레이더를 이용하여 유보트를 발견하였다. 그동안 제1지원군도 도착하였다. ONS 5와 유보트는 공격과 수비가 바뀌었다. 5월 6일 수송선은 1척도 잃지 않았지만 유보트는 4척이 격침되었다.

격침된 유보트 가운데 U-125는 호위구축함 '오리비'에서 100야드밖에 떨어지지 않은 해수면으로 올라왔다. '오리비'는 즉각 공격에 나섰고 U-125의 사령탑은 파괴되어 큰 피해를 입었다. 연이어 코르베트함 '스노플레이크'가 달려와서 포격을 퍼부었다. 잠항할 수 없게 된 U-125의 함장은 부하들에게 함의 침몰을 명령하였고 U-125는 내부 폭발로 가라앉았다.

36시간에 걸친 전투에서 유보트는 적의 수송선을 12척 침몰시켰지만 아군의 희생도 커서 되니츠는 패배를 인정해야 했다. 되니츠는 패배 원인으로 짙은 안개와 적의 우수한 레이더를 꼽았다. 독일의 유보트 건조 수는 증가세였지만 대서양 전투의 형세는 뚜렷하게 변하고 있었다.

호튼도 전투 결과를 보고 형세가 역전될 것을 눈치채고 있었다. 역전을 확신하게 된 것은 연합국 상선의 상실 수 변화였다. 상선의 상실 수는 위기였던 3월의 수치와 비교했을 때 4월에는 절반으로 줄어 있었다.

유보트의 재역전은 없었다

역전의 원인은 다양한 요소의 축적 효과에서 찾을 수 있는데 그 가운데에서도 호위함에 탑재한 최신식 레이더가 큰 힘을 발휘했다. 3월에 있었던 위기 상황에 충격을 받은 처칠과 영국 정부의 군 지도자가 호송선단의 호위함 수를 늘리고 에어 갭을 없애기 위해 장거리 폭격기를 본격적으로 사용한 것도 역전과 승리를 불러온 주요한 요인이었다.

독일 해군은 연합군의 허프더프에 대항하여 유보트에 메톡스(Metox) 역탐지기를 장비하였으나 피해를 줄일 수는 없었다. 1943년 5월 유보트의 손실이 크게 증가하여 되니츠는 그때까지 펼쳤던 수상 공격을 수중 공격으로 전환해야 했다.

그 후 유보트에 수중 통기 장치인 스노클을 설치하였다. 당시 잠수함은 수상 항행에는 디젤엔진을 이용하여 충전하고 수중 항행에는 충전한 전기 동력을 이용하였는데, 스노클을 설치하여 디젤엔진으로 수중 항행이 가능해졌고 배터리 충전을 할 수 있게 된 것이다.

그러나 신기술도 유보트의 공격 능력을 높이지는 못하였다. 유보트의 손실을 줄일 수도 없었다. 연합군의 신형 호위구축함, 호송 항공모함, 장거리 폭격기에 대항하기 위해 수중을 고속으로 항행하는 발터 잠수함의 개발이 추진되었지만 실용화되지 못하였다.

유보트의 손실이 급증하는 것과 반대로 연합국에서는 상선의 생산 수가 격침된 수를 앞질렀다. 되니츠는 "멀리 내다보았을 때 최후 승패는 격침당하는 함선 수와 새롭게 건조되는 함선 수의 경쟁으로 결정된다"라고 말했는데 되니츠의 예견이 적중한 것이다. 연합국 상선은 새로 건조되는 수가 격침당하는 수를 앞질렀고 유보트는 그 반대였다.

그 점에서 눈여겨보아야 할 것이 미국에서 건조한 9천 톤의 리버티급 수송선이다. 리버티급 수송선은 어떠한 화물도 실을 수 있었고 대량생산 방식으로 건조되었는데, 1943년 봄에는 1척을 건조하는 데 45일밖에 걸리지 않았다.

대서양 전투는 전술로 보면 유보트와 호송선단과의 기동전으로 펼쳐졌지만 전략으로 보면 되니츠가 지적하였듯 소모전이었고, 소모전에서는 미국의 군수 생산 능력을 따라갈 수 없었다.

1943년 3월부터 5월 사이에 연합국 호송선단의 우세로 상황이 역전되고 나서 독일 유보트에 재역전의 기회는 없었다. 대서양 전투는 시작으로부터 3년 반 후 연합국의 승리로 돌아갔다.

1943년 일 년 동안 독일 해군은 243척의 유보트를 잃었는데, 그 가운데 약 180척은 5월 이후에 잃은 것이다(표 2-6 참고). 연합군이 잃은 선박은 1942년 하반기에 575척을 넘었지만 1943년 상반기에는 334척, 하반기에는 129척, 1944년 상반기에는 78척으로 부쩍 줄었다(표 2-5 참고).

유보트의 작전 행동이 끝난 것은 아니었지만 되니츠는 연합군의 수송선을 격침하기보다 항행을 방해하는 데 중점을 두게 되었다. 유보트는 비스케이만을 빠져나가려고 할 때 적의 폭격기로부터 공격을 받아서 사실상 비스케이만 안쪽에 갇혀 있었다.

1943년 11월 유보트는 대서양 동쪽에서 철수하였다. 1944년 6월 노르망디 상륙작전을 펼칠 동안 영국 해협에 독일군 유보트는 나타나지 않았다. 유보트가 자유롭게 행동할 수 있었다면 상륙작전의 대가는 실제보다 훨씬 컸을 것이다.

1945년 4월 말 되니츠는 유보트를 434척 보유했는데 그 가운데 166척이 작전에 참여할 수 있었다. 노르망디 상륙작전 이후부터 11개월 동안 유보트가 가라앉힌 연합군 수송선은 121척이었고, 그 가운데 북대서양 수송 경로에서 격침한 것은 13척에 불과하였다.

대서양 전투에서 연합국이 수송선을 잃은 원인을 살펴보면 유보트로부터 받은 피해가 69퍼센트, 항공기에 의한 손실이 13퍼센트, 수상함과 기뢰로 인한 손해가 각각 7퍼센트, 그 외 사고 등이 4퍼센트였다. 독일 공군으로부터 입은 피해도 적지 않았지만 유보트로부터 받은 손실이 압도적으로 많았다.

유보트의 위협을 봉쇄한 것이 대서양 전투가 가진 의미이며 대서양 전투는 제2차 세계대전을 연합국의 승리로 이끄는 계기를 마련하였다.

III
분석

처
칠
이

보
여
준

리
더
십

전시(戰時) 상황에서의 '독재'

처칠이 총리에 취임한 1940년 5월 10일은 독일군이 서부
전선에서 기습 공격을 시작한 때였다. 그때 처칠은 65세였다. 보
수당과 입장을 달리하며 내각에 참가하지 않았던 '황야의 10년'
을 거치고 1939년에 체임벌린 내각의 해군 장관으로 취임하였다.

네빌 체임벌린(Neville Chamberlain)은 노르웨이 전역에 실
패한 책임을 지고 사임하였는데 실제로 책임은 체임벌린보다 처
칠에게 있었다고 해도 과언이 아니다. 다만 처칠은 체임벌린 내
각의 독일 유화 정책에 책임이 없었기 때문에 총리 자리에 오를
수 있었다.

처칠 내각은 국가의 위기를 극복하기 위해 모든 당파가 연
합하여 조직한 거국일치 내각이었다. 이전 내각과 마찬가지로
소수의 주요 장관들로 전시 내각을 구성하였다. 처칠은 사람도

제도도 크게 바꾸지 않았지만 맹우(盟友) 비버 브룩을 장관으로 세운 항공기 생산성을 신설하고, 국방부 장관이라는 지위를 만들어서 스스로 취임하였다.

법제상 아무런 권한이 없고 국방성이라는 기관이 존재한 것도 아니었다. 하지만 국방부 장관을 겸임하는 것으로 처칠은 정치와 군사의 최고 지도자가 되었다. 육군 장관, 해군 장관, 공군 장관은 전시 내각의 구성원이 아니었고 육해공 부처는 병기 생산을 중심으로 하며 군사행정에 전념하는 관청이 되었다.

전략 문제는 육군참모총장, 해군참모총장, 공군참모장으로 구성되는 삼군막료장위원회에서 담당하고 총리를 대신하여 헤이스팅스 이스메이(Hastings Ismay) 장군이 항상 출석하였다. 이스메이는 삼군막료장위원회의 사무국장도 겸하였다.

처칠은 이스메이를 통하여 삼군막료장위원회를 이끌었고 사실상 육해공 삼군의 최고 지휘관이 된 것이다. 정식 회의가 아니더라도 처칠은 삼군막료장과 거의 매일 만났으며 휴일에는 총리의 지방 관저(Chequers)로 부르는 일도 있었다.

처칠 내각이 시작되고 영국의 전쟁 지휘 체제 정상(Top)에 강력한 권력이 집중되었다. 민주주의 사회에서 전시 '독재'라고 불리는 체제였고 '독재자'를 보좌하는 것은 전략 문제를 담당하는 삼군막료장위원회였다. 다만 정상은 군인이 아닌 총리였기에 문민 통제가 보장되었다.

또한 '독재'는 전쟁 상황에 한정된 일시·예외 경우로 받아들여졌고 처칠은 '헌법'(영국은 성문헌법이 없으나) 테두리 안에서 권력을 행사하였다. 전시 내각 회의와 삼군막료장위원회는 거의 매일 열렸다. 위기가 발생하면 하루에 몇 번이고 회의가 열리는 일도 있었다. 그러한 토의와 보좌를 받은 처칠의 '독재'는 독단이 아니었다.

전쟁 속행의 결의

1940년 5월 13일 처칠은 비상소집한 하원에서 신내각에 대한 신임을 요청하며 "내가 바칠 것은 피와 수고와 눈물과 땀밖에 없습니다(I have nothing to offer but blood, toil, tears and sweat)"라고 연설하였다. 솔직하고 힘 있는 연설은 호평을 받았지만 상황은 악화될 뿐이었다.

5월 15일에는 네덜란드가 28일에는 벨기에도 항복하였다. 프랑스군·벨기에군·영국군 원정부대는 기갑사단을 중심으로 하는 독일의 전격전에 일방적으로 내몰릴 뿐이었다. 5월 16일과 22일에 처칠은 프랑스로 날아갔고 22일에는 프랑스군 총사령부에서 전략 방침을 협의하였지만, '프랑스 공방전'의 전망은 어두웠다.

전시 내각에서는 핼리팩스(Halifax) 외무장관이 이탈리아 총리 무솔리니(Mussolini)를 중개 역할로 하여 독일과의 평화 가능성을 탐색해야 한다고 주장하였지만, 처칠은 단호하게 거부하였다. 5월 26일 밤 됭케르크에서 철수를 시작하여 예상 이상으로 성공을 거두었으나 많은 무기와 탄약을 포기해야 했다. 처칠은 동맹국을 지지하기 위해 총리에 취임하고 5번이나 프랑스로 날아갔지만 프랑스의 패배를 막을 수는 없었다. 6월 10일 이탈리아가 독일 측에서 참전하면서 6월 17일 프랑스는 독일에 휴전을 제안하였다.

처칠은 패배 직전까지 내몰린 듯 보였던 위기 상황에 총리가 되어 독일의 평화 제안을 거부하고 패배주의를 철저하게 부정하였으며 국민이 사기를 잃지 않고 절망에 빠지지 않게 막았다. 처칠은 허세를 부리거나 거짓으로 사기를 높이려고 하지 않았다. 처칠은 영국에 닥친 위기를 솔직하게 고백하고 최악의 사태가 벌어질 가능성을 이야기하며 국민이 떨쳐 일어날 것을 호소하였다. 6월 4일 연설에서 처칠은 다음처럼 이야기하였다.

"유럽의 광활한 지역과 오랜 역사를 이어온 훌륭한 나라들이 게슈타포와 증오의 대상인 나치 지배기구의 수중에 떨어진다 하더라도, 우리는 꺾이거나 굴복하지 않을 것입니다. 우리는 끝까지 싸울 것입니다. 우리는 프랑스에서 싸우고 바다와 대양에서 싸우며 하늘에서 싸울 것입니다. 우리는 어떠한 희생을 치르더라도 영국을 지켜낼 것입니다. 우리는 해안에서 상륙 지점에서 들판에서 거리에서 산속에서 싸울 것입니다. 우리는 절대 항복하지 않을 것입니다. 단 1초도 그렇게 되리라 생각하지 않지만, 영국 본토 혹은 대부분이 점령당하여 굶주림에 시달린다고 하더라도 바다를 사이에 둔 우리 영국은 해군을 무기로 계속 싸울 것입니다. 언젠가 반드시 신대륙이 전력을 다하여 구대륙을 구원하고 해방하기 위하여 일어서는 날을 맞이할 것입니다."

전쟁을 속행하려는 처칠의 단호한 의지는 프랑스가 항복한 후에도 변하지 않았다. 당시 영국 그리고 처칠에게 전쟁에서 승리하기 위한 계획이 있었는지는 불투명하다. 처칠의 목적은 단 하나, 어떤 수단을 이용해서라도 독일에 이기는 것이었다.

영국의 전략은 더없이 단순명료하였다. 전쟁에 이기기 위해 '신대륙이 전력을 다하여 구대륙을 구원하고 해방하기 위하여 일어서는 것', 즉 미국의 참전을 이끌어내는 것이 필수 조건이었기 때문에 전쟁을 계속해야 했다.

처칠과 미국 대통령 프랭클린 루스벨트는 처칠이 해군 장관을 지냈을 때부터 양국 대사관의 암호 전보로 서간을 주고받았고 전쟁 기간에는 약 2천 통에 이르렀다. 서간을 통하여 처칠은 1941년 12월까지 미국의 지원과 참전을 꾸준하게 호소한 것이다.

역사 감각과 대의

처칠의 공식 전기(傳記)를 쓴 마틴 길버트(Martin Gilbert)는 처칠이 낭만주의자면서도 현실주의자라고 하였다. 처칠의 낭만주의를 뒷받침한 것은 선조 말버러 공작(Duke of Marlborough) 때부터 가계에 뿌리내린 영국의 '고귀한' 역사에 대한 신뢰였다. 어렸을 때부터 배운 역사가 처칠을 지탱하여 자신의 능력과 운명을 믿게 한 것이다.

처칠과 루스벨트는 역사 속에서 자신의 역할을 분명하게 자각한 지도자였다. 처칠은 총리에 취임했을 때를 회상하며 "나는 운명과 함께 걷고 있다고 느꼈습니다. 나의 모든 과거는 오직 그때의 시련을 위한 준비에 지나지 않았습니다"라고 말하였다.

A. J. P. 테일러(Alan John Percivale Taylor)는 다음과 같은 일화를 소개하였다. 독일의 침공이 닥쳤다고 여겨진 날 밤 처칠은 "침공과 관련하여 토의하고 싶소"라며 측근들을 불렀고 끝없이 이야기를 이어나갔다. 하지만 눈앞에 닥친 독일의 침공이 아니

라 9세기 전인 1066년 노르만족의 잉글랜드 침공 이야기였다.

그러한 역사의 이해와 통찰이 전쟁 형국을 꿰뚫어 보고 적의 의도, 행동, 전시 지도자로서의 언동 등에 대한 처칠의 판단력과 직관을 키워준 것은 아닐까? 처칠은 청소년기 에드워드 기번(Edward Gibbon)의 『로마제국 쇠망사』와 토머스 매콜리(Thomas Macaulay)의 『영국사』를 암송할 정도로 읽었다. 26세에는 3개의 전쟁에 종군하였고 5권의 책을 출간하였다. 젊었을 때부터 체험과 사색으로 전투의 본질을 판단하고 구별하려 노력했던 것이다.

처칠은 전쟁의 목적을 명확하게 제시하였고 전쟁이 악과 싸우는 정의로운 전투라고 반복하여 설득하였다. 미국 역사가 존 루카스(John Lukacs)는 처칠만큼 히틀러의 생각을 깊이 통찰하고 속속들이 파악한 지도자는 없었다고 말하였다. 처칠은 영국이 자국의 존속뿐만 아니라 세계 문명과 자유를 위해 싸우고 있다고 주장하였고 영국 국민은 전쟁의 의미와 자신들의 긍지를 찾아낼 수 있었다.

런던 공습이 격렬해졌을 때 방공호가 직격탄을 맞아 수십 명의 사망자와 많은 부상자가 나온 곳에 처칠이 방문하였다. 제대로 갖춰 입지도 못한 사람이 많았는데 처칠이 자동차에서 내리자 사람들은 원망의 목소리를 내기는커녕 "안녕 곰돌이(Good old Winnie)"라고 외치며 처칠을 둘러쌌다. 처칠은 눈물을 글썽거렸다.

국민이 처칠에게 아낌없이 친애하는 마음을 드러낸 이유는, 영국은 자국만을 위해서가 아니라 세계 문명과 자유를 위해서도 계속 싸울 것이라는, 처칠이 외친 전쟁의 대의에 공감하고 긍지를 가졌기 때문이다.

부하에게 보내는 신뢰

육군사관학교 출신으로 해군 장관도 역임한 처칠은 군사에 정통하다고 자부하고 있었는데 종종 전술적 부분까지 개입하여 군인들의 분노를 샀다. 처칠의 군사적 판단이 항상 옳았던 것은 아니었다. 제1차 세계대전 때 처칠이 추진한 갈리폴리전투가 참담한 결과로 끝난 것은 잘 알려져 있다. 총리가 되기 직전 해군 장관 시절에 히틀러의 기선을 제압하려고 시작한 노르웨이 전역도 실패하였다.

처칠은 항상 공격을 중시하였다. "가능하다면 언제 어디서든 공격하라" "공격받고 있어도 공격하라"라는 것이 처칠의 말버릇이기도 하였다. 군인들의 신중함을 겁이 많고 나약하며 결단력이 없다고 비판하는 경향도 있었다. 처칠은 소극적으로 보이는 태도를 꺼렸다. 대서양에서 벌어진 유보트와의 전투에 처칠이 불만을 가진 것은 공격을 중시하는 성향 때문이기도 하였다.

처칠은 낭만주의에 치우치거나 완고한 선입견으로 결단을 내리는 실수도 종종 저질렀다. 그리하여 처칠을 보좌하는 참모는 처칠의 성향에 따르면서도 거리낌 없이 비판할 필요가 있었고 처칠도 전문가의 의견에는 귀를 기울였다. 전문가의 의견을 경청한 것이 처칠의 위대한 점일지도 모른다.

A. J. P. 테일러에 의하면 처칠은 극단적으로 급한 성격과 새로운 계획을 시도하려는 의욕과 굳건한 극기심을 갖추고 있었다. 최종적으로 처칠이 유보트에 대한 작전을 인정한 것은 '극기

심' 때문일 것이다. 대부분의 경우 처칠은 부하를 신뢰하였고 일과 권한을 위임함과 동시에, 부하들이 일하는 모습과 성과를 늘 꼼꼼하게 확인하였다.

그런 점을 뚜렷하게 보여준 전투가 영국 본토 항공전이다. 처칠은 항공전의 권한을 전면적으로 다우딩에게 넘기고 작전에 전혀 관여하지 않았다. 프랑스에 패색이 짙어졌을 때 처칠은 다우딩의 진언에 따라 프랑스에 전투기를 파견하지 않았다. 영국 상공에서 전투가 시작되었을 때도 최대한 관심을 줄이고 상황을 주시하면서 다우딩을 신뢰하였다. 항공기 생산성에 기용한 비버브룩을 한결같이 지지한 것도 부하를 향한 신뢰를 보여주는 좋은 예다.

전
략
의

실
천

휴 다우딩

전쟁을 지도하는 최고 지휘관이 처칠처럼 매우 뛰어나다 할지라도, 최고 지휘관의 구상을 구체적 계획으로 변환하고 현장 상황에 맞추어 실행하지 않으면 쓸모없는 전략이 된다. 그런 점에서 주목해야 할 인물이 영국 본토 항공전에서 활약한 휴 다우딩이다.

다우딩은 '고집쟁이(Stuffy)'라는 별명을 가진 특색 있는 군인이었다. 다우딩은 공군 기술개발 부문의 책임자로서 초반부터 허리케인과 스피트파이어의 개발·생산 계획을 지지하였다. 또한 일찌감치 레이더의 가능성을 꿰뚫어 보고 레이더의 기술 개발이 완성되기 전부터 레이더의 능력을 최대한으로 살려서 방공에 필요한 조기 경계와 지상관제 시스템의 구축을 시작하였다. 영국의 방공 시스템은 핵무기가 개발되기 이전 매우 성공한 군사 기술 혁명의 하나로 평가받는다.

　연이어 다우딩은 전투기군단 사령관으로서 전투기와 레이더 기지를 자신의 지휘 아래 두었을 뿐 아니라, 고사포나 대공탐조등의 작전 통제도 실시하여 방공 시스템을 하나의 원리로 운용하였다. 다우딩이 구축한 일원적 시스템을 바탕으로 조기경계망을 이용한 적기 탐지부터 요격기 출격에 이르는 과정이 밀접하게 연계되어 작동한 것이다.

　다우딩이 실제 전투에서 지휘한 것은 아니었다. 다우딩은 전투 지휘를 파크와 같은 군사령관에 맡기고 자신은 전략 목적을 달성하는 데 전념하였다. 영국 본토 항공전의 전략 목적은 독일의 상륙계획을 단념시키는 것이었지 독일의 전력을 섬멸한다는 일반적인 의미는 아니었다.

　전투기군단 사령관으로서 다우딩의 임무는 독일의 상륙계획을 단념시키기 위해 어떠한 희생을 치르더라도 제공권을 지키는 것이었다. 제공권의 확보가 적의 폭격으로부터 모든 것을 지킬 수 있다는 의미는 아니었다. 적의 도발에 넘어가지 않고 전투기와 조종사를 보전할 필요가 있었고 런던과 같은 도시보다 레이더 기지, 섹터 기지, 비행장 등 지상 시설을 폭격으로부터 지키는 것이 우선이었다.

　다우딩은 제11전투기군이 위기에 처할 때까지 다른 전투기군의 숙련된 조종사를 투입하지 않았다. 길게 내다보았을 때 다른 전투기군의 전력 약화는 제공권 확보에 마이너스가 된다고 판단했기 때문이다. 다우딩은 독일의 야간 폭격이 세차게 쏟아져도, 낮의 전투로 지친 부대를 별로 효과가 없었던 야간 전투에 내보내려 하지 않았다. 그렇게 다우딩은 영국 본토 항공전을 소모전으로 끌어들였고 자국이라는 이점을 살려서 독일 공군과의 격렬한 전투를 승리로 이끌었다.

영국 본토 항공전이 시작되었을 때 다우딩은 퇴역을 앞둔 59세였고 전투기군단 사령관의 임기는 이미 끝난 상태였다. 후임 예정자가 사고를 당하여 처칠의 지지를 받았던 다우딩이 그대로 머물러 있었던 것이다. 하지만 전부터 다우딩은 공군 수뇌와 사이가 나빴고 야간 폭격에 충분하게 대처하지 않아서 심한 비판을 받았다. 큰 편대를 구성하는 방식을 둘러싼 파크와 리맬러리와의 논쟁도 공군 수뇌부의 다우딩에 대한 비판을 부추겼다. 다우딩은 임기 연장 없이 11월에 전투기군단을 떠났다.

중급 레벨의 개혁가

역사가 폴 케네디(Paul Kennedy)에 따르면 대서양 전투는 중급 레벨 실무 개혁가의 공헌을 보여준 전형적 사례였다.

폴 케네디가 말하는 실무 개혁가는 유보트에 맞서기 위해 신병기·신기술을 개발하고 실용화하였으며 개선을 거듭하는 인재였다. 실전에 대비하여 장병은 신병기와 신기술을 자유자재로 사용하기 위해 훈련을 되풀이하였고, 실전을 통하여 전투 방식을 바꿔 가며 신전법을 갈고 닦았다. 물론 독일 측에서도 되니츠가 같은 방식으로 연합국 측의 신기술과 신전법에 대응하는 전투 방법의 개혁을 게을리하지 않았기 때문에 연합국 실무 개혁자의 노력에는 끝이 없었다.

유보트와의 전투에서는 에어 갭을 없앤 항공기의 공헌이

컸다. 물론 유보트에 맞서 승리한 것이 항공기의 덕분만은 아니다. 항공기 외에도 레이더, 허프더프, 울트라, 헤지호그, 코르베트함, 호위 항공모함, 오퍼레이션리서치 등 여러 요소가 맞물려 승리를 이끌어낸 것이다.

그러한 기술 혁신을 이용하여 만든 신병기를 실전에 활용한 인물이 서부 근접 해역 사령관 맥스 호튼이다. 호튼은 충실한 훈련을 통하여 기술 혁신을 실용화하고 실전에서 사용할 수 있도록 노력하였다. 유보트와의 전투를 연구하면서 창출해낸 지원군이라는 조직을 확대하고 강화하였으며 신기술 허프더프나 레이더와 조합하여 재빠르게 움직였다. 지원군은 기술 혁신으로 만들어진 고속 호위구축함을 중심으로 장거리 폭격기나 호송 항공모함과 연계하여 유보트를 격침한 것이다.

수
비
전
쟁

방공 전쟁

영국 본토 항공전의 본질은 수비였지만 영국이 수비만으로 전쟁에서 이긴 것은 아니었다. 상대의 공격에 대비하고 적의 세력과 움직임을 역이용하여 승리로 이끌어낸 것이다.

독일 공군의 본토 폭격은 영국에 위기를 불러왔다. 하지만 본토 상공에서 싸우는 것은 아군에게 유리한 공간에서 방공 시스템의 효과를 최대한으로 이용하여 싸울 수 있었다. 영국은 공격 측이 가지는 장점, 즉 스피드를 이용한 주도권을 레이더로 상쇄하였다. 항속거리의 한계에서 발생하는 적의 시간적 불리함, 즉 체공시간이 짧아진다는 단점도 철저하게 파악하여 이용하였다.

본래 영국 본토 항공전의 목적은 전략적 인내였다. 다시 말하면 자국의 존속을 유지함과 동시에, 독일에 맞설 항전 의지와 능력을 보여줌으로써 미국의 전면적 지원 내지는 참전을 이끌어내는 것이었다. 독일의 상륙작전이 곤란해질 때까지 공격을 이겨내야 했다. 영국은 끈기 있게 버텼고 영국 본토 항공전을 소모전으로 유인하여 마침내 승리를 거머쥐었다.

다만 오래 버티는 소모전이었다 해도 소극적으로 적의 공격을 참고 견디기만 한 것은 아니었다. 전투기의 활약이 보여주듯 적의 도발에 넘어가지 않고 전력을 비축하여 적의 자멸을 기다렸으며, 유인한 적을 거침없이 무찌르는 것이 영국의 전투 방식이었다. 그런 점에서 수비와 공격이 융통성 있게 이용되었다.

해상호위전

대서양 전투는 영국과 독일의 기술 개발이나 전법의 변혁을 배경으로 하여 기동전의 반복으로 펼쳐졌다. 그러한 기동전에 결착을 낸 것은 되니츠가 예리하게 지적한 소모전이었다.

연합국 측에서도 처칠처럼 대서양 전투가 본질적으로 소모전이라는 것을 충분하게 이해하고 있었다고 여겨진다. 다만 영국이 해상보급 연락을 확보하기 위해서는 위협이 되는 독일의 전력을 가능한 한 많이 파괴해야 했다. 전쟁 초기는 위협이었던 포켓 전함의 배제가 우선되었고 유보트의 위협을 알아챘을 때는 수상함부대가 유보트를 찾아내어 격침하는 것이 중시되었다.

장거리 폭격기를 미국에서 제공받아도 독일 본토를 전략 폭격하는 데 사용하는 것이 우선되었다. 전략폭격에는 처칠의 공세주의가 반영되었다. 독일을 직접 공격하여 승리를 거머쥐려는 발상에서 출발했기 때문이다. 독일의 유보트에 맞설 때 수상함정으로 적을 찾아내어 공격하는 전법에도 비슷한 경향이 보인다.

그러한 공격적 전법과 대조적으로 수송선단의 호송은 본질적으로 '수비' 전투였다. 극단적으로 말하면 유보트와의 전투 목적은 유보트를 얼마나 많이 격침하는가에 있는 것이 아니라, 가능한 한 수송선을 잃지 않고 목적지까지 보호하는 것이었다.

다만 본질적으로 '수비' 전투에서는 공격 능력도 필요하였다. 유보트를 공격할 수 있는 능력을 갖추고 있으면 적은 유보트를 이용한 공격을 단념하거나 유보트로 공격하는 것을 꺼리게 되기 때문이다. 수송선을 지키기 위해서는 유보트로부터 공격받았을 때 반격하고 격퇴해야 하기 때문이라는 이유도 있었다. 그런 의미에서 보면 영국의 대잠수함전은 적절한 시기에 맞춰서 '수비'와 '공격'이 이루어졌다고 볼 수 있다.

영국은 대서양 전투에서 시행착오를 거치며 전략적 소모전을 펼치고 기동전으로 싸우며 '수비'를 관철하기 위해 유보트를 공격할 능력을 익히고 실천한 것이다.

이야마 유키노부, 『영독항공전 — 영국 본토 항공전의 전모』(국내 미출간), 2003

가와이 히데카즈, 『처칠 — 영국 현대사와 한 사람의 인물』(국내 미출간), 1979

도미타 고지, 『위기의 지도자 처칠』(국내 미출간), 2011년

하타 이쿠히코, 『실록 제2차 세계대전 — 운명을 바꾼 6대 결전』(국내 미출간), 1995년

히로타 아쓰시, 『유보트 입문 — 독일 잠수함 철저 연구』(국내 미출간), 2012년

야마자키 마사히로, 『상세 해설 서부전선 전체 역사』(국내 미출간), 2008년

존 키건, 『정보와 전쟁』(까치글방), 2005

마틴 길버트, 『Churchill: The Power of Words』(국내 미출간), 2012

폴 케네디, 『제국을 설계한 사람들』(21세기북스), 2015

윈스턴 처칠, 『The Second World War』(국내 미출간), 1948

A. J. P. 테일러, 『English History, 1914-1945』(국내 미출간), 1978

A. J. P. 테일러, 『The war lords』(국내 미출간), 1977

카를 되니츠, 『10년 20일』(삼신각), 1995

리처드 휴, 데니스 리처드, 『The Battle of Britain』(국내 미출간), 1989

에드워드 비숍, 『Their Finest Hour: The Story of the Battle of Britain, 1940』(국내 미출간), 1968

배리 피트, 『The battle of the Atlantic』(국내 미출간), 1977

존 루카스, 『The Duel』(국내 미출간), 1990

테렌스 로버트슨, 『The Golden Horseshoe』(국내 미출간), 1955

Best, Geoffrey. *Churchill: A Study in Greatness,* Penguin Books, 2002.

Collier, Basil. *The Defence of the United Kingdom (History of the Second World War, United Kingdom Military Series),* HMSO, 1979.

Deighton, Len. *Blood, Tears and Folly: An Objective Look at World WarII,* William Collins, 2014; first published in 1996.

Dimbleby, Jonathan. *The Battle of the Atlantic: How the Allies Won the War,*

Viking, 2015.

Gilbert, Martin. *Winston Churchill's War Leadership,* Vintage Books, 2004.

Ray, John. *The Battle of Britain: New Perspective—Behind the Scenes of the Great Air War,* Arms and Armour Press, 1994.

Roskill, S. W. *The War at Sea 1939-1945, Vol.I~ Vol.III* (*History of the Second World War: United Kingdom Military Series*) , HMSO, 1954~1961

Sainsbury, Keith. *Churchill and Roosevelt at War: The War They Fought and the Peace They Hoped to Make,* Macmillan, 1994.

제 3 장

게릴라전과 정규전의 역학 관계

인도차이나 전쟁

제2차 세계대전에서 승리한 미국은 베트남이 공산화되면 인접 나라들도 차례로 공산화될 것이라는 '도미노이론'을 내세워서, 프랑스가 시작한 인도차이나 전쟁에 뒤따라 참여하였다. 1968년에만 병사 54만 명을 투입하고 제2차 세계대전 전체에 필적하는 전쟁 비용과 병기를 사용하였지만 결국 이기지 못하고 물러났다.

　　미국의 거대한 군사력으로도 물리치지 못한 베트남군은 1946년부터 1954년까지 8년 동안 프랑스의 식민지 지배에 저항하는 제1차 인도차이나 전쟁을 치렀다. 제1차 인도차이나 전쟁은 제2차 인도차이나 전쟁이라고도 불리는 베트남전쟁에 대비한 연습과 같은 전쟁이었다.

[지도 3-1] 베트남 국토

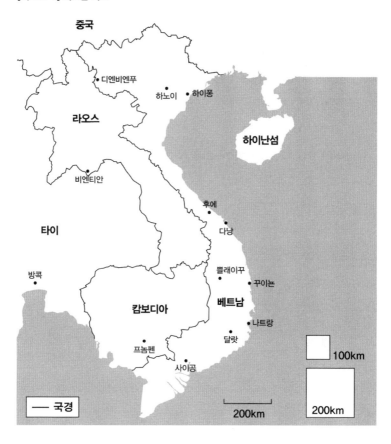

프랑스의 식민지 지배에서 벗어나는 데 결정적 역할을 한 1954년 '디엔비엔푸 전투(Battle of Dien Bien Phu)'에 참가했던 젊은 병사는, 시간이 흘러 베트남전쟁에서 큰 부대를 통솔하였다. 병사들은 사단과 여단의 사령관으로서 미국군과 싸우고 호찌민(Ho Chi Minh)의 리더십 아래 베트남을 승리로 이끌었다.

호찌민과 보응우엔잡(Vo Nguyen Giap)은 마오쩌둥(Mao Zedong)의 유격 전략론에 기초하여 게릴라전에서 정규전으로 바꾸는 전투 계획을 세웠다. 방어전을 펼치고 게릴라전으로 세력의 균형을 맞춘 뒤, 마지막에 정규군으로 총반격하는 역동적인 3단계 전략을 실천하였다.

제3장에서는 긴 기간 혼돈했던 베트남의 전쟁 과정을 프랑스군과 치른 제1차 인도차이나 전쟁과 미국군과 벌인 베트남 전쟁으로 나누어 고찰하였으나, 넓은 시야로 전체를 파악하기 위해 두 전쟁을 연속하는 하나의 전쟁으로 보았다. 호찌민의 계획에 따라 두 개의 전쟁을 각각 3단계 과정으로 살펴보려 한다. 조국 베트남을 독립으로 이끌고 생애를 바쳐서 남·북베트남의 통일을 주도한 호찌민의 리더십을 미국의 지도자와 비교·분석함과 동시에, 인도차이나 전쟁에서 승리 혹은 패배를 불러온 지도자의 리더십을 비교·고찰한다.

I

제1차 인도차이나 전쟁

3단계 전략 설계

제1차 인도차이나 전쟁이 시작되고 3일 뒤인 1946년 12월 22일 베트남 정부는 앞으로의 분쟁에 3단계로 대응할 것이라는 성명을 발표하였다. 호찌민은 마오쩌둥 사상의 하나인 인민 전쟁론을 기본으로 삼아, 시시각각 변하는 전쟁 상황에 맞추어 게릴라전에서 정규전으로 전환하는 전략을 구상하였다.

제1단계는 적에 맞서 싸울 힘을 키우기 위해 산악 지대의 요새에 머무르는 '방어전'이었다. 제2단계는 '게릴라전'을 이용하여 기습하고 세력의 균형을 맞추는 것이었다. 산악 지대에 숨어서 항전력을 키우고 프랑스군과 견줄 정도의 전력을 갖추면, 베트민(베트남의 공산주의적인 독립운동단체 겸 정당)군은 산악 지대의 요새에서 빠져나와 적의 군사 시설을 기습하는 것이다. 제3단계는 정규군의 총반격으로, 적이 완전히 물러날 때까지 총공격한다는 계획이었다.

프랑스군과의 전투

1945년 8월 15일 일본의 패배로 제2차 세계대전은 끝났다. 호찌민은 일본이 패배하고 연합국군이 베트남에 상륙하기 전 '권력의 빈틈'을 놓치지 않았다. 호찌민은 베트남 인민의 봉기를 조직하고 정권을 되찾기 위해서 절묘한 순간에 움직였다. 베트남 전국에서 호찌민을 따르는 수천만 베트남 인민이 봉기하였다. 8월 19일에는 수도 하노이에서, 23일은 왕궁이 있는 도시 후에에서, 25일은 사이공(통일 후 '호찌민'으로 개칭)에서 봉기가 일어났다.

호찌민이 뚜옌꽝의 딴짜오(Tan Trao)에서 하노이로 이동한 것은 8월 25일이었다. 3일 뒤 28일에 임시 정부 각료 명부를 공표하였고, 29일에는 베트남 해방군 첫 연대가 하노이에 주둔하였다. 9월 2일 베트민군은 하노이에서 베트남 민주 공화국의 독립 선언을 발표하고 베트남 전국의 인민이 모두 봉기할 것을 호소하였다. 하노이의 바딘 광장에 모인 수십만 인민 앞에서 호찌민은 베트남 민주 공화국의 독립 선언을 낭독하였다.

호찌민이 독립 선언을 하고 얼마 지나지 않은 9월 23일 베트남 남부 사이공에서는 영국군의 지원을 받은 프랑스군이 전투를 시작하였다. 인도차이나에 관련된 권리와 이익을 단념할 생각이 없었던 프랑스군은 하루 만에 사이공을 점령하였다.

호찌민의 독립 선언으로부터 반년 뒤인 1946년 3월 6일 베트남 민주 공화국 정부는 파리에서 프랑스 정부와 전투를 중단하기 위한 예비 협약을 맺었다. 예비 협약은 베트남 민주 공화국을 프랑스 연방 테두리 안에서 하나의 자유 국가로 인정하고, 프랑스군 1만 5천 명이 베트남 북부에 주둔한다는 내용이었다.

베트남 국민은 예비 협약을 일시적 타협으로 보고 총선거를 통한 진정한 독립을 바라고 있었다. 호찌민은 외교 교섭을 통하여 마지막까지 프랑스군과의 충돌을 피하려고 온 힘을 쏟았지만, 프랑스군은 베트남을 다시 식민지로 만들기 위해 베트남 각 지역을 차례로 점거하였다.

1946년 파리 교외의 퐁텐블로에서 프랑스와 하노이의 교섭이 여러 번 열렸다. 하노이는 양보를 거듭하면서도 독립을 포기하지 않는 태도였고 프랑스는 끝까지 식민지를 고집하였다. 1946년 11월 프랑스는 일방적으로 정전선(停戰線) 북위 16도를 무시하고 북에 부대를 투입하였다. 해상에서는 북쪽 최대 국제 항구인 하이퐁을 무력으로 점거하기 위해 하노이로 향하였다. 프랑스군의 의도는 하노이를 점령한 뒤 하노이에서 남하하는 부대와 남베트남에서 북상하는 부대를 이용하여, 남은 베트민군을 양쪽에서 공격하여 섬멸하고 베트남 전국을 점령하는 것이었다.

그때 베트민군의 실력은 근대식 장비로 무장한 프랑스군과 정면에서 맞서기에 상당히 부족하였다. 그럼에도 베트민군은 그러모은 소총에 의지하여 하이퐁 시내에서 게릴라전을 펼쳤고, 베트남을 점령하는 데 일주일이면 충분하다는 프랑스군의 호언 장담을 무색하게 만들었다.

하노이 침공 대 게릴라전

프랑스군은 계속하여 하노이를 침공하였다. 프랑스군은 하노이 정부가 순순히 항복할 것이라고 예상하였지만 하노이에서 벌어진 것은 시민의 총봉기였다. 12월 19일 밤, 하노이의 발전소가 폭파하여 온 시내가 어둡고 캄캄해졌을 때 베트민군과 시민은 집에 있는 무기를 쥐고 한꺼번에 들고일어났다. 20일 호찌민은 간발의 차로 보응우옌잡에게 도움을 받아, 하노이에서 남서쪽으로 7킬로미터 떨어진 하동으로 피신하였다. 같은 날 저녁 호찌민은 라디오를 통하여 '전국 항전'의 결의를 베트남 국민에게 호소하였다.

하노이의 베트민 병사와 일반 시민의 항쟁은 끈질겼다. 강력한 프랑스군과 정면으로 맞서는 전투를 피하고 게릴라전을 이용하여 밤낮을 가리지 않고 집요하게 시가전을 되풀이하였다. 프랑스군은 하노이를 제압하는 데 3개월 가까이 걸렸고, 의도했던 바와 달리 오랜 시간이 걸렸다.

하노이 중심부의 동쑤언 시장을 둘러싼 전투는 베트민군

의 전형적인 게릴라였다. 베트민군은 동쑤언 시장 일대를 일부러 허술하게 두고 프랑스군을 유도하여 공격하는 작전을 펼쳤다. 프랑스군은 시장에 지휘소를 설치하고 통신 시설을 갖추어 하노이를 제압하는 거점으로 삼았다. 그에 맞서 베트민군은 모든 수단을 이용하여 시간을 벌 수 있는 게릴라전을 펼쳤다. 프랑스군 거점에서는 날이 밝으면 장갑차에 구멍이 뚫려 있었고 전차 바퀴의 나사가 빠져 있었다. 폭탄을 등에 업은 강아지가 시장을 뛰어다녔고 사람이 없는 곳에서 수류탄이 굴러떨어지기도 하였다.

그러한 게릴라 전술에 맞서 프랑스군 거점은 점점 요새화되었지만, 그 역시 베트민군이 의도하는 바였다. 요새화는 프랑스군의 기동력을 떨어뜨려서 베트민군의 게릴라전을 도운 셈이되었다. 하노이에서 프랑스에 맞선 항전으로 베트민이 얻은 것은 더욱 컸다. 호찌민이 베트민을 결성하고 독립을 위한 전투를 호소하였으나 그때까지 국민은 주저하고 있었다. 그런 상황에서 프랑스군의 하노이 침공은 망설였던 베트남 국민을 단결시켰다. 베트민군에게 이제 수도 하노이는 광대한 홍강 삼각주나 험준한 산악 지대와 같아졌다.

베트민군은 국토 지형의 특징을 자세하게 알고 있었고 최대한으로 활용하였다. 베트남 국토는 중국처럼 크고 넓지 않으며 도시 대부분은 평야였고, 정글이나 산간 지역은 도시와 멀지 않았다. 홍강 삼각주와 메콩 삼각주의 수로는 미로 같아서 적의 기동력을 떨어뜨렸다. 베트남의 지형은 공격하고 바로 물러나는 게릴라전에 잘 맞았다. 게다가 아열대에서 열대 사이에 위치한 베트남은 게릴라 병사가 가장 괴로워하는 겨울이 없었는데, 중국에서 펼친 항일 게릴라전에서는 없었던 장점이기도 하였다.

1949년부터 1950년까지 프랑스는 군사력을 증강하였다. 하노이를 제압할 때 프랑스군은 약 1만 6천 명이었는데, 본국의 지원으로 1950년 중순에는 12만 명을 넘었다.

프랑스가 군사력을 증강하는 동안 베트민군은 나중을 기약하며 숨어 지냈다. 한결같이 견디고 보이지 않는 곳에서 전력을 키우기 위해 온 힘을 기울여야 했다. 하지만 게릴라전을 포기한 것은 아니었다. 도시의 집들은 진격하는 프랑스군에 맞서는 요새가 되었고 시가지의 경계에서는 집요한 게릴라전이 되풀이되었다. 점거당한 도시로 끊임없이 소규모 게릴라부대가 진입하였고 프랑스군은 보이지 않는 적과의 전투에 조바심을 내고 있었다.

제
2
단
계

게릴라전을 이용한 세력 균형

근대화하는 베트민군

1948년 말 아시아에서는 중국 인민 해방군이 베이징을 점령하고 패주하는 국민당 정부군을 쫓아 남쪽으로 내려갔다. 1949년 10월 1일 마오쩌둥은 중화 인민 공화국 수립을 선언하였고, 같은 해 12월 남하한 중국 인민 해방군은 베트남 국경에 도착하여 베트민군과 연계하였다. 1950년 1월 18일 중국은 베트남 민주 공화국이 정당하다고 인정하였으며, 1월 30일에는 소련도 동의하였다.

중국과 소련의 승인이 계기가 되어, 베트민군은 질적·양적으로 장비를 준비하는 데도 큰 전환기를 맞이하였다. 중국을 후방 지원 기지로 하는 병사 훈련·무기 원조의 지원 체제가 생겼고 그때까지의 게릴라 조직은 대대, 연대, 사단의 정규군 조직으로 급속하게 탈바꿈하였다.

1950년 프랑스군은 약 11만 5천 명에 이르렀지만, 한계에 다다른 상태였다. 마다가스카르와 알제(알제리의 수도)에서 긴장감이 높아지면서 여유가 사라진 상태였다. 그에 반해 베트민군은 착실하게 힘을 기르고 있었다. 도시로 프랑스군을 유인하여 끊임없이 게릴라전을 펼쳤고 병사들은 전투에 익숙해졌다. 프랑스군이 베트남에 들여오는 병기가 늘어남에 따라 프랑스군의 병기를 빼앗아 베트민군의 병기도 늘어났다.

베트민군은 프랑스군이 차량 이동에 의지하는 것을 파악하고 프랑스군의 교통망을 차단하기 위해 공격하였다. 교통망을 차단하는 작전은 보디 블로처럼 착실하게 효과가 나타났고, 병기 탈취에도 효과적인 일석이조의 작전이었다.

비엣박 공세의 좌절

프랑스군의 '비엣박(Viet Bac)' 작전 실패는 베트민군이 힘을 키웠다는 것을 상징하였다. 프랑스군 3개 사단은 베트민군 근거지로 추정되는 북부 산악 지대 비엣박을 공격하였다. 하지만 베트민군에는 서구와 같은 군사 거점의 개념이 없어서 진격 작전은 전제부터 잘못되어 있었고 헛수고로 돌아갔다. 게다가 베트민군은 게릴라전과 기동전을 교묘하게 이용하여 가는 곳마다 프랑스군을 농락하였고 프랑스군의 계획을 좌절시켰다.

이러한 결과는 베트민군의 성장을 안팎으로 보여주는 것이었다. 프랑스군의 비엣박 공세 좌절은 베트민군과의 전투가 초기 단계를 벗어나 비슷한 힘으로 서로 버티는 대치 상태에 접어든 것을 의미하였다. 서구형으로 근대화한 강력한 프랑스군의 군대와 전술에 어떻게 맞서야 하는지 실제로 겪어보면서 전쟁터에서의 균형을 맞춰나가는 시기였다.

제2단계인 대치 상태는 시간이 흐를수록 프랑스군에 불리하고 베트민군에 유리하게 작용하였다. 프랑스군은 제한된 병력으로 많은 도시를 방어하고 교통망의 요새도 지켜야 했다. 프랑스군이 깨달았을 때는 점과 선, 그것도 끊어지기 쉬운 선을 지키고 있을 뿐이었다.

그동안 베트민군은 농민과 산악 민족 사이에서 착실하게 기반을 다지고 있었다. 인민의 지원을 받아서 교육 선전 활동을 널리 추진한 결과 베트민 병사의 수도 증가하였다. 게다가 남쪽의 메콩 삼각주 지대를 거점으로 하는 남기(南起) 세력과 세력 범위를 합쳐 하나로 통일하였다.

제1단계에서 베트민군의 군수품 대부분은 전리품이었다. 일본군이 프랑스군으로부터 몰수한 무기 보관소를 열어놓은 채로 철수하여, 베트민군은 노력 없이 대량의 무기를 손에 넣을 수 있었다.

제
3
단
계

정
규
전
으
로
총
반
격

나바르계획

　1953년 5월 앙리 나바르(Henri Navarre) 장군이 제1차 인도
차이나 전쟁의 최종 단계 총지휘를 맡기 위해 파견되었다. 그때
미국의 원조로 아군인 남베트남군은 이미 20만 명이었고, 베트
민과 맞설 때 절대적으로 유리한 항공 전력이 준비되어 있었다.
항공 우세의 확보는 제2차 세계대전을 통하여 얻은 교훈이었지
만, 정글에 숨어서 싸우는 베트민군을 상대로 제공권 확보가 얼
마나 효과적일지는 의문이었다.

　하지만 당시 프랑스군 내부에서 제공권의 유효성에 의문
을 제기하는 사람은 없었다. 어차피 베트민군은 경무장한 게릴
라군이어서 승부처로 끌어내기만 하면 충분한 병력과 장비로 쉽
게 섬멸할 수 있다는 것이 프랑스군 본부의 지배적인 의견이었
다. 프랑스군 수뇌부는 힘을 키운 베트민군의 실력을 과소평가

하였다.

　　이러한 배경을 바탕으로 새로운 총사령관의 새로운 작전이 시작되었다. 바로 '나바르계획'이었다. 게릴라 소부대의 소탕은 베트남, 라오스, 캄보디아의 각 정부군에 맡기고, 프랑스군은 베트민군을 주력으로 하는 공산군 중핵을 공격하는 데 전념한다는 내용이었다.

　　프랑스군이 과소평가한 것과 다르게 당시 베트민군의 병력은 북베트남군이라고 불러도 될 정도로 내용과 실력 모두 훌륭하였다. 세력은 정규군 약 14만, 지방군 약 7만, 초기 베트민 부대와 비슷한 게릴라전 구성원 약 15만으로 합계 36만 정도였다. 전투원의 장비도 중국과 소련의 지원 덕분에 빠른 속도로 풍족해졌다. 베트민군 보병의 기관총과 소총은 프랑스군과 비슷해졌다.

　　대공화기도 많아졌다. 무엇보다 두드러진 것이 박격포였다. 프랑스군은 베트민군에게 화포가 있다는 것은 알았지만, 일본군이 남겨둔 구식 화포 정도로 생각하였다. 프랑스군은 베트민군이 포술 능력도 미숙하고 직접 조준으로 각개 사격 지역을 벗어나지 못하며, 고도 기술을 요구하는 간접 조준 사격이나 복잡한 화력 조정 등은 불가능할 것이라고 여겼다. 베트민군이 철저하게 비밀을 감추고 있었기 때문이다.

　　베트민군은 국내에서 산발적으로 소규모 포격을 하였지만, 포병이 존재한다는 낌새는 전혀 드러내지 않았고, 훈련도 중국 내에서 하는 등 철저하게 비밀로 하였다. 실제로 베트민군은 화포 105밀리미터 유탄포, 122밀리미터 카농포, 155밀리미터 유탄포를 장비하고, 1952년에는 최초 독립 포병을 창설하여 사단 규모로 확충하였다. 더욱 놀라운 것은 82밀리미터 박격포, RPG 대전차 로켓발사기, 소련제 다연장 로켓발사기 카추샤까지 장비하고 있었다는 것이다. 병기 외 장비도 충분하였고 소련제 트럭도 1천 대 가까이 보유하였다.

프랑스군은 베트민군의 포병 능력이 부족하다는 것을 전제로 하여 나바르작전을 계획하고 입체 요새를 구상하였다. 나바르계획은 적이 반드시 통과해야 하는 지역에 상호 보완하는 형태의 복합 요새를 구축하고, 활주로도 여러 개 설치하여 포병의 화력으로 거점을 방어한다는 계획이었다.

베트민군이 포위 공격을 시도할 때가 공세를 바꿀 좋은 시기이며, 아군 포병이 전력으로 포격하는 동안 각 요새에서 출격하여 동요하는 베트민군을 붙잡아서 섬멸한다. 작전을 실행하기 위해서는 전차나 장갑차의 기동력을 확보한다. 거점의 설비·운영과 이어질 작전에 필요한 보급은 모두 항공 수송을 이용하고, 보호·유지에 필요한 기간은 정해두지 않는다는 내용이었다.

나바르계획 구상에 선택된 땅이 디엔비엔푸였다.

디엔비엔푸

라오스 국경에서 15킬로미터 떨어진 디엔비엔푸는 남북약 18킬로미터, 동서 약 6~8킬로미터의 광대한 분지다. 디엔비엔푸는 간선 도로가 교차하는 교통의 중심지이고 하노이에서 북서쪽 육로로 약 440킬로미터 떨어져 있었다.

베트남과 라오스의 국경에 가까운 디엔비엔푸에서 1954

년 3월부터 56일 동안 벌어진 전투가 인도차이나 독립 전쟁의 큰 전환점이 되었다. 디엔비엔푸 전투는 질 리가 없다고 믿었던 난공불락의 요새와 최첨단 병기를 갖춘 프랑스군을 상대로 베트남 인민이 승리하여 9년에 걸친 식민지 지배를 끝낸 전투였다.

디엔비엔푸는 근대식 병기를 장비하여 견고한 방어진지로 난공불락이라고 여겨졌으나 병참이라는 큰 약점이 있었다. 근접한 어느 기지에서도 수백 킬로미터 떨어져 있고 육지 보급로가 없는 완전한 고립 상태여서, 유일한 보급 방법은 항공 수송이었다. 지형으로 보면 정글로 뒤덮인 산악 지대 분지에 건설한 요새는 주위의 높은 곳에서 쉽게 내려다볼 수 있는 위치에 있었다. 러일전쟁 때 뤼순 요새에 비유하자면 주위에 203고지(해발 고도가 203미터이다)가 여럿 있는 배치였다. 그러한 치명적 약점을 가진 위치에 요새를 세운 것은 베트민군의 포병 능력이 떨어진다는 전제 때문이었다.

요새 진지의 토질은 암반이 아니어서 무르고 약했다. 토질을 보강하기 위해 필요한 시멘트도 항공 수송을 이용해야 해서 충분하게 보급받지 못하였다. 거의 간이 참호 수준이었고, 프랑스군의 화포 진지는 사방이 뚫려 있어서 요새라고 할 수 없었다. 요새로 투입된 프랑스군 1만 6천 명의 대병력도 보급과 병참을 생각하면 치명적 약점이었다. 병력이 클수록 대량 보급이 필요하였고 유일한 항공 수송이 끊기면 자멸하는 것은 시간문제였기 때문이다.

[지도 3-2] 디엔비엔푸 요새의 주요 방어 배치도

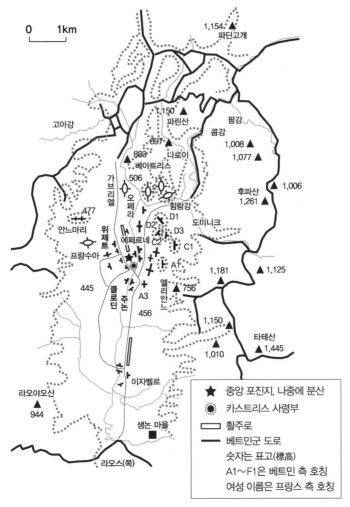

라오스(쪽)

★ 중앙 포진지, 나중에 분산
◉ 카스트리스 사령부
▭ 활주로
▬ 베트민군 도로
숫자는 표고(標高)
A1~F1은 베트민 측 호칭
여성 이름은 프랑스 측 호칭

(출처) 이와도 겐진의 『병기와 베트남전쟁』(1992) 게재 지도를 바탕으로 미하라 고메이가 작성

프랑스군의 약점을 파악한 베트민군은 그때까지 펼치던 게릴라전을 단숨에 정규전으로 전환하였다. 그때까지의 기동전을 프랑스군이 원하는 소모전으로 바꾸는 것은 큰 위험을 동반하였지만, 충실하게 힘을 기른 베트민군은 적군의 요새에서 승부를 겨루기로 결단하였다.

　　베트민군은 정규군의 약 80퍼센트를 디엔비엔푸 포위전에 투입하였다. 프랑스군도 베트민군의 병력 규모를 거의 정확하게 파악하고 있었지만, 보유한 6개 사단 가운데 4개 사단, 병사 5만 명 이상을 디엔비엔푸로 집결시키리라고는 전혀 예상하지 못하였다. 하노이에서 직선으로 300킬로미터, 실제 산길로는 500킬로미터를 대규모 병력이 움직이려면 그만큼 보급도 필요하였기 때문이다.

　　1953년 11월 20일 프랑스군은 전에 일본군이 디엔비엔푸에 설치한 비행장에 낙하산부대 3천 명을 내려보냈다. 베트남 인민군과의 전투다운 전투도 없이 프랑스군은 순식간에 디엔비엔푸를 점령하였다. 증원으로 온 프랑스군 병사도 계속하여 동원되었고 계획한 요새 건설을 시작하였다.

　　프랑스군 사령관 크리스티앙 드 카스트리스(Christian de Castries) 대령의 지휘소는 동서 7킬로미터, 남북 10킬로미터 범위였고, 사령부를 겹겹이 둘러싸듯 견고한 진지를 49개 쌓았다. 프랑스군은 보병 17개 대대, 포병 3개 그룹, 공병부대, 전차부대, 비행부대, 군수품을 담당하는 병참부대로 구성되었고, 총 1만 6천명이 배치되었다. 부대 대부분은 인도차이나에 주둔하는 프랑스 원정군이었는데, 수많은 전투로 단련된 정예 부대였다. 중앙 부채형 전투 구역의 중심에는 기동군 그룹, 포병 중대, 전차부대, 사령부가 있었다. 그 주위에 주요 비행장이 있었으며 거대한 방어 체제 전부가 지하 요새와 지하 참호 안에 설치되었다.

거대한 요새는 분지를 둘러싼 높은 산악이 지켜주었기에 프랑스군은 적군이 산악 지대로 화포를 옮겨서 공격하는 일은 불가능하다고 생각하였다. 카스트리스 대령은 완성된 디엔비엔푸 요새를 '난공불락 요새'라고 호언장담하였다.

해방군 총사령관 보응우옌잡

1953년 12월 말 프랑스군이 디엔비엔푸 요새를 구축하고 있을 때, 호찌민과 베트남 노동당 간부는 북베트남 북동부의 산간 소수 민족 지구에 만들어진 비엣박 해방 지구에서 정세 분석을 서두르고 있었다. 당의 상임위원회 구성원은 고심을 거듭한 끝에 디엔비엔푸를 결전지로 정하였다.

1954년 1월 1일 베트남 노동당 중앙위원회는 보응우옌잡을 작전 총사령관으로 임명함과 동시에, 병사 약 5만 명에게 북서부 쪽으로의 이동과 전투 준비를 명령하였다. 작전의 전권을 위임받은 보응우옌잡은 디엔비엔푸로 떠나기 직전 호찌민을 만났다. 호찌민은 보응우옌잡에게 '승리의 확신이 있을 때만 싸워라(Only fight successful battles)'라는 작전 행동 지침을 전달하였다. 행동 지침의 본질은 적합한 때를 생각하여 적합한 때를 붙잡으라는 것이었다.

1954년 1월 12일 보응우옌잡은 디엔비엔푸 시가지에서 북동쪽으로 약 80킬로미터 떨어진 뚜언자오(Tuan Giao)의 정글에 있는 베트남 인민군 사령본부에 도착하였다. 그때 프랑스군은 이미 수비대 10개 대대를 디엔비엔푸에 배치한 상태였다.

베트민군 전투원은 디엔비엔푸를 둘러싼 산 중턱을 깎아내고 대포를 옮기기 위하여 새로운 길을 정비하였다. 길이 없는 곳은 굵은 밧줄로 대포를 단단히 묶어서 여러 명이 끌어 올렸다. 프랑스군은 높은 산악에 대포 배치가 불가능하다고 생각하였지만, 요새를 둘러싼 산악 지대에 대포는 배치되었고 베트민군의 사기는 드높았다.

그때 보응우옌잡은 총사령관으로서 매우 곤란한 결단을 내려야 하는 상황이었다.

병사 1만 6천 명, 근대식 병기, 유리한 지형에 보호받는 프랑스군의 난공불락 요새를 파괴하기 위하여 보응우옌잡은 그때까지의 전투 경험을 바탕으로 두 가지 전략을 생각하였다. 바로 '재빠른 공격, 재빠른 승리(Swift attack, swift victory)'의 '신속한 공격'과 '확실한 공격, 확실한 전진(Steady attack, steady advance)'의 '점진적 공격'이었다.

'신속한 공격'은 전력을 다하여 적의 사령부나 약점을 재빠르게 공격하는 단기 결전이고, '점진적 공격'은 적의 부대를 하나씩 차례로 공격하고 마지막에 기동전으로 연속 공격하여 적을 섬멸하는 장기 결전이었다.

베트남 인민군 수뇌부에서는 '신속한 공격'인 단기 결전을 주장하는 목소리가 대세였다. 하지만 단기 결전에 의문을 품은 보응우옌잡은 디엔비엔푸를 거듭하여 정찰하고 직접 현지를 시찰하였다. 디엔비엔푸에는 비행장이 생겨서 대포나 전차가 꾸준히 들어오고 있었다. 보응우옌잡은 그러한 상황에서 강대한 프랑스군과 맞선다면 무고한 희생자만 늘어날 것이며 이길 수 없을 것이라고 직감하였다.

베트남 인민군은 1954년 1월 25일 오후 5시에 프랑스를 공격할 예정이었고, '신속한 공격'으로 단기 결전을 계획하고 있었다. 그러나 공격 직전 인민군 병사 한 명이 프랑스군에게 잡혀가서 베트남 인민군은 공격 예정 시각을 들켰다고 생각하였고, 보응우옌잡은 공격을 24시간 늦추었다.

보응우옌잡이 디엔비엔푸에 도착하고 나서 프랑스군은 대대를 10개에서 13개로 증강하였고 방어 체제도 정비하였다. 강력한 공군과 전차로 방어하는 요새에 맞서 베트남 인민군은 어떻게 싸워야 하는가? '신속한 공격'인 단기 결전으로 승리할 수 있을까? 보응우옌잡은 한숨도 자지 않고 대체안을 생각하였다. 그 결과 야간 전투는 익숙하여도 낮 동안 공군과 육군이 지키는 요새를 공격해본 경험이 부족한 베트민군에게 '지금·여기'와 같은 신속한 결전으로는 '반드시 이길 수 있는 것은 아니다'라는 확신이 생겼다.

1월 26일 이른 아침 당 위원회 회의가 열렸다. 보응우옌잡은 소집된 위원들 앞에서 "이대로 전투를 시작하면 실패는 피할 수 없소. 공격을 미루고 군을 예전처럼 재편성하겠소. '점진적 공격' 전략으로 새롭게 전투를 준비할 것이오"라고 전했다.

한순간 침묵이 흐른 뒤 다양한 반론이 나왔지만, 보응우옌잡은 승리의 확신이 있을 때만 싸운다는 행동 지침에 따라 적군을 단숨에 물리치는 '신속한 공격'을 '점진적 공격'으로 바꿔야

하며, 공격의 시작은 적합한 때를 기다려야 한다고 선언하였다.

보응우옌잡은 호찌민의 조언을 바탕으로, 작전의 본질이 '요새화한 하나의 진지에 짧은 기간 동안 대규모로 공격'하는 작전에 있는 것이 아니라, '많은 요새 거점을 긴 시간에 걸쳐 기동적으로 공격하고 적을 섬멸할 때까지 꾸준히 공격하는 대규모 작전'에 있다는 인식을 호찌민과 공유하였다. 보응우옌잡은 총사령관으로서 맡은 임무 가운데 가장 힘든 결단을 내렸고, 베트남 인민군의 공격 시작은 아슬아슬할 때까지 미뤄졌다.

1월 31일 보응우옌잡은 디엔비엔푸에서 북동쪽으로 10킬로미터 떨어진 산속 마을 무엉팡(Muong Phang)에 작전 사령부를 설치하였다. 프랑스군과의 전투에서 확실하게 승리할 수 있도록 철저하고 빈틈없이 준비하였다.

작전 준비

디엔비엔푸를 포위한 베트민군과 후방 지원 부대는 400킬로미터 넘게 떨어져 있었는데, 프랑스군은 그 거리가 베트민군에게 식량 보급의 큰 걸림돌이 되리라 생각하였다. 멀리 떨어진 후방 지원 부대의 보급은 험한 길을 이용해야 했고 수송 수단도 충분하지 않았다. 프랑스군이 보기에 베트민군의 병참은 전투 이상으로 곤란한 문제였다.

그러나 베트남 인민군을 지지하는 많은 농민과 산악 지대의 소수 민족은 프랑스군이 불가능하다고 생각한 일을 이루어냈고 베트남 인민군을 승리로 이끌었다. 그들은 400킬로미터 떨어진 후방 부대에서 탄약과 식량을 전쟁터로 보내고 디엔비엔푸를 둘러싼 산악 지대로 대량의 대포를 끌고 올라갔다.

공격 시작 직전, 적합한 시기에 적절한 판단으로 전략을 바꾼 보응우옌잡의 새로운 작전은 들키지 않고 대량의 무기를 준비하여 기습하는 것이었다. 기습 공격을 위하여 400킬로미터 떨어진 보급기지에서 트럭 500대로 무기 수송을 시작하였다. 산을 깎아서 수송로를 건설하였는데 프랑스군은 산간을 누비며 달리는 보급 경로를 공중에서 거세게 폭격하였다. 그러나 길을 계속 파괴하여도 베트남 인민군과 민중은 길을 금세 원래대로 되돌려놓았다. 트럭이 지나가지 못하는 산길에서는 1대로 350킬로그램을 옮길 수 있도록 개조한 자전거부대가 활약하였다.

트럭 수송대는 하천을 건너고 산악과 밀림을 가로질렀으며, 수십 일 동안 밤새 달려서 전선으로 무기와 탄약을 공급하였다. 수천 대로 구성된 자전거부대는 보강한 자전거에 쌀자루를 묶고 도시 중심에서 전선까지 식량을 전달하였다. 자전거 타이어 튜브에 붕대를 감고 핸들과 브레이크를 조작하기 쉽도록 짐을 실은 뒷부분에 긴 나무 막대를 가로로 받치고 밀면서 걸었다. 그렇게 하면 자전거 1대로 150킬로그램 정도의 쌀을 옮길 수 있었다. 작은 배 수백 척, 수송선, 뗏목 수만 척이 급류를 건넜다. 모든 지역에서 말에 짐을 실은 수송대가 전선으로 향하였다. 그리고 인민 수만 명이 프랑스 공군의 기총 사격을 피해서 멜대를 지고 정글을 지나 고개를 넘어 디엔비엔푸로 향하였다.

보응우옌잡이 특히 중요하게 여긴 것은 105밀리미터 포였다. 당시 베트남 인민군에는 중국에서 넘겨받고 프랑스군으로부터 빼앗은 105밀리미터 포가 총 24문 있었다. 베트남 인민군은

105밀리미터 포를 전부 디엔비엔푸로 옮겼다.

포를 옮기는 것은 더없이 곤란한 작업이었다. 1문에 2톤이 넘는 대포를 산과 계곡을 넘어 프랑스군에 들키지 않도록 옮겨야 했다. 산을 넘기 위해 백 명 이상이 동원되었고, 대포를 그물로 덮어서 비탈길을 끌고 올라갔다. 디엔비엔푸를 둘러싼 산에 대량의 화포를 배치하기 위하여 산 중턱에 길을 만들었다. 도로를 만들기 위해 바위를 부수는 동안 소녀 한 명이 5미터 간격으로 작은 램프를 늘어놓아 프랑스군기를 폭파했다는 에피소드가 남아 있다.

대포를 산으로 끌어 올리는 사람들은 말로 형용할 수 없는 고난을 겪었다. 대포 1문마다 두꺼운 그물을 씌우고 수십, 수백 명이 끌어 올렸다. 그물이 끊어져 대포가 곤두박질쳐서 뒤에서 포를 밀어 올리던 노인과 여성이 깔려 죽는 일도 있었다. 청년 한 명은 밀려 내려온 대포 바퀴에 목숨을 걸고 뛰어들어서 다른 사람의 목숨을 구하였다. 보응우옌잡은 베트남 인민의 숭고한 단결 정신과 행동을 '집단적 영웅주의 현상'이라고 불렀다. 그렇게 프랑스군 요새를 내려다볼 수 있는 언덕에 105밀리미터 포가 비밀리에 배치되었다.

적에게 보이지 않도록 아군 측 경사면을 이용한 반사면진지에 배치된 대포는 구덩이에 감추어 위장하였다. 그러한 움직임을 프랑스군은 전혀 눈치채지 못하였다. 수송 작전은 긴 시간이 걸렸지만, 모든 수송이 끝날 때까지 보응우옌잡은 절대로 움직이려고 하지 않았다. 카스트리스 사령관은 아무리 기다려도 베트남 인민군이 공격해 오지 않아서 보응우옌잡을 도발하는 전단을 상공에 뿌렸다. 보응우옌잡은 "적의 도발에 넘어가지 않을 것이다"라며 전단을 비웃었다.

1954년 3월 8일 모든 105밀리미터 포는 프랑스군 요새를 둘러싸도록 배치되었다. 처음 표적은 힘람 물줄기를 내려다보는 언덕에 걸쳐 있는 힘람 요새로 정하였다. 5일 뒤 프랑스군이 더 이상 베트남 인민군은 오지 않을 것이라고 생각했을 때, 보응우옌잡은 모든 부대에 디엔비엔푸를 공격하라고 명령하였다.

디엔비엔푸 전투

1954년 3월 13일 오후 5시, 105밀리미터 포는 한꺼번에 불을 뿜었다. 프랑스군은 급작스러운 포격에 놀랐다. 프랑스군의 반격을 105밀리미터 포가 막을 동안 인민군의 보병부대가 힘람 요새로 돌격하였다. 약 5시간 뒤 힘람 요새는 함락되었고 3월 13일부터 56일 동안 격전이 펼쳐졌다.

3월 14일 베트남 인민군은 프랑스군 사령부 북서쪽에 있는 가브리엘 진지를 공격하였다. 7시간에 걸친 격전 끝에 가브리엘 진지도 함락하였다. 전투기도 전차도 없는 인민군의 승리였다.

'승리의 확신이 있을 때만 싸워라'와 '확실한 공격, 확실한 전진'이라는 전투 지침에 따라 상승세를 탄 베트남 인민군은 디엔비엔푸 요새에 더욱 강력한 공격을 퍼부었다. 인민군은 요새의 북쪽에서 프랑스군 진지를 공격하여 함락하였고 프랑스군 사령부에 조금씩 다가갔다. 프랑스군 보급의 중심인 비행장도 공격하였다.

그러나 프랑스군 동쪽에는 A1이라는 견고한 요새가 남아 있었다. A1 요새는 높이 49미터의 작은 언덕에 있었다. 베트남 인민군은 A1 요새에서 남쪽으로 약 500미터 떨어진 언덕에 공격 거점을 구축하고 대포를 배치하였다. 3월 30일 A1 요새의 방어전이 시작되었다.

A1 요새 공략은 쉽지 않았다. 요새는 길이 7킬로미터를 넘는 철조망으로 3중 4중 둘러싸여 있었고, 안쪽에는 가로세로로 펼쳐진 참호가 있었다. 깊이 1.7미터, 너비 80센티미터의 참호에서 프랑스군은 인민군에게 세찬 공격을 퍼부었다. 게다가 프랑스군은 여럿 설치된 반지하 벙커에 숨어 있다가 언덕을 향해오는 인민군에게 총탄을 쏘았다. 철벽 수비에 베트남 인민군은 좀처럼 요새를 공략하지 못하였고 희생자만 늘어났다. 한 명이 쓰러지면 다음 병사가 언덕을 기어올랐다. A1 요새를 쉽사리 공략하지 못하는 인민군과 빼앗긴 진지를 되찾지 못하는 프랑스군과의 사이에서 디엔비엔푸 전투는 진전이 없는 상태였다.

사상자는 계속 늘어났다. 보응우옌잡은 전술을 재검토하여 새로운 참호를 만들었다. 우선 보급용으로 깊이 1.7미터, 너비 70센티미터의 넓고 큰 참호를 만드는 것부터 시작하였다. 식량과 물자 보급에 만반의 태세를 갖추고 아군의 희생을 가능한 한 줄이려는 목적이었다.

그리고 보급로와 함께 요새에 접근하기 위한 참호도 팠다. 베트민군 병사는 어두워지면 새벽까지 공격이 없는 틈을 타서 계속 참호를 만들었다. 참호는 병사들의 생활 공간이 되었다. 병사들은 참호 안에서 먹고 자며 싸웠다. 참호는 병사들이 쉬거나 부상자를 수용하는 공간도 되었다. 희생자를 줄이기 위하여 참호를 파는 방법도 궁리하였다. 전투용 참호는 지그재그로 팠다. 직선으로 참호를 파면 한 발의 총탄이 여러 명을 관통하기 때문이었다.

인해전술을 이용하여 파놓은 베트남 인민군의 참호는 총길이 400킬로미터에 이르렀고 프랑스군의 요새를 완전히 포위하는 형태가 되었다.

4월 하순 베트남 인민군은 참호를 따라 이동하여 적의 요새에 접근하였다. 적의 얼굴이 보일 정도의 거리에서 전투가 계속되었다. 참호에서의 공격이 점점 큰 위력을 발휘했다. 베트민군은 참호를 파고 서서히 접근하여 프랑스군을 압박하였다. 프랑스군에게 베트민군은 쉴 줄 모르는 일개미처럼 보였다. 끊임없는 베트민군의 공격은 프랑스군을 절체절명의 궁지로 몰아넣었다.

그 무렵 프랑스 국내에서는 길어지는 전쟁 상황으로 전쟁을 싫어하는 염전(厭戰) 분위기가 형성되고 있었다. 베트남에서의 철수를 요구하는 시위도 벌어졌다. 그러한 상황에서 4월 24일 미국의 존 덜레스(John Dulles) 국무장관이 프랑스를 방문하여 조르주 비도(Georges Bidault) 외무장관을 만났다. 그때 프랑스군 전쟁 비용의 80퍼센트를 미국이 부담하고 있었다. 덜레스는 디엔비엔푸를 도와주기 위하여 원자폭탄 2발의 사용을 제안하였다. 비도는 베트민 병사만이 아니라 프랑스군 병사도 파멸할 것이라며 반대하였다.

베트민군의 승리

5월 2일 중국 저우 언라이(Zhou Enlai) 외무장관, 미국 덜레스 국무장관, 프랑스 비도 외무장관을 포함하여 관계 각국의 수뇌부는 스위스 제네바에 모여서 베트남의 운명을 정하는 국제회의인 '제네바 회의'를 열었다. 프랑스는 회의를 유리하게 진행하기 위하여 어떻게든 디엔비엔푸 요새를 지켜서 휴전하는 방법을 생각하고 있었다. 한편 팜반동(Pham Van Dong) 외무장관이 이끄는 베트남 대표단은 제네바 입성을 늦추었다. 디엔비엔푸에 있는 보응우옌잡 장군의 승리를 기다려서 교섭을 유리하게 끌고 갈 계획이었다.

5월 1일 베트민군은 A1 요새에 집중 공격을 시작하였다. 보응우옌잡은 비책을 가지고 있었다. 베트민군은 참호를 만들면서 A1 요새의 바로 밑을 향하여 몰래 터널을 팠다. 지상에서 전투가 벌어지는 동안 터널은 23일에 걸쳐 완성되었고 땅속 깊이 대량의 폭약이 설치되었다.

5월 6일 오후 8시 30분 A1 요새의 바로 앞에서 큰 폭발이 일어났다. 설치한 폭약 1톤이 터지면서 직경 수십 미터의 구멍이 생겼다. 베트남 인민군은 폭발과 동시에 A1 요새를 목표로 돌진하였고 8시간의 전투 끝에 A1 요새를 무너뜨렸다. 그렇게 프랑스군은 최대 방어거점을 잃었다. A1 요새에서 카스트리스 대령의 사령부까지는 강을 끼고 약 400미터 거리였고 인민군은 단숨에 프랑스군 사령부로 접근하였다.

5월 7일 오후 5시 30분 베트남 인민군은 프랑스군 사령부를 점령하였다. 인민군 병사는 프랑스군 사령부 지붕에 올라가서 붉은색 바탕에 금빛 별이 그려진 베트남 국기를 내걸었다. 디엔비엔푸는 베트민군에게 함락되었다. 카스트리스 사령관과 프랑스군 장교는 베트민군에 항복하였고 56일 동안의 디엔비엔푸 전투는 끝났다.

프랑스군의 전사자와 행방불명된 사람은 2,700명, 부상자는 4,400명, 병사 약 1만 명은 포로가 되었다. 베트남 인민군의 전사자는 7,900명, 부상자는 1만 5천 명이었다.

보응우옌잡은 디엔비엔푸 전투를 다음처럼 회고하였다.

"혁명전쟁이 벌어졌던 다른 국가들과 다르게, 베트남은 국내 전쟁의 초반 수년 동안 정규군끼리 전투를 벌이지 않았고 할 수도 없었으며 게릴라전을 펼칠 수밖에 없었다. 게릴라전은 여러 곤란한 상황에 부딪히고 셀 수 없는 희생을 치르며 점점 발전하였고 기동전의 형태를 갖추었다. 기동전은 나날이 규모가 커졌고 어느 정도 게릴라전의 특징을 유지하면서도, 요새 공격의 규모를 점점 확대하는 정규 작전의 특징도 포함하고 있었다. 우리 군은 적의 병사 여러 명 또는 하나의 그룹을 무찌르기 위하여 소대나 중대 정도의 적은 인원으로 전투를 시작하였고, 나중에는 하나 또는 여러 중대를 철저하게 무찌르기 위해 대대에서 연대 규모로 한층 중요한 전투를 펼쳤다. 최종적으로 우리 군은 여러 연대와 여러 사단을 이용하여 항상 규모를 점점 확대하는 대작전을 실시하였다. 그리고 프랑스 원정군이 정예 부대 가운데 1만 6천 명을 잃은 전쟁터인 디엔비엔푸로 이어진 것이다. 우리 군을 승리의 길로 확실하게 이끈 것은 그러한 발전 과정이었다."

보응우옌잡은 마오쩌둥 유격 전략론의 신봉자였지만, 베

트남은 중국과 비교하여 작은 전략 공간이었다. 유격 전략론의 제3단계인 게릴라전이 정규전으로 바뀌는 전환점에서 보응우옌잡은 전쟁 상황에 맞추어 게릴라전과 정규전을 유연하게 이용하였다.

보응우옌잡이 호찌민에게 승리했다는 보고를 하러 갔을 때, 호찌민은 보응우옌잡의 손을 붙잡고 디엔비엔푸 승리를 축하하였다. 그리고 보응우옌잡을 포옹하며 말하였다. "다음은 미국이네." 호찌민은 다음을 내다보고 있었다.

1954년 7월 1일 다시 열린 제네바 회의에서 베트남은 인도차이나 휴전 협정에 도장을 찍었다. 프랑스의 식민지 지배는 끝이 났고 호찌민이 이끄는 베트남 민주 공화국이 수립되었다.

II

베트남전쟁

제2차 인도차이나 전쟁

역사상 가장 복잡한 전쟁

『전쟁론』의 저자 카를 폰 클라우제비츠는 '전쟁은 정치적 수단과는 다른 수단으로 계속되는 정치에 불과하다'라고 정의하였다. 폭력을 휘두르는 것은 정치적 목적을 달성하기 위함이다. 그러한 시점에서 보면 제1차 인도차이나 전쟁과 베트남전쟁의 목적은 근본부터 달랐다. 게릴라전으로 시작된 제1차 인도차이나 전쟁은 프랑스의 식민지 지배에서 벗어나기 위한 독립 전쟁이었지만, 베트남전쟁은 북베트남 정규군을 주체로 하여 사회주의 혁명에 의한 통일을 목적으로 한 남부 무력 해방 전쟁이었다.

미국군에게 베트남전쟁은 '역사상 가장 복잡한 전쟁'으로 불린다. 아군인 남베트남의 무능과 정부 부패, 적군인 북베트남 정부와 군대의 강인한 의지, 훈련받은 조직의 공격과 익숙하지 않은 게릴라전, 전쟁터의 지형과 기상 등 다양한 요인이 미국군을 괴롭혔기 때문이다. 하지만 가장 중요한 점은 미국군이 베트남전쟁의 본질이 무엇인지 명확하게 통찰하지 못하여 전쟁 목적을 정의할 수 없었던 것이다.

베트남전쟁은 '남베트남 민족해방전선(NLF)'이 결성된 1960년 12월부터 남베트남 정부가 붕괴한 1975년 4월까지의 전투이다. 제1차 인도차이나 전쟁에서 프랑스군을 물리치고 전쟁 초기와 비교하여 뛰어나게 강해진 베트민군이었지만, 베트남전쟁에서 북베트남군은 프랑스군보다 훨씬 막강한 미국군을 상대하게 되었다.

베트남전쟁을 상황의 움직임으로 구분하면 4단계로 나눌 수 있다.

1단계는 미국의 군사 지원을 받은 남베트남 정부군과 북베트남의 지원을 받은 남베트남 민족해방전선과의 전투이다. 1단계 전투는 미국군도 북베트남군도 겉으로는 보이지 않는 특수한 전쟁이었다. 2단계는 미국군이 전면에 나선 본격적 전쟁이다. 3단계는 북베트남군이 본격적으로 개입하여 케산 기지와 주요 도시를 한꺼번에 공격한 구정 대공세이다. 마지막 단계는 미국군의 철수, 남베트남군의 붕괴, 사이공 함락으로 이어진다.

본 장에서는 베트남전쟁 전체를 베트남 쪽에서 살펴보는 관점으로 제1차 인도차이나 전쟁의 단계 구분에 맞추고, 호찌민의 시나리오에 따라 북베트남군의 전투를 3단계로 구분하였다.

제1단계는 전쟁 상황으로 구분한 1단계·2단계에 해당하는 미국군과의 전투이다. 제2단계는 전쟁 상황 3단계인 북베트남의 본격 공세이다. 제3단계는 미국군의 전면 철수부터 남베트남 붕괴까지로 보았다.

베트남전쟁은 아시아의 작은 국가 북베트남이 세계 초강
대국인 미국을 상대로 하여 승리한 전쟁이다. 디엔비엔푸 전투
가 끝나고 호찌민이 이끄는 베트남 민주 공화국과 프랑스는 교
섭을 시작하였고 1954년 7월 21일 관계국이 모여서 제네바 협
정을 맺었다. 제네바 협정의 내용은 크게 두 가지였다. 하나는 북
위 17도를 임시 군사 경계선으로 하여 베트남을 남과 북으로 나
누는 것이었고, 다른 하나는 남북 통일 정부를 수립하기 위하여
1956년까지 총선거를 실시하는 것이었다.

제네바 협정으로 북베트남은 식민지 지배에서 벗어났지
만, 1955년 남베트남에서는 미국의 지원에 의존한 응오딘지엠
(Ngo Dinh Diem) 정권이 등장하였다. 응오딘지엠 대통령은 공산
주의에 반대하고 미국과 친하게 지내고자 한 가톨릭 신자였는
데, 제네바 협정에서 정한 남북 통일 총선거를 거부하고 반공(反

共) 방파제의 성격을 띤 베트남 공화국을 세웠다.

남북 통일을 거부하는 데 몹시 분개한 호찌민은 1959년 1월 13일 하노이에서 열린 제15회 베트남 노동당 중앙위원회 확대 총회에서 남베트남 정권을 뒤엎기 위하여 무력 해방 전쟁을 결의하였다. 다만 무력 해방 전쟁 결의는 그때까지의 평화적 정치투쟁 노선이 크게 바뀌는 것이어서 극비에 부쳤다.

응오딘지엠 대통령은 독재 체제를 구축하고 사회 개혁보다는 미국의 원조 물자를 이용하여 정권 유지를 꾀한 지도자였다. 메콩 삼각주 지역의 토지를 개혁하였는데 베트민 시대에 폐지된 지주제를 부활시키서 인구 85퍼센트를 차지하는 농민의 반발을 샀고, 공산주의자, 반대 세력, 국민의 대다수를 차지하는 불교도까지 탄압하였다.

정치적 혼란 속에서 1960년 12월 20일 남베트남 민족해방전선이 결성되었고 남베트남군과 전투 상태에 들어갔다. 베트남전쟁의 시작이었다. '12월 20일'은 제2차 세계대전이 끝나고 프랑스군에 맞서 베트남 국민에게 '전국 항전'을 호소한 의미 있는 날이었다.

미국의 군사 지원을 받은 남베트남 정부군과 북베트남의 지원을 받은 민족해방전선과의 전투인 제1단계가 시작되었다. 민족해방전선은 모두 공산주의자는 아니었다. 지식인, 농민, 기업가, 여성 등으로 구성된 민족통일전선이었고, 상급 간부는 북베트남 노동당과 직결되어 있었다. 그 점도 사이공이 함락될 때까지 감추어졌다. 프랑스와의 전투에 참가했던 북베트남의 병사들은 남에 잠입하여 민족해방전선의 육성을 돕고 힘을 키워나갔다.

　1962년 새로 출범한 케네디 정권이 남베트남 군사원조사령부(MACV)를 설립하였다. 군사 고문단이라는 명목 아래, 특수작전부대를 사실상 정규군과 같은 지위로 높여서 적극적으로 베트남에 개입하였다.

　남베트남군은 농민과 민족해방전선의 게릴라를 저지하기 위해 미국 고문단의 지도를 받아서 '전략촌 계획'을 펼쳤다. '전략촌 계획'은 영국이 말라야(Malaya)에서 게릴라 진압에 성공했던 작전이었다. 민족해방전선은 전략촌을 공격하고 마을의 책임자를 제거하였으며 전략촌에 참가하는 사람들에게 공포감을 심었다.

　그러나 자연과 공생하는 농민의 자치를 빼앗고 정부군 병사가 게릴라를 구실로 농민의 자산을 약탈하자, 오히려 농민과 게릴라의 연대를 강화하는 것이 되어 전략촌은 1964년 중지되었다.

　응오딘지엠 정권의 독재와 부패로 민심은 멀어졌고 1963년 11월 쿠데타가 일어나서 정권은 무너졌다. 3주 후 미국에서는 베트남에 본격적으로 개입하려던 케네디 대통령이 암살당하였다. 케네디 대통령의 뒤를 이은 린든 존슨(Lyndon Johnson) 대통령은 남베트남에 군사와 경제 원조를 계속한다고 밝혔다.

　1964년 8월 북베트남 통킹만에서 미국의 구축함이 북베트남 어뢰정의 포격을 받자, 존슨 대통령은 북베트남의 군사 시설을 보복 폭격하라고 명령하였다. 1965년 미국군은 북베트남에 본격적 공격을 시작하였다. 같은 해 3월에는 북베트남 폭격을 강화하고 해병대 3천 명이 베트남 중부 다낭에 상륙하였다. 베트남 전쟁의 규모는 급속도로 확대되었지만, 미국 측에서 보았을 때 북베트남의 상황은 조금도 좋아지지 않았다.

게릴라전 대 정규전

미국군은 최소 희생으로 적의 전투 수행 능력을 파괴하기 위하여 첨단 기술을 바탕으로 한 폭격과 포격을 우선하였다. 북베트남의 수도 하노이의 군사 시설과 호찌민 트레일을 공격한 횟수·파괴량은 1965년 2만 5천 번에 6만 3천 톤, 1966년 7만 9천 번에 13만 6천 톤, 1967년 10만 8천 번에 22만 6천 톤이었다.

미국은 폭격으로 북베트남의 인프라를 파괴하면 정치·경제 체제가 약화되어 북베트남의 지도자가 남베트남을 침략하려는 야심을 포기하리라 생각하였다. 그러나 국가 통일을 간절하게 바라는 호찌민과 북베트남군에게는 효과가 없었다. '굴림대(roller)로는 개미를 죽일 수 없다'는 것이 증명되었고, 북베트남을 폭격하는 것은 비효율적이며 부도덕하다는 비난을 받게 되었다.

남베트남 군사원조 사령관 윌리엄 웨스트모얼랜드(William Westmoreland)는 가능한 한 미국군을 희생하지 않고 적을 포착·격멸하기 위해서 포를 이용한 대규모 폭격에 큰 기대를 하였으며 미국의 뛰어난 기술을 활용하였다. 휴대 소형 레이더, 인간 체취 탐지기, 광증폭식 암시 장치(暗視 裝置), 고엽제, IBM 컴퓨터 등을 이용하였다. 특히 헬리콥터를 대량으로 이용한 수색섬멸(Search and Destroy) 작전은 전략적 기동력(strategic mobility)의 개념으로 베트남전쟁의 대명사가 되었다.

실제로 헬리콥터를 이용한 지상군의 이동 속도는 10배 빨랐고, 기관포와 로켓포를 탑재한 헬리콥터는 전차에 견줄 만한 전투 장비였다. 1965년 11월 14일 이아드랑 계곡에서 정규군 정면 대결이 펼쳐졌는데, 헬리콥터 장비를 이용한 미국군 제7기병대 제1대대는 기동전으로 압도적 승리를 거두었다고 공표하였다.

그러나 지형을 파악하고 있는 민족해방전선은 헬리콥터가 이착륙할 때 수비가 허술하다는 점을 노려서 접근전을 펼쳤고 미국군은 강력한 간접 조준 사격을 할 수 없었다. 민족해방전선의 접근전은 1943년 소련군이 스탈린그라드에서 독일군에 펼친 전술과 같았다.

민족해방전선은 웨스트모얼랜드의 수색섬멸 작전에 맞서 효과적인 전술로 막힘없이 대항하였다. 이러한 상황에서 해병대는 육군의 소모전에 의문을 품었다. 베트남에서 해병대의 임무 가운데 하나는 민생에 협력하는 것이었다. 민족해방전선으로부터 촌락을 보호하고 방어하는 평정작전(Pacification Operation)을 펼치는 것을 기본으로 하였다.

빅터 크룰락(Victor Krulak) 해병 중장은 베트남전쟁 초기에 여러 번 전선을 시찰하면서 베트남전쟁의 본질은 인민전쟁임을 꿰뚫어 보았다. "남베트남 군사원조 사령관 웨스트모얼랜드가 주장하는 수색섬멸 작전은 소모전을 신봉하는 미국 육군의 전법으로 이해할 수 있지만, 베트남전쟁에서는 인민의 신뢰를 얻는 것이 가장 중요하다." 크룰락은 해병대의 임무가 군대를 이끌고 외교에 힘쓰며 인민을 보호하는 것이라는 철학을 가지고 있었다.

최초의 반(反)게릴라 작전은 인구 700명 정도의 마을 무메이에서 펼쳐졌다. 크룰락의 철학을 바탕으로 실시한 카운티 페어 작전은 마을 단위로 베트남 인민의 마음을 얻는 평정작전이 었다.

평정작전에는 CAPs(Combined Action Platoons)라는 공동 작전 소대가 활약하였다. CAPs 대원은 자발적 참여로 모집하였는데, 전투 경험이 있고 징계 기록이 없으며 정신적으로 성숙하고 안정된 우수한 해병이었다. CAPs에는 해군 위생병도 참가하여 베트남 국민으로 구성된 인민군과 함께 평정작전을 펼쳤다.

해병대는 무메이에서 CAPs, 남베트남군과 함께 민족해방전선을 마을에서 모조리 밀어내고 집을 다시 세웠으며, 우물을 파고 의료 원조를 받아서 의병을 조직화하였다. 마을의 땅을 조금씩 넓혀서 적으로부터 분리한 지역에 평화, 번영, 건강을 실현하려고 한 작전은 잉크가 서서히 번지는 과정에 빗대어 '잉크 얼룩(inkblot) 방식'이라고 불렀다.

하지만 해병대의 효과적인 평정작전에도 여러 문제가 있었다. 하나는 CAPs의 질이었다. CAPs는 전투 경험이 있고 인간적으로도 성숙하며 편견 없는 우수한 해병대원으로 구성되었지만, 그러한 높은 기준을 유지하기가 어려웠다.

CAPs의 인원도 문제였다. 어느 연구에 따르면 점령되지 않은 마을을 CAPs가 경호하기 위해서는 민간군이 2만 2천 명 이상, 미국군이 16만 7천 명 이상 필요하며, 연간 1.8억 달러가 든다고 하였다.

웨스트모얼랜드 사령관은 평정작전을 이론적으로는 이해할 수 있었지만, 정규전의 관점에서 보면 매우 비군사적이라며 허가하지 않았다. 로버트 맥나마라(Robert McNamara) 국방부 장관도 잉크 얼룩 방식은 좋은 아이디어지만, 시간이 너무 오래 걸린다고 하였다. 지휘관 대부분은 제2차 세계대전에서 근대식 장비와 화력을 이용한 소모전으로 승리한 경험자들이었다. 결국에는 평정작전을 제안한 해병대조차 게릴라전임에도 불구하고 과달카날 전투나 오키나와 전투를 되풀이하려 한다고 비판받았다.

미국군은 쉬지 않고 움직였지만, 남베트남의 정글에서 펼쳐진 지상 전투에서는 기동력과 장비가 열악했던 북베트남군이 전투 속도를 조절하고 돌연 전쟁터를 이탈하며, 전쟁터에서의 주도권을 쥐고 전투의 때와 장소를 결정하였다. 미국군의 희생은 커져만 갔다.

게다가 북베트남군은 남베트남 국경을 넘어 철수할 수 있어서 위기에 빠지면 긴급 피난처로 캄보디아나 라오스를 이용하였다.

북베트남군은 미국군과의 전투와 소모를 피해서 남베트남 국경 밖에서 재편성과 재훈련을 실행하였고, 충실하게 전투 태세를 가다듬어 다시 남베트남에 침입하였다. 남베트남 국내에서도 많은 국민에게 지지를 받아서 병력을 숨길 수 있었고, 미국군의 눈을 피해서 움직일 수 있는 광대한 정글을 적극적으로 활용하였다.

미국군은 북베트남군을 공격하기 위하여 헬리콥터가 이착륙할 수 없는 정글 깊은 곳으로 들어가야 했는데, 가져갈 수 있는 무기는 M16 자동소총, 수류탄, M79 유탄발사기, M60 기관총, 81밀리미터 박격포 정도였다. 베트남군 병사가 소유한 무기도 AK-47 자동소총, 수류탄, RPG 로켓발사기, 박격포 정도로 미국군과 비슷하였다.

장비에 큰 차이가 없는 이상, 지형을 잘 알고 민족 해방이라는 동기를 공유하며 게릴라전에 익숙한 북베트남군이 유리하였다. 현지의 지원 요청으로 지원사격과 근접전투 지원이 시작되면 전투력의 균형은 미국군 쪽으로 기울었지만, 그러한 상황에 닥치면 북베트남군은 전쟁터를 이탈하여 정글 속 지하도나 샛길을 통하여 다른 지역으로 이동하였다.

미국군 병사와 북베트남 병사를 비교했을 때 장비, 사기, 훈련이라는 점에서 미국군이 뛰어나다고 볼 수는 없었다. 북베트남 병사는 지형을 잘 아는 조국에서 싸운다는 점에서 우위에 있었고 내셔널리즘(민족주의)을 바탕으로 움직였으며, 처음 총을 잡은 젊은 농민이 아니라 성년의 대부분을 전쟁터에서 보내며 여러 곳에서 전투를 겪은 베테랑 병사였다.

개인 장비를 보아도 미국군의 M16이 북베트남군의 AK-47보다 뛰어나다고 할 수는 없었다. 오히려 나무와 강철로 단순하고 견고하게 만든 AK-47이, 합금과 플라스틱으로 정교하게 제작되었지만 고장 나기 쉬운 고성능 M16보다 정글에서 펼치는 백병전의 무기로 적합하였다.

전략 면으로 보면 프랑스군보다 강했던 미국군은 스스로 자부하는 '소모전'으로 정규전을 펼쳤다. 웨스트모얼랜드 사령관은 적에게 승산이 없다는 것을 확인시켜 주기 위하여 압도적으로 우수한 기동력과 화력을 이용하여 수색섬멸 작전을 펼쳤고, 북베트남의 수복(修復) 능력을 뛰어넘는 공격으로 소모전을 추구하였다.

미국군에게 중요한 목표는 적의 기지를 빼앗는 것이 아니라, 한 명이라도 많은 적을 없애는 것이었다. 적의 시체 수는 전쟁 성과를 보여주는 유일한 지표가 된 것이다. 근본적 지표인 애국심을 통찰하지 못하여 전쟁 성과는 적군의 시체만으로 매겨졌다. 그러한 베트남전쟁을 지도한 인물이 맥나마라 국방부 장관이었다.

맥나마라의 분석주의

맥나마라는 포드 자동차회사에서 계량 분석을 구사하여 높은 실적을 올린 덕분에 창업가 외에 처음으로 사장이 되었지만, 불과 5주 뒤 존 F. 케네디(John F. Kennedy)의 요청으로 국방부 장관에 취임하였다. 맥나마라는 컴퓨터와 하버드 경영학 석사(MBA)가 충분하게 뒷받침되면 전선에서 멀리 떨어져 있어도 최적 전략을 계산할 수 있다고 생각하였다.

케네디가 암살당하여 급작스럽게 대통령이 된 린든 존슨은 의논을 꺼렸다. 존슨은 매주 화요일에 맥나마라를 포함하여 상급 고문 3명과 점심을 같이 하며 의견을 교환하였다. 군사 전문가는 출석하지 않았고 합동참모본부 의장조차 부르지 않았다. 맥나마라도 존슨도 육군을 신용하지 않았다. 존슨은 취임 직후 군사 보좌관 3명을 '눈엣가시'라는 이유로 해임하였다.

합동참모본부는 비공식적인 방법으로 대통령에게 진언하려 하였으나 대통령은 '맥나마라를 통하여' 보고하라고 엄명하였다. 그러한 전쟁 지도 체제에서 맥나마라에게 보고된 베트남 전쟁의 중요 지표는 적군의 시체, 포로, 탈취한 병기, 파괴한 터널의 숫자였고, 적의 사기를 낮추는 질적 측면은 무시되었다. 맥나마라가 지원한 컴퓨터의 '촌락 평가 시스템'도 가축을 빼앗긴 농민의 분노, 가족을 잃은 부인의 슬픔, 네이팜탄으로 팔을 못 쓰게 된 아이의 아픔까지는 수치화할 수 없었다.

정글에서 강력한 북베트남군에 맞서 싸울 것을 강요당한 미국군이 아군의 사상자 수를 최소한으로 줄이려면 직접 대결을 피하고 압도적 화력을 이용해야 하였다. 그러한 이유로 북베트남군의 기지를 공격할 때 보병은 적의 기지를 찾는 임무를 맡았고 공격은 포병과 항공기에 넘겼다.

적의 기지가 파괴되면 보병이 공격하였는데, 주로 박격포를 사용하였고 결과는 발사한 포탄의 수로 확률을 따졌다. 포탄 하나에 쓰러지는 적군의 수를 어림짐작하여 총 발사한 포탄의 수로 살상한 병사 수를 계산하였고, 확인도 하지 않은 채 상급 사령부에 보고하였다.

맥나마라에게 보고된 성과는 항상 과장되었고 적어도 30퍼센트는 부풀린 수치였다. 각 부대 지휘관이 개인의 명예를 위하여 지나치게 부풀린 성과를 보고하는 일도 있었다.

맥나마라가 신뢰하는 워싱턴의 컴퓨터는 앞서 말한 신뢰도 낮은 수치를 근거로 북베트남군과 민족해방전선의 남은 병력을 빈틈없이 계산하였다. 그 결과 미국군 공식 발표에 따르면 1967년 말까지 적에게 입힌 손해는 22만 명에 이르며, 미국 내에서는 북베트남군의 주력 부대가 거의 전멸하였으며 민족해방전선은 붕괴됐다고 믿었다.

　　사이공의 미국군 대변인은 구정 대공세 직전 1967년 말에 "전쟁은 이긴 것과 다름없다"라고 발표하였다.

구정 대공세(Tet Offensive)를 결단하다

1967년 초여름 베트남 노동당은 미국의 소모전에 한계가 있음을 내다보고 적을 수세로 몰아넣어 더 이상 공격해도 소용 없다는 것을 알려주기 위하여 충격적 방법을 모색하였다.

그리하여 도시를 향한 총공격과 도시 주민의 봉기를 결합 하여 미국군의 의지를 꺾고 '결정적 승리'를 목표로 하는 계획을 세웠다. 제1차 공격 시기는 '기습' 효과를 노려서 베트남의 최대 명절인 구정(Tet, 음력 1월 1일)으로 정하였다.

호찌민은 수년 동안 구정 대공세와 같은 전투를 펼칠 시기 에 대하여 생각하였다. 북베트남이 미국의 정치적 국면에 가장 큰 압력을 가할 수 있을 때가 최적의 시기라고 판단하였고, 그 시 기는 미국 대통령 선거 무렵이라고 주장하였다.

호찌민의 건강이 악화되는 가운데 1968년 구정 대공세 무렴 북베트남에서는 레주언(Le Duan) 노동당 총서기를 중심으로 집단 지도 체제가 만들어졌다. 레주언은 정치적·전략적으로도 호찌민을 대신할 능력과 행동을 발휘하였고 호찌민에서 레주언으로의 리더십 계승은 순조롭게 진행되었다. 주목해야 할 레주언의 개념은 '집단지성(Collective Intelligence)'이었다.

레주언은 다음처럼 말하였다. "당을 이끄는 힘은 언제나 집단 지도의 원칙을 따른다. 난폭한 행동은 당의 리더십의 본성과 아무런 관계가 없다. 아무리 빼어난 소질을 지닌 사람이라도 온갖 상황과 쉼 없는 변화 속에서 세상의 모든 일을 완전하게 이해하고 파악하는 것은 불가능하다. 그래서 집단지성이 필요한 것이다. 집단지성에서 나오는 집단의 결정만이 주관주의를 피할 수 있다."

레주언은 1964년 이후 남부지구 군사위원으로서 메콩 삼각주를 중심으로 한 해방 투쟁의 지휘를 맡았고, 호찌민, 보응우옌잡을 포함하여 1954년 제네바 협정 후 총선거에 기대를 건 '옹호파'에 맞서는 '무장 투쟁'을 내다보고 있었다.

레주언은 친중파였지만 중국과 소련이 대립하는 상황을 파악하여 소련에서도 솜씨 좋게 무기 지원을 받았으며, '여럿이 한꺼번에 공격'하는 구정 대공세는 '장기 저항 전략'을 주장한 친소파 호찌민과 보응우옌잡을 제외한 집단 지도로 방향을 잡았다.

케산 전투

1968년 1월 중순부터 구정 대공세와 연계한 케산 공략을 시작하였다. 본래 케산 기지의 동쪽은 북베트남군이 지배하고 있었다. 포격 시작과 동시에 북베트남 정규군 제304사단은 기지의 서쪽에서, 제325사단은 기지의 북쪽에서 미국 해병대 2개 연대 5,800명과 남베트남 정부군 유격대원 400명이 지키는 케산 기지로 접근하였다. 북베트남군 병사 2만 명에게 서쪽과 북쪽을 압박당한 미국군은 보급로가 막혀서 디엔비엔푸 전투 때처럼 항공 수송 보급을 받아야 했다.

1월 31일에 시작한 구정 대공세 이후 수비가 뒷전으로 밀린 미국군에 맞서 북베트남군은 인명 피해를 생각하지 않고 적극적으로 공격하였고, 2월 중순 북쪽에 대기하던 사단 예비 병력 3천 명도 투입하였으며 4배에 가까운 병력을 투입하기도 하였다.

미국군은 77일 동안 약 1,120번 항공 수송으로 물자를 보급하였고 병력 투입이 뜻대로 되지 않는 상황에서 공군, 해군, 해병대의 각 항공부대가 협력하여 보잉 B-52 전략 폭격기가 총 2,700번 출격한 '나이아가라' 작전을 펼쳤다. 북베트남군에게 폭탄 약 11만 4천 톤을 투하하여 타격을 주었다. 4월로 접어들어 전력에 여유가 생긴 미국군은 케산 기지 해방 작전 '페가수스'를 실행하였다.

케산에서 미국군은 포위한 적군에 철저한 집중포화를 퍼부었다. 미국군의 추계에서 북베트남군 전사자는 1만~1만 5천 명이었고 미국 해병대의 전사자는 205명이었다. 그러나 북베트남군의 목적은 케산 점령이 아니었다.

1968년 1월 30일부터 3월 31일까지 민족해방전선 8만 명은 북베트남 정규군의 지원을 받아서 남베트남 전국의 주요 도시를 한꺼번에 공격하였다. 구정 대공세였다. 구정 대공세의 목적은 사이공을 중심으로 하는 모든 국민의 봉기였다. 그리고 주요 도시를 공격하기 전에 미국군을 도시 방위선에서 떨어뜨려 놓는 것이 케산 전투의 목적이었다. 실제로 미국군 9개 사단 가운데 4개 사단 3만 명이 북쪽으로 이동하여 발이 묶여 있었다.

막대한 희생이 뒤따른 도시 공격

1968년 1월 31일 사이공과 후에를 시작으로 남베트남의 주요 도시에 한꺼번에 공격이 시작되었다. 그러나 도시 공격은 북베트남 쪽에도 막대한 희생이 뒤따랐다. 북베트남의 주요 부대는 소규모 특별 공격대에 이어서 도시로 진입할 예정이었는데 많은 전쟁터에서 미국군과 남베트남군에 저지당하였고, 옛 수도 후에를 3주 동안 확보한 것을 제외하면 도시의 제압은 이루어지지 못하였다. 북베트남 측은 후에에서 반혁명파 시민을 적어도 2,800명 학살하였다.

그러한 상황에서 북베트남이 기대하였던 도시의 봉기는 일어나지 않았다. 게다가 태세를 가다듬은 미국군의 반공이 시작되어 북베트남이 점거하였던 도시를 차례로 빼앗겼고, 북베트남군과 민족해방전선은 큰 타격을 입고 철수하였다.

구정 대공세의 결과, 총공격의 선두에 섰던 민족해방전선의 주요 전투부대는 큰 손해를 입었고 도시에서 무장봉기로 모습을 드러낸 많은 정치인민위원, 공작원, 활동가는 그 후 수개월에 걸쳐 벌어진 대규모 경찰 활동으로 체포되거나 살해되었다. 남베트남의 도시에 있던 게릴라 조직은 거의 괴멸하였다.

정글에서의 게릴라전과 다르게 도시 총공격은 보이는 공

간에서 화력을 이용하는 소모전이 되었다. 민족해방전선 특별 결사대 20명이 사이공의 미국 대사관을 6시간 동안 점거하였지만 결국 전멸하였다.

구정 대공세 때 가장 격렬했던 것은 후에 전투였다. 제1해병사단 1개 연대와 제5해병사단 2개 대대의 지휘관 스탠리 휴스(Stanley Hughes) 대령은 제2차 세계대전 때 태평양 제도에서 전투 경험이 있었는데, 후에에서의 전투는 게릴라전이라기보다 일본군과의 전투와 비슷하였다. 북베트남군과 민족해방전선은 기습하여 적에게 타격을 가하고 바로 후퇴하는 히트 앤드 런 전법에서 후에를 사수하는 전법으로 바꾸었다. 전투는 태평양 제도에서 벌어졌던 전투처럼 진지를 하나씩 차례로 빼앗는 쟁탈전이 되었다.

해병대는 전차, 장갑차, 근접전투, 함포사격 지원을 받으며 맹공을 퍼부어서 북베트남군과 민족해방전선에 엄청난 손해를 입히고 격퇴하였다. 미국 측 발표에 따르면 구정 대공세의 전사자는 북베트남군과 민족해방전선 5만 8,373명, 미국군 3,895명, 남베트남 정부군 4,945명이었다.

구정 대공세가 불러온 뜻밖의 충격

구정 대공세의 상황은 당시 보급된 텔레비전을 통하여 전 세계에 알려졌다. 미국 국민은 현실 그대로의 전투 장면을 위성 중계 텔레비전으로 처음 접하였다.

구정 대공세를 접한 충격은 미국 측에서 더욱 심각하였다. 미국 대사관의 일시적 점거에 더하여 2월 1일 남베트남 정부군 해병대가 민족해방전선의 집결지인 안꽝(An Quang) 사원에서 간부 한 명을 뒤로 손을 묶어 연행하였다. 국가 경찰본부장관 응우옌응옥로안(Nguyen Ngoc Loan)은 연행된 남자가 눈앞에 섰을 때, 허리의 권총을 꺼내 들어 간부의 머리 오른쪽에 총구를 겨누고 방아쇠를 당겼다. 결정적 순간은 카메라에 찍혔고 사진은 전 세계 신문에 실렸으며 텔레비전에도 방영되었다.

구정 대공세는 북베트남군과 민족해방전선의 군사적 패배로 끝났다고 웨스트모얼랜드 사령관은 주장하였지만, 2월 27일 미국 CBS 특별 방송에서 뉴스 진행자 월터 크롱카이트(Walter Cronkite)는 전선은 교착 상태이며 평화 교섭을 하는 것이 합리적이라고 주장하였다.

결국 존슨 대통령과 웨스트모얼랜드 사령관은 의회에서 집중포화를 받았고 국내에서는 전쟁에 반대하는 목소리가 터져 나왔다. 1968년 3월 31일 존슨 대통령은 텔레비전 연설로 "나는 차기 대통령 선거에서 후보 지명을 바라지 않으며 수락하지도 않을 것입니다"라고 발표하였다.

남북전쟁 이후 국내에서 전쟁을 겪어보지 않은 일반 미국 국민에게 텔레비전 중계를 통하여 가정에 전해진 전쟁의 실태는 너무나 가혹하였다. 전쟁의 참혹함과 미국군 병사의 고통은 전쟁에 반대하는 감정을 크게 자극하여 베트남전쟁에 대한 항의 운동을 거세게 만들었다.

텔레비전은 전쟁의 매우 단편적인 정보를 방송하였고 시청자의 감정 반응을 불러일으켰다. 구정 대공세의 상황이 역전된 것과 민족해방전선의 후에 학살도 보도되지 않았고 각각의 전투 결과의 전체적 상황 판단은 빠져 있었다. 그렇게 미국의 대중 매체는 국민의 전의 상실이라는 전략적 후퇴를 불러일으킨 것이다.

군사적 패배, 정치적 승리

구정 대공세는 군사적으로 패배하였지만, 뜻하지 않은 대중 매체 작전으로 정치적 승리를 거둔 역사적으로 흔하지 않은 전투였다. 북베트남 정규군의 대규모 공격에 군사적으로 미국군이 패하여 물러난 것은 아니었지만, 미국군의 수색섬멸 작전으로 북베트남군과 민족해방전선 게릴라를 약화할 수 없었던 것은 사실이었다. 게릴라전에 맞선 미국군 작전의 유효성에 대하여 안팎으로 심각한 의문이 제기되었고 구정 대공세는 작전의 근본을 재검토하는 계기가 되었다.

요양 중이던 호찌민은 구정 대공세 결과를 베이징에서 들었다. 베트남 노동당 정치국원인 레득토(Le Duc Tho)에게 구정 대공세의 승리를 전해 듣고 호찌민은 기뻐하였다. 이듬해 1969년 9월 2일 호찌민은 79세로 생을 마감하였다. 오전 9시 47분 심장마비로 잠든 듯 세상을 떠났다.

1969년 6월에 병사 2만 5천 명의 철수를 발표한 뒤 리처드 닉슨(Richard Nixon) 정권은 '베트남전의 베트남화(Vietnamization of the Vietman War)'를 내걸고, '명예로운 철수(Exit with Honor)'로써 남베트남에서 단계적으로 미국군의 철수를 진행하였다. 남베트남의 미국군 병사 수는 1970년 7월에 40만, 1971년 7월에 22만 5천, 1972년 7월에는 5만 정도로 줄었다.

한편으로 헨리 키신저(Henry Kissinger)와 닉슨 정권은 하노이를 직접 평화 교섭에 참여하게 하려고 B-52를 포함한 항공기에 라오스와 캄보디아 국내의 호찌민 트레일을 공격하라고 명령하였다. 1969년에는 출격기 총 24만 2천 기와 투하 폭탄 16만 톤을 사용하였다. 북베트남군은 미국 정부의 교전 규정에 묶인 제한 공격의 약점을 파고들어서, 소련과 중국의 지원으로 소화기(小火器), 기관총, 지대공미사일 고사포의 방공 네트워크를 구축하고 미국 폭격기에 손해를 입혔다.

미국은 1970년에 캄보디아 침공작전, 1971년에 라오스 침공작전을 감행하여 작전으로는 어느 정도 성공하였지만, 미국 국내에서 반전(反戰)운동이 가속화되어 정치적 성공으로는 이어지지 못하였다.

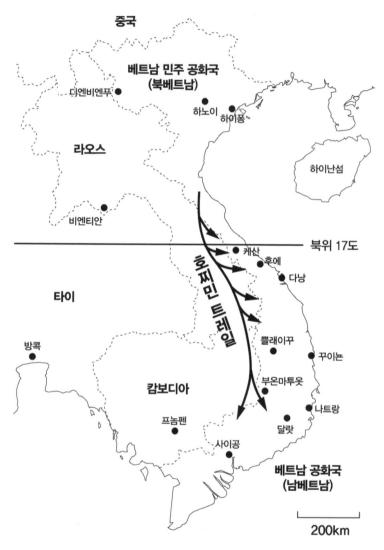

중국

베트남 민주 공화국
(북베트남)

디엔비엔푸

하노이 하이퐁

라오스

하이난섬

비엔티안

북위 17도

케산

호찌민 트레일

후에

다낭

타이

방콕

쁠래이꾸

꾸이논

캄보디아

부온마투옷

프놈펜

나트랑

사이공

달랏

베트남 공화국
(남베트남)

200km

(출처) 베트남 인민군 자료를 바탕으로 미하라 고메이가 작성

제
3
단
계

파
리
협
정
과
미
국
군
전
면
철
수

　　1973년 1월 27일 '베트남전쟁의 종결과 평화를 위한 협
정'인 파리 협정이 체결되었다. 파리 협정으로 북베트남과 미국
사이에 '베트남의 독립, 주권, 통일, 영토 보전 존중', '미국군 전
면 철수', '남베트남 정부 해체', '연합 정부 수립' 등 합의가 이루
어졌고, 1973년 1월 29일 닉슨 대통령은 미국 국민에게 '베트남
전쟁의 종결'을 선언하였다.

　　파리 협정에 근거하여 조약 체결 시점 남베트남에 남아 있
던 미국군은 철수를 시작하였고, 미국군 포로를 수용하여 '하노
이 힐튼'이라고 불렸던 호아로 수용소를 포함한 북베트남의 전
쟁 포로 수용소에서 미국군 포로는 풀려났다.

　　베트남전쟁이 격렬했던 1968년에 미국군은 남베트남에
54만 명을 파병하였는데, 1969년 이후에는 철수 계획에 따라 파
견한 군대를 불러들이고 꾸준하게 인원을 줄였다. 1973년 1월

협정이 체결되었을 때 베트남에 남아 있던 파견 병사는 2만 4천 명이어서 '종전 선언'을 하고 2개월 후인 3월 29일에는 철수를 완료하였다.

북베트남군의 전면 공격

1972년 2월 갑자기 미국과 중국의 외교 관계가 회복되어 닉슨 대통령이 베이징을 방문하였다. 미국 측에서는 중국과 소련의 갈등이 심해질수록 남베트남에 관여하기보다 중국과의 우호 관계 구축이 중시된 것으로 관측되었다. 1974년 8월에는 닉슨 대통령이 워터게이트 사건으로 사임하였다.

미국 정치가 격변하는 가운데 1975년 3월 10일 북베트남군은 '미국의 재개입은 없다'라고 판단하여 중앙 고원 지대의 요지 부온마투옷을 목표로 '호찌민 작전'을 펼쳤다.

그때 보응우옌잡은 사이공을 해방하는 데 2년 정도 걸릴 것으로 생각하였다. 하지만 디엔비엔푸 전투 이후 호찌민의 '적합한 때를 붙잡으라'라는 지침을 바탕으로 시의적절한 때를 노려서 바로 결단하였다. 전투는 전차로 장비한 사단 레벨이었고 1940년 독일군이 프랑스를 함락했을 때와 비슷한 전격전으로 불과 32시간 만에 부온마투옷을 함락하였다.

미국 정부의 대규모 군사원조가 끊겨서 약화한 남베트남군은 공격을 받아서 공황에 빠졌다. 그 후 3월 말에 옛 수도 후에와 남베트남 최대 공군기지가 있는 무역항 다낭이 남베트남군 사이에서의 분쟁, 항구와 공항에 피난민이 몰려드는 등 혼란한 시기에 함락되자, 남베트남 정부군은 한꺼번에 무너지듯 달아나기 시작하였다.

1975년 4월 중순 남베트남 정부군이 '수도 사이공 방어에 집중하기 위하여' 그때까지 버티고 있던 전선과 주요 전선에서 철수하였다. 남베트남 정부군은 미국의 군사원조도 끊기고 장비도 바닥나서 완전히 전의를 상실한 상태였고, 기세 좋게 진격해 오는 북베트남군을 막지 못하고 모두 무너졌다. 북베트남군은 사이공으로 진격하였다.

사이공 함락과 남베트남 붕괴

1975년 4월 26일 북베트남 정규군은 사이공에 총공격을 시작하였다. 4월 30일 이른 아침 마지막까지 사이공에 남은 응우옌반티에우(Nguyen Van Thieu) 전 대통령, 남베트남 정부의 주요 인물, 군 상층부와 그 가족, 미국의 그레이엄 마틴(Graham Martin) 남베트남 주재 특명전권대사와 대사관 직원, 미국인 보도 관계자와 남베트남에 거주하던 대부분의 미국인이 사이공 시내 여러 곳에서 미국 육군이나 해병대의 헬리콥터로 남중국해에 대기하던 미국 해군의 항공모함으로 탈출하였다.

4월 30일 오전에는 전날 취임한 즈엉반민(Duong Van Minh) 대통령이 대통령 관저에서 남베트남 국영 텔레비전과 라디오를 통하여 전쟁의 종결과 무조건항복을 선언하였다. 남아 있던 남베트남군과 북베트남군과의 소규모 충돌이 있었지만, 오전 11시 30분 북베트남군의 전차가 대통령 관저로 돌진하여 즈엉반민 대통령과 사이공에 남은 남베트남 정부 각료 모두가 북베트남군에 구속되었다.

[표 3-1] 베트남전쟁 사상자

제1차 인도차이나 전쟁

	베트남 민주 공화국	프랑스 연합군
전사자·행방불명	175,000 ~ 300,000명 (유럽·미국 역사 연구 자료) 191,605명 (베트남 정부 자료)	프랑스 연합 75,581명 (프랑스인 20,524명) 베트남 58,877명 합계 ~134,500명
그 외		프랑스 연합 부상자: 64,127명 포 로: 40,000명
전사자 합계	400,000 ~ 842,707명	
민간인 사망자	125,000 ~ 400,000명	

(출처) 프랑스와 베트남의 공개 출간 자료

베트남전쟁(제2차 인도차이나 전쟁)

	북베트남(베트남 민주 공화국)	남베트남(베트남 공화국) 및 미국
군 전사자	북베트남 및 민족해방전선 849,018명 (베트남 측 자료) 666,000~950,765명 (미국 추정 자료)	남베트남 254,256 ~ 313,000명 미국 58,318명
민간인 사망자	2,000,000명 (추정)	남베트남 195,000 ~ 430,000명
전사자 합계	1,326,494 ~ 4,249,494명	
민간인 사망자 합계	627,000 ~ 2,000,000명	

(출처) 미국과 베트남의 공개 출간 자료에서 산출

사이공 전투는 55일 만에 끝났다. 디엔비엔푸 전투처럼 단기 결전이었다. 1945년 9월 2일 호찌민이 '베트남 민주 공화국' 독립을 선언하고 30년이 흐른 때였다. 베트남 독립을 위한 투쟁은 끝났고 "자유와 독립보다 소중한 것은 없다"라고 이야기한 호찌민의 사상은 현실이 되었다.

　　호찌민은 전쟁이 끝난 뒤 국토 재건을 희망하였는데 레주언은 베트남 전국의 사회주의화에 속도를 더하였다. 그 과정에서 민족해방전선을 모체로 하는 남베트남 공화국 임시 혁명 정부가 수립되었지만, 총리를 비롯하여 새로운 국가의 주요 지위는 전부 노동당의 고참 간부가 맡았다. 남북 통일은 북이 주도하여 남을 사회주의화하는 것으로 마무리되었다.

　　1년 뒤 1976년 4월 25일 전국에서 국회의원 선거가 실시되었고, 새로운 의원이 492명 선출되었다. 2개월 뒤 새로운 국회는 제1회 의회를 열어서 국가의 통일을 선언하였고 국가 이름을 '베트남 사회주의 공화국'으로 바꾸었다.

III

분석

호찌민 사상

호찌민 사상은 '마르크스-레닌주의의 창조적 적용'이라고 불린다. 마르크스-레닌주의를 중국의 현실에 맞게 창조적으로 발전시킨 마오쩌둥과 다르게, 호찌민은 체계적인 저작을 남기지 않았다. 호찌민은 '조국 독립'을 위하여 상황에 맞추어 이용 가능한 자원을 활용하는 실리주의자였지만, 자신만의 철학이 담긴 사고방식을 갖고 있었다.

호찌민은 동양 사상만이 아니라 서양 사상과 종교에도 폭넓게 정통하여 교양을 쌓는 데 기반을 갖추었다. 예를 들어 개인적 윤리를 바탕으로 하는 자기 개혁은 유교, 자비는 가톨릭, 변증법은 마르크스주의, 각각의 조건에 맞추는 것은 쑨원(Sun Yat-sen)의 교의가 기반이 되었다. 베트남에 철학적 전통은 없지만, 전기 문학의 역사적 교훈이나 중국의 침략에 맞서 불굴의 저항을 보여준 인물의 삶과 모습을 자세히 알고 있었다.

　　게다가 1911년부터 1941년까지 30년에 이르는 해외 경험, 식당 종업원, 요리사, 청소부, 사진사, 저널리스트, 국제 공산당 임원 등 다채로운 실천지가 마르크스-레닌주의를 베트남이라는 국가의 상황에 맞추어 창조적으로 적응시킨 기반이 되었다. "호찌민 사상은 베트남의 민족 사상과 새로운 사회 건설의 실천에 창조적으로 마르크스-레닌주의를 적용하고 새로운 발전을 꾀한 도구이며, 아시아를 포함하여 넓고 큰 발전의 길로 이끌 가능성을 가진 사상이다"라고 보응우옌잡은 정의하였다.

　　1945년 독립 선언문에는 "모든 인간은 평등하게 만들어졌다. 인류는 생명, 자유, 행복을 추구할 권리가 있다"라는 미국 독립 선언의 문구와 "모든 인간은 태어날 때부터 자유롭고 평등한 권리를 가진다. 항상 자유롭고 동등한 권리를 가져야 한다"라는 프랑스 인권 선언의 구절도 포함되어 있다.

　　호찌민은 미국과 프랑스에 머물렀을 때 격차 사회를 몸소 경험하면서 자유와 행복을 평등하게 실현할 수 있는 '베트남 민주 공화국'의 독립을 구상하였다. 독립을 위한 '지금·여기'라는 과제는 '계급투쟁 지상(至上)'이라는 역사적 유물론의 중요성을 인식하면서도 민족 독립의 중요성과 공화주의를 강조하는 것이었다.

　　그리고 베트남전쟁에서 호찌민 사상을 구체적으로 보여준 것은 기동전과 소모전으로의 변증법적 전개였다.

호찌민 전략

호찌민은 게릴라전만으로는 이길 수 없고 마지막에 승리하려면, 마오쩌둥이 이론에 기초하여 실천한 것처럼 소모전이 필요하다는 것을 충분히 이해하고 있었다.

마오쩌둥의 『실천론』과 『모순론』에 따르면 현실은 대립물(對立物)의 균형이 일시적인 상태를 말하며, 대립물이 불균형한 상태가 일반적이라고 하였다. 대립물의 통일된 균형 상태가 무너지면 모순이 발생하고 새로운 균형 상태를 찾아가는 것이 사물의 발전 과정인 것이다.

마오쩌둥은 전략적 게릴라인 '유격전'의 개념을 만들어 내었고 자원의 질과 양에 심한 격차가 있음에도 불구하고, 장제스(Chiang Kai-shek)가 지휘하는 강력한 국민당 정부군에 맞서 승리하였다.

게릴라전의 본질은 절대로 지지 않고 결단코 승리하지 않는 모순에 있다. 정규전과 게릴라전의 대립, '정(正)'과 '반(反)'을 지양하고 '전략적으로 조직화한 게릴라전'이 '합(合)'인 것이다. 그 전법은 보통의 게릴라전과 달라서 명확한 지휘, 충실한 명령 실행, 통일, 규율로 이루어지는 전투 형식이다.

병력의 수로 볼 때 '하나로 열에 맞선다'에서는 양적으로 이길 수 없지만, 특정한 상황으로 몰고 가면 '열로 하나에 맞선다'라는 시공간이 창조되어 역전승을 거둘 수 있다. 적을 근거지 깊은 곳으로 유인하고 고정된 전선이라는 병참이 없고 반드시 첫 전투는 이긴다는 원칙을 가진다.

마오쩌둥은 '적이 전진하면 우리는 물러나고, 적이 멈추면 우리는 교란하고, 적이 피하면 우리는 공격하고, 적이 물러나면 우리는 추격한다'라는 헌법을 내걸었다. 끊임없이 모순이 발생하는 현실 속에서 전후 상황에 맞추어 좋은 기회를 잡고, 모순과 대립의 사이에서 발전을 추구하는 변증법적 방법론이었다.

　　마오쩌둥의 '유격전' 개념을 충분하게 이해한 호찌민의 군사전략 특징은 다섯 가지였다. 첫 번째, '주도권(initiative)'을 잡는다. 두 번째, 전투력, 배치(공간), 시기(시간), 책략을 통합한다. 세 번째, 인민의 총력을 기울여서 게릴라전과 소모전을 함께 이용한다. 네 번째, 적의 정신과 마음을 공격하여 '싸우지 않고 이긴다'. 다섯 번째, 전쟁의 시작과 끝을 안다.

　　호찌민은 강렬한 카리스마를 지닌 지도자와 정반대의 타입이었다. 국민과 거리감이 없고 어디에나 있는 시골내기 '호 아저씨(Uncle Ho)'였다. 하지만 호찌민은 '독립과 자유보다 소중한 것은 없다'를 실현한 강철의 의지를 가진 지도자였다. 특히 뛰어났던 것은 끊임없이 변화하는 소용돌이 한가운데에서 시의적절하게 본질을 꿰뚫는 직관적이며 '전략적인 안목'이었다.

　　나폴레옹 전쟁의 본질을 명확하게 밝힌 클라우제비츠는 『전쟁론』의 제3장 '전쟁의 천재'에서 사용한 'coup d'oeil(쿠되이, 한번 흘낏 본다)'라는 프랑스어가 천재 나폴레옹의 비밀이며, 그 비밀은 '많은 시행착오와 숙고를 겪어야만 얻을 수 있는, 순간적으로 진실을 꿰뚫어 보는 직관'이라고 하였다.

　　구정 대공세를 주도하였던 레주언은 혁명 성공의 조건으로 정치·군사 세력의 준비 외에 매우 중요한 문제는, 시의적절한 순간을 아는 것이라고 주장하였다. 성공 조건은 오직 하나, 지도자가 가진 특수한 명민함과 정치적 안목에 달려 있다고 지적하였다.

혁명의 역사는 변화무쌍하고 다양하며 참신하고 독창적이다. 그렇기에 지도자가 기본 방향을 제시하고 토대가 되는 요건과 조건을 파악하여 행동을 시작하는 것만으로도 충분한 경우가 많다. 행동이 진전되면 대중의 무한한 창조력이 발전 가능성과 동향을 밝혀주고 역사를 만들어가는 것이다. 레주언은 1945년 '8월 혁명'이 호찌민의 시의적절한 판단을 가장 잘 보여준 사례라고 지적하였다.

또한 호찌민이 상대방의 본질을 직관하는 능력에 대해서도 다음처럼 이야기하였다.

"30년 이상 해외에서 지냈어도 베트남인의 정체성을 잃는일은 없었다. 이데올로기의 색안경을 끼고 사물을 보지 않았고 폭넓은 지식을 바탕으로 무엇이 중요한지를 바로 판단하였다. 인물을 판단하는 데 능숙하였고 피부색이나 국적과 관계없이 상대방의 본질을 파악하는 재능이 있었다. 인물이 일류인지 이류인지를 분간하였는데, 상대방에게 다가갈 때는 매우 전략적이었으며 기준은 자신이 선택한 노선에 합당한지 아닌지였다."

호찌민은 시인이자 저널리스트이며 작가이기도 하였다. 호찌민은 7개 국어를 유창하게 구사하였고 본질에 대한 직관을 이야기하는 능력도 뛰어났다.

호찌민이 마르크스-레닌주의를 베트남에 널리 소개하고 보급하기 위하여 집필한 『혁명의 길』은 1927년에 발행되었는데, 베트남의 민족 해방과 독립까지의 구상을 담은 이야기였다. 이

90페이지밖에 되지 않는 책자에 마르크스-레닌주의와 베트남의 관계를 설명하였고, 혁명을 위한 방법에 대하여 간결하고 알기 쉽게 묘사하였다. 또한 혁명 계획을 실천하기 위하여 '만일'의 경우를 대비한 행동 규범의 대본이 되었고, '승리의 확신이 있을 때만 싸워라'라는 지침까지 베트민군에게 철저하게 불어넣었다.

존슨과 맥나마라의 전략

호찌민과 보응우옌잡 두 지도자와는 반대로, 미국의 전쟁 지도자 린든 존슨과 로버트 맥나마라에 대해서는 신랄한 지적이 있다. 육군 장군이자 역사학자인 H. R. 맥매스터(H. R. McMaster)는 자신의 저서에서 존슨과 맥나마라의 리더십을 통렬하게 비판하였다.

"베트남의 참사는 무력 때문이 아니라 유례없는 인재 선택으로 실패한 결과다. 책임은 존슨 대통령, 대통령을 보조하는 군사, 그리고 군인이 아닌 조언자에 있다. 많은 실패는 그들의 오만함, 나약함, 사리사욕의 추구, 무엇보다 미국 국민에 대한 의무를 저버린 것에 원인이 있다."

1964년 존슨은 대통령 선거에서 이길 기회를 잃을까 두려워하였다. 상황이 악화되고 있는 베트남에 미국 군사가 개입하면, 존슨이 제창하였던 '위대한 사회(Great Society)' 정책의 의회 통과를 위태롭게 할 우려가 있었다. 그리하여 맥나마라는 적은 비용이 드는 것처럼 보이고 국민과 의회를 자극하지 않으면서 실시할 수 있는 단계적 압력 전략으로 '위대한 사회' 정책이 의회를 통과할 수 있도록 지원하였다.

맥나마라는 미국군의 최소 희생으로 적의 전투 수행 능력을 파괴하는 전술을 이용하여 전쟁의 효율성을 추구하였다. 그러나 맥나마라는 베트남 민족 독립 전쟁의 본질을 착각하고 있었다. 호찌민에게는 어떠한 대가를 치르더라도 전쟁을 수행하려는 대의가 있었고, 반드시 해내겠다는 불굴의 의지와 실행력이 있다는 것을 통찰하지 못하였다.

맥나마라는 회고록에서 "남베트남 국민이 구원받으려면 남베트남 국민 스스로가 전쟁에서 이겨야 한다는 기본 원칙을 고집하지 않았다. 그러한 중심 원칙에서 벗어난 우리는 본질적으로 불안정한 기초 위에 엄청난 노력을 쏟아붓고 있었다. 외부 군사력은 민중이 민중 자신을 위하여 쌓아 올린 정치적 질서와 안정을 대신할 수 없었다"라며 반성하였다.

실제로 미국군은 전쟁터에서 한 번도 진 적이 없었고 패한 쪽은 남베트남군이었다. 철수할 때까지 미국군은 항상 전방에 나와 있었고 남베트남군이 홀로 북베트남군과 싸운 적은 없었다. 그러나 6·25 전쟁처럼 중국군의 개입을 우려한 미국군은 제한적 공격과 전력을 순차 투입하여 제 줄로 제 몸을 옭아 묶은 상태가 되었다. 50만이 넘는 군대를 출병하고서도 한정적인 소모전을 펼쳐야 했다. 한편 남베트남군은 사이공으로 달아났는데 북베트남군처럼 인민을 위하여 목숨을 걸고 모든 국민이 하나되어 전투를 펼친 적은 없었다.

중일전쟁의 일본 육군과 베트남전쟁의 미국군은 '전투에서 이겼지만, 전략에서 졌다'라는 비슷한 점이 있다. 일본 육군은 개별 전투에서 이겼지만, 마오쩌둥의 인민전쟁이라는 망망대해에 빠져서 전력의 60퍼센트 이상이 중국 전쟁터에서 움직일 수 없었다. 전략적으로 진 것이다. 베트남전쟁에서 미국의 군사전략도 오직 근대적 합리주의를 바탕으로 성립되었고, 인민전쟁의 근본이 되는 대중의 동원과 내셔널리즘이라는 요소를 계산에 넣지 않았다. 미국은 인민전쟁의 근본을 고려하지 못하여 패한 것이다.

분석 지상주의를 바탕에 둔 미국군은 전투에서 승리하였어도, 인민전쟁의 본질인 베트남 국민의 애국심을 통찰하지 못하여 전략적으로 패배한 것이다.

전략적 동원 시스템

사회주의 대 자본주의

존슨 정권은 '위대한 사회' 정책을 실현하기 위해서, 그리고 6·25 전쟁처럼 베트남전쟁에 중국군이 직접 개입하는 것을 피하기 위해서, 북위 17도를 넘는 지상군의 침공은 계획하지 않고 마지막까지 국지전으로 끝내려고 하였다. 국지 전략의 기본인, 적의 병사 보급 능력이 손해를 따라가지 못하는 '소모전'을 목표로 하였다. 가장 많을 때는 54만 명을 투입하면서도 소모전략은 살라미 소시지를 얇게 자르듯 적을 분열시키는 '살라미 전술(협상 테이블에서 한 번에 목표를 관철하는 것이 아니라 문제를 부분별로 세분하고 쟁점화하여 차례로 각각에 대한 대가를 받아냄으로써 이익을 극대화하는 전술—역자 주)'로 전력을 순차 투입하였다. 그에 맞서는 북의 병력 동원은 남의 혁명 병력으로 끊임없이 보강되었기 때문에 미국군의 전력 투입은 소모전에 전혀 도움이 되지 않았다.

전략을 사회 시스템 면에서 바라보면 북의 인적자원 보급력과 남에서 민족해방전선을 형성한 조직망이 북베트남 승리의 기본 요인이며, 승리를 가능하게 한 것이 바로 사회주의 시스템이다.

베트남전쟁의 배경에는 자신들이 살아가는 시대를 자본주의의 '계층 사회'에서 사회주의의 '평등 사회'로 이동하는 시기라고 보는, 보편적이고 역사로서 기록될 만큼 중요한 로망이 있었다.

사회주의 시스템의 요점은 농업의 집단화에 있었는데, 많은 농민에게 사회주의라는 '이상'을 심어주고 '지금'은 빈곤을 함께 나누며 자신을 희생하여 분투하기를 바라는 북베트남의 전쟁 지원 시스템으로 기능하였다. 농지 공유에 기반을 둔 집단 노동과 탁아소 등의 건설로, 성인 남자를 전쟁에 투입하여도 남아 있는 여성, 노인, 아이들이 생산을 유지하고 전선을 지원할 수 있었다.

본래 남베트남의 내전이었던 것이 미국의 개입으로 북베트남의 공공연한 개입을 불러일으켰고, 결과적으로는 중국·소련 연합이 지원하는 사회주의 국가 대 사이공 정권으로 상징되는, 좋지 못한 자본주의 미국의 전투로 진행되었다.

베트남전쟁의 본질은 인민전쟁이었다. 게릴라전으로부터 촌락을 보호하고 방어하려면 광범위한 정치·민생 정책과의 연계가 꼭 필요하였는데, 정규전을 신봉하는 웨스트모얼랜드는 지나치게 비군사적이라는 이유를 들었고, 군사작전의 효율성을 추구한 맥나마라는 시간이 심하게 오래 걸린다는 논리를 들었다. 심지어는 강압적인 사이공 정권에 대한 농민의 반감으로 '전략촌' 구상은 좌절되었다.

농촌을 잃고 사이공으로 이동한 농민은 이전한 날부터 미국의 원조금 없이는 생활할 수 없었다. 최전선에서 싸우는 어느 병사의 아내와 자식은 물가의 심한 상승으로 생활이 불가능해졌을 때 벌이 수단이 없으면 군대를 따라 전선으로 향했다. 미국도 사이공 정권도 시간이 걸리는 '전략촌' 계획에 실패하여 농민을 위한 정치 경제 전략에 소홀하였다.

이항 대립 관계 작전

소모전인가 기동전인가

　군사작전으로 보면 1965년부터 1968년 초기 웨스트모얼 랜드가 임무를 수행할 시기에 이길 기회가 없던 것은 아니었다. 웨스트모얼랜드와 관련하여 다음과 같은 지적이 있다.

　웨스트모얼랜드는 전략적으로 기동적인 공격 정신을 가 지고 있었다. 1968년 구정 대공세에서 정글 기지의 북베트남군 과 민족해방전선이 전면적으로 도시를 공격하는 소모전을 펼쳤 을 때, 미국과 남베트남 연합군은 혼란하였지만 적을 소탕할 절 호의 기회였다. 미국 측은 북베트남 측에 결정적 타격을 입혔다.

　1965년 미국군이 상륙하였을 때 남베트남의 주요 도시 와 농촌을 선별하고 평화촌 구상과 수색섬멸을 알맞게 조합하여 '베트남화'를 진행하였다면 뛰어난 작전이 되었을 가능성이 있 다. 웨스트모얼랜드는 해병대의 의도를 이해하면서도 수색섬멸 작전을 우선한 것이다.

베트남전쟁에서 미국군은 육군의 소모전과 중남미 국가 안정을 위한 지원 경험이 있는 해병대의 평정작전과의 대립에서 벗어나지 못한 채 '불명예' 철수하였다.

0 4

베트남 전략 문화에서 주목할 점

1963년 제3기 제9회 중앙위원회에서 레주언 제1서기를 중심으로 하는 전쟁 확대파가 권력을 쥐었다. 호찌민과 보응우옌잡을 포함하여 그때까지 정치국 다수파였던 신중파에 대한 '쿠데타'와 다를 바 없는 사건이었다. 레주언은 집단 지도제를 주장하면서도 자신과 레득토를 중심으로 하는 권력 구조를 확립하였고, 평화를 위한 타협보다는 불안정한 사이공 정권을 타도하는 통일 목표를 계속 추구하였다.

1968년 중국과 소련의 압력으로부터 독립을 유지하기 위하여 레주언은 구정 대공세를 발동하였다. 구정 대공세는 승자를 가리기 어렵지만, 맨 마지막에 얻은 것은 총공격의 승리나 남베트남 국민의 민심 장악이 아니라, 세계에서 벌어진 전쟁 반대 운동의 고조(高調)와 미국 국내의 염전(厭戰) 분위기 조성이었다.

1975년 승리로 이어진 긴 기간의 투쟁으로 베트남에는 인민과의 관계, 외교, 군사 그리고 씁쓸한 현실주의에 물든 베트남만의 특징을 가진 전략 문화라는 '유산'이 생겨났다.

인도차이나 전쟁에서 죽을 고비를 넘기고 어려움을 참고 견디며 단련된 베트남의 지도자들은 세력 균형의 현실을 냉정하게 지켜보았고 '힘이 지배하는 현실'이 바라는 유화(宥和)와 양보를 펼칠 수 있게 되었다. 호찌민은 독재자가 아니어서 지도부 중심에 있으면서도 레주언의 무력 투쟁파를 통제할 수 없었지만, 1세기 나라를 구한 '쯩자매'에 이어 베트남 국민의 단결과 독립에 뛰어난 리더십을 발휘하였다.

보응우옌잡은 인민과 군의 상호 관계를 '수어지교(水魚之交)'라고 하였다. 군에게 인민은 물과 같았다. 베트남 인민군은 창설 이래, 항상 인민과 좋은 관계를 맺고 유지하며 배려하였다. 대조적으로 '물'을 돌아보지 않았던 미국군은 베트남전쟁에서 모든 베트남 민족과 인민의 저항에 부딪힌 것이다.

이쿠이 에이코, 『하늘의 제국 미국의 20세기』(국내 미출간), 2006

이와도 겐진, 『병기와 베트남전쟁』(국내 미출간), 1992

오구라 사다오, 『도큐먼트 베트남 전쟁 역사』(국내 미출간), 1992

오구라 사다오, 『베트남 역사 이야기』(국내 미출간), 1997

오타케 히데오, 『닉슨과 키신저 — 현실주의 외교란 무엇인가』(국내 미출간), 2013

주젠룽, 『마오쩌둥의 베트남전쟁 — 중국 외교의 대전환과 문화대혁명의 기원』(국내 미출간), 2001

쓰보이 요시하루, 『베트남 신시대 — 풍요로움으로의 모색』(국내 미출간), 2008

노나카 이쿠지로 외 5명, 『전략의 본질』(라이프맵), 2011

후루타 모토오, 『호찌민 — 민족 해방과 도이모이』(국내 미출간), 1996

후루타 모토오, 『베트남 세계사 — 중화 세계에서 동남아 세계로』(국내 미출간), 2015

마쓰오카 히로시, 『베트남전쟁 — 오산과 오해의 전쟁터』(국내 미출간), 2001

미노 마사히로, 『베트남전쟁 — 미국은 왜 이기지 못했는가』(국내 미출간), 1999

미노 마사히로, 『알기 쉬운 베트남전쟁 — 초강대국을 뒤흔든 15년 전쟁의 전모』(국내 미출간), 2008

유이 다이사부로, 후루타 모토오, 『제2차 세계대전에서 미소 대립으로』(국내 미출간), 2010

콜린 그레이, 『현대 전략』(국방대학교 국가안전보장문제연구소), 2015

마틴 반 크레벨트, 『다시 쓰는 전쟁론』(한울아카데미), 2018

보응우옌잡, 『Guerre du peuple armee du peuple』(국내 미출간), 1968

레주언, 『The Vietnamese revolution;: Fundamental problems and essential tasks』(국내 미출간), 1970

찰스 펜, 『Ho Chi Minh;: A biographical introduction』(국내 미출간), 1973

로렌스 프리드먼, 『전략의 역사』(비즈니스북스), 2014

베트남노동당 중앙당사연구위원회, 『Ho Chi Minh, 1890-1969』(국내 미

출간), 1970

로버트 맥나마라, 『In Retrospect』(국내 미출간), 1995

데릭 유엔, 『Deciphering Sun Tzu』(국내 미출간), 2014

쟝 라쿠뛰르, 『Ho Chi Minh: a political biography』(국내 미출간), 1967

다큐멘터리, '베트남 보응우옌잡 장군을 기리며', 2013년 12월 20일 방송

Duiker, W. J., *Ho Chi Minh,* Hyperion , 2000.

Giap V.N., *Dien Bien Phu,* Gioi Publishers, 2011.

— (Chief Editor), *Ho Chi Minh Thought and the Revolutionary Path of Vietnam,* Gioi Publishers ,2011.

Haponski,W.C., *Autopsy of An Unwinnable War:Vietnam,* Casemate, 2019.

Krulak,V.H., *First to Fight : An Inside View of the U.S. Marine Corps,* U. S. Naval Institute, 1984.

Nguyen, Lien-Hang T.Nguyen, *Hanoi's War,* The University of North Carolina Press, 2012.

Manus,J.C., *GRUNTS: Inside the American Infantry Combat Experience, World War II through IRAQ,* 2011.

McMaster,H.R., *Dereliction of Duty: Johnson, McNamara, the Joint Chiefs of Staff,and the Lies that Led to Vietnam,* Harper Rerennial, 1997.

Ministry of National Defence, *Ho Chi Minn Thought on the Military,* Gioi Publishers, 2008.

Summers, Jr , *On Strategy,* Presidio , 1995.

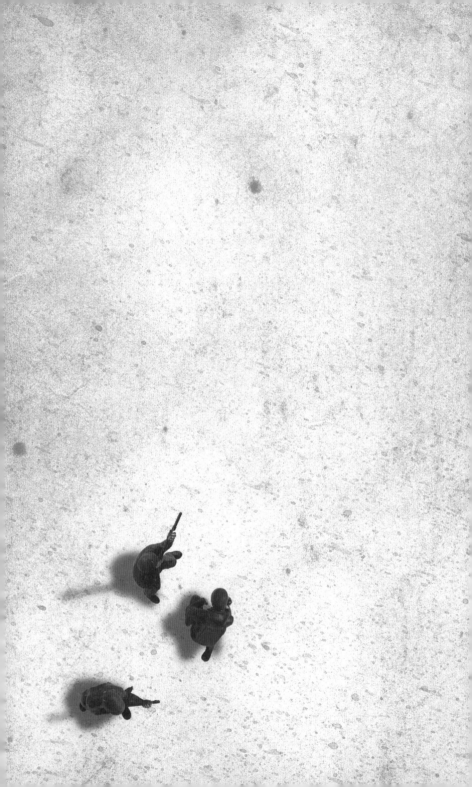

제 **4** 장

패러다임 전환과 증파 전략
이라크전쟁과 대반란작전

베트남전쟁에서 패배하고 약 20년 뒤, 미국은 걸프전쟁에서 눈부신 승리를 거두었다. 그리고 약 10년 뒤인 2003년, 걸프전쟁에서 성공했던 체험은 이라크전쟁에서도 되풀이되었고 미국은 다시 승리를 손에 넣은 것처럼 보였다.

　　그러나 이라크전쟁의 가장 큰 문제는 정규군 전투가 거의 끝난 뒤에 발생하였다. '4단계'인 점령기에 이라크 국내에서는 각종 반란 세력의 활동이 활발해져서 치안이 악화되었는데, 그에 대처하는 미국군의 작전은 효과가 없었다. 베트남전쟁 때와 같은 패배를 되풀이하지 않고 승리하기 위해 채택한 것은, 이라크 주둔 미국군 병력을 일시적으로 늘려서 대반란작전의 전략을 극적으로 바꾸는 '증파(增派, Surge) 전략'이었다.

　　'대반란작전(Counter-insurgency, COIN 작전)'은 정부 혹은 점령 당국의 정치적 지배의 정통성을 약체화하여 정권을 타도하려고 하는 반란 무장 세력의 활동을 진압하기 위한 정규군의 작전을 말한다. 반란 무장 세력은 반정부 게릴라와 테러리스트도 포함하며 게릴라전, 대(對)테러전으로도 불린다.

　반란 무장 집단은 정규군이 아니어서 '비정규전'이라고도 불리며, 최근에는 대규모 정규군과 소규모 반란 세력과의 병력, 장비, 전략, 전술 등 양적·질적 차이에서 착안한 '비대칭전'이라는 호칭을 사용하기도 한다.

　본 장에서는 이라크전쟁의 이전 역사로서 걸프전쟁을 살펴본 뒤에 이라크전쟁의 초기 침공작전을 고찰한다. 다음으로 '4단계'가 실패한 이유를 분명하게 밝히고 실패에서의 역전을 꾀한 COIN 작전의 전환 목적을 해명하며, 미국군 주둔 병력의 '증파'를 둘러싼 전략 전환의 과정을 분석한다.

I

걸프전쟁

베트남전쟁에서 배운 것

와인버거 독트린(Weinberger Doctrine)

1990년 8월 이라크의 후세인 정권은 병력 14만 명과 전차 1천여 대를 포함한 압도적 무력으로 쿠웨이트를 침공하였다. 1988년 이라크는 8년에 걸친 이란·이라크전쟁의 정전(停戰)을 맞이한 참이었다. 이란 침공의 실패로 발생한 방대한 채무가 쿠웨이트 침공의 직접적인 원인이 되었는데, 이란·이라크전쟁 때 후세인 정권을 지지한 미국이 무력 개입을 하지 않을 것이라는 '확신'에 근거한 것이었다.

사담 후세인(Saddam Hussein)의 예측과 반대로, 미국과 소련을 비롯한 여러 나라는 이라크를 거세게 비난하였고, 국제연합안전보장이사회(안보리)는 이라크가 쿠웨이트에서 '신속하게 무조건 철수'할 것을 요구하는 결의를 만장일치로 채택하였다. 미국은 국제연합 다국적군의 군사행동에 대비하여 사우디아라비아에 육해공군을 파견하였다. 1990년 11월 말 안보리 결의에 따라 이라크가 1991년 1월 15일까지 쿠웨이트에서 철수하지 않을 시 '필요한 모든 수단'을 행사할 수 있는 권한이 다국적군에게 주어졌다. 미국이 주도하는 다국적군의 총병력은 전쟁 시작 직전 90만 명을 넘었다.

걸프전쟁을 시작하기까지의 과정에서 미국은 베트남전쟁 때와 같은 실패를 되풀이하지 않기 위해 1984년에 발표한 '와인버거 독트린'에 따라 준비하였다. 군사를 개입하는 경우는 여섯 가지 요건을 충족해야 한다는 원칙이다. 첫 번째, 미국 또는 동맹국의 국익에 사활이 걸린 경우에 한한다. 두 번째, 군은 전력으로 투입하며 반드시 승리한다는 의지를 갖춘다. 세 번째, 정치·군사 목적을 명확하게 설정하고 목적을 달성하기 위하여 능력이 갖춰진 병력을 파견한다. 네 번째, 전투 목적과 파견 병력과의 관계는 끊임없이 재평가하여 조정한다. 다섯 번째, 국민과 의회의 지지를 확보한다. 여섯 번째, 미국군의 투입은 가장 마지막 수단이다.

1991년 1월 17일 날이 밝기 전, 다국적군의 공중 폭격을 시작으로 걸프전쟁이 시작되었다. 조지 H. W. 부시(George H. W. Bush) 대통령은 전국 방송에서 '사막의 폭풍' 작전 시작을 선언하며 전쟁의 목적은 '이라크 점령'이 아니라 '쿠웨이트 해방'이라고 확실하게 밝혔다.

군사작전은 4단계로 이루어졌다. 1단계부터 3단계까지는 항공작전을 중심으로 하는 이라크 국내의 전략적 공격목표 파괴와 항공 우세의 확보 및 지상전의 준비였다. 4단계는 쿠웨이트에 있는 이라크군에 대한 지상 공격이었는데, '사막의 검(Desert

Sword, 사막의 사브르[Desert Sabre]라고도 불림)' 작전이라고 불렀다. 항공작전 38일, 지상전 4일 남짓(약 100시간), 2월 28일 이른 아침까지 총 43일 동안 미국군을 중심으로 하는 다국적군은 쿠웨이트와 이라크 남부를 점령하였고 이라크군은 패주하여 걸프전쟁은 끝이 났다.

'사막의 폭풍(Desert Storm)' 작전

통일된 지휘로 항공작전을 실시하지 못한 베트남전쟁 때의 교훈을 바탕으로 걸프전쟁에서는 중앙군 사령부 소속의 항공부대 사령관 찰스 호너(Charles Horner) 공군 중장이 공군, 해군, 해병대의 각 항공부대를 통합 운용하였다.

다국적군의 항공작전 1단계는 전략폭격이었다. 주요 폭격목표는 적의 중심인 지휘·통제 시설, 발전 시설, 전자 통신·지휘·통제·통신 조직, 방공 시스템, 레이더 시스템, 대공 미사일·화기, 항공 기지·항공기, 생물·화학·핵병기 관련 시설 등으로, 우선 이라크군의 지휘 중추 시스템을 공격하여 항공 우세를 확보하는 것이 목표였다.

2단계는 방공 시스템 제압과 제공권 확보였다. 3단계는 이라크 국내와 쿠웨이트 전쟁터에 있는 이라크군의 병참기지와 교량·도로 등의 보급선을 파괴하여 공화국 수비대를 포함한 이라크군 지상부대를 고립화·무력화시키고 병력을 절반으로 줄이며, 4단계인 지상전 준비를 목적으로 하였다.

항공작전의 구상 단계에서는 항공 전력의 결정력과 전략폭격을 중시하는 공군 측과, 그것만으로는 승리할 수 없다고 생각한 노먼 슈워츠코프(Norman Schwarzkopf) 중앙군 사령관과의 사이에 작은 불화도 있었다.

베트남전쟁 때 항공 전력 운용에 제약 조건이 붙은 채로 실시한 '롤링 썬더(Rolling Thunder)' 작전의 실패를 교훈으로 처음에 '인스턴트 썬더(Instant Thunder)'라고 불린 1단계 전략폭격 계획은, '다섯 개 링(Warden's Five Rings)'이라는 항공 전략 이론으로 알려진 존 와든(John Warden) 대령을 포함한 미국 공군 참모부의 발안이었다. 항공 우세를 확보하기 위한 전략폭격에 역점을 둔 와든 대령에게 슈워츠코프는 "공화국 수비대가 이라크 육군의 중심이다. 첫날부터 매일 공화국 수비대를 공격하라"라고 못 박았다.

실제 항공작전은 전략폭격, 전술폭격, 전쟁구역 항공 저지, 근접항공지원이 중첩하는 형태로 진행되었고, 지상전이 가까워지면 근접항공지원의 비중이 커졌다. 사실 전략폭격이 전체에서 차지하는 비율은 제한적이며, 어느 통계에서는 다국적군의 항공 공격 가운데 약 70퍼센트가 육상 병력을 공격했다고 한다. 걸프전쟁 때의 육공군 공동 작전 대부분은 공군과 육군이 공동으로 조직한 '통합군 개발 팀'이 1984년에 공표한 31항목 권고와 '공지전투'의 항공지원 독트린에 의해 실시되었다.

항공작전에서 결정적으로 중요한 역할을 한 것이 정밀 유도 병기, 최신예 스텔스 전투기, F-15E 전투기, 야간 공격용 헬리콥터, 무인 정찰기, 공중급유기, 조기 경계 관제기, 합동감시표적 공격레이더체계(J-STARS), 위성항법장치(GPS) 등으로 대표되는 '하이테크 병기' 시스템이었다.

모든 근대식 병기는 냉전기인 1970년대 후반부터 1980년대에 걸쳐서 개발되었고 걸프전쟁에서 처음으로 실전에 투입된 것도 적지 않았다.

헬리콥터는 베트남전쟁 때인 1960년대 후반부터 야간이나 악천후에 적지에서 조난당한 항공기 탑승원을 구조하기 위하여 개발·개량되었는데 지형추적 레이더, 적외선 전방 감시 장치, 지형 표시 장치, 관성항법장치, GPS 수신 장치 등의 데이터를 컴퓨터로 처리하는 시스템을 탑재하여, 1987년에는 야간 공격이 가능한 최신형 헬리콥터를 이용할 수 있었다.

혁신적 군사기술은 실제 제한적으로 활용되었지만, 미국군 군사기술 혁신의 방향성을 시사하였으며 10년 뒤 이라크전쟁에서 최대한으로 활용되었다.

공격을 시작하고 4시간 동안 이라크를 공격한 다국적군의 항공기는 400기, 지원과 함대 방공에 200기 남짓, 첫날 24시간 동안 합계 1,300기가 출격하였다. 미국 해군 함대에서는 토마호크 순항미사일도 100발 이상 발사하였다. '초반 10분으로 이라크의 C^{3}I(Command, Control, Communications and Intelligenc, 근대적 군사력을 효과적으로 행사하기 위한 지휘·관제·통신·정보의 4대 기능)는 철저하게 파괴되었다'라고 극단적으로 표현할 정도로, 첫날 공격부터 항공작전은 예상보다 순조롭게 진행되었다.

공격을 시작하자마자 F-117 스텔스기만으로 출격하여 바그다드 시내 이라크군의 지휘 중추를 야간에 정밀폭격하였는데 효과는 매우 대단하였다. 당시 미국 공군부대에 배치된 F-117 전투기 42기는 다국적군기의 총 출격 횟수 가운데 2퍼센트를 차

[지도 4-1] 걸프전쟁에서의 사막의 폭풍 작전

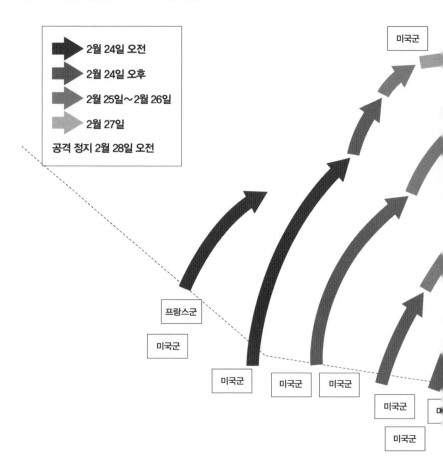

2월 24일 오전
2월 24일 오후
2월 25일~2월 26일
2월 27일
공격 정지 2월 28일 오전

미국군

프랑스군

미국군

미국군   미국군   미국군

미국군

미국군

사우디아라비아

(출처) Otto Friedrich의 『Desert Storm』 (1991)을 바탕으로 작성

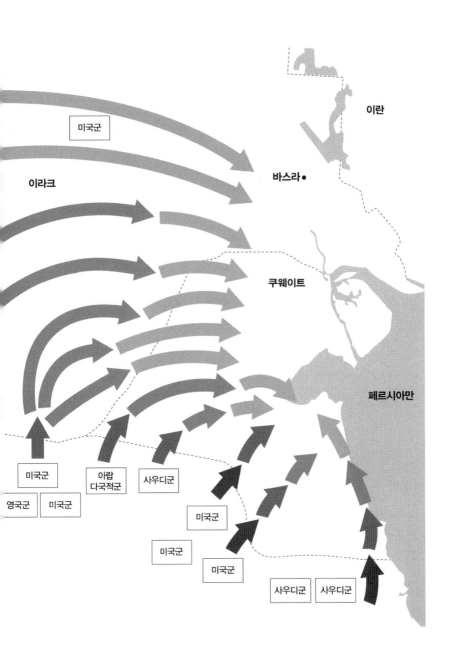

지하였는데, 전략목표의 약 40퍼센트를 파괴했다는 평가를 받을 정도였다.

1월 27일 재빨리 슈워츠코프 중앙군 사령관은 항공 우세를 확보하였다고 발표하고, 30일에는 절대적 항공 우세의 확보를 선언하였다. 다국적군은 매일 총 1,500번 이상, 최대 3천 번, 정전할 때까지 11만 번 넘게 항공 공격을 실시하였다. 그 가운데 미국 공군기가 약 7만 번, 미국 해군과 해병대기가 3만 번을 출격하였다.

지상전을 시작할 때 이라크 육군의 손해는 전차 1,800대, 장갑차 1천 대, 화포 1,500문에 이르렀고, 지상 전력이 '절반'까지는 아니지만 40퍼센트 이상이 파괴되었다고 중앙군은 판단하였다. 이라크군 포로의 심문에서는 공화국 수비대 사단 1만 명 가운데 전사자 100명, 부상자 300명, 탈주병 5천 명을 헤아린 사례도 있었다는 것이 알려졌다. 공중 폭격으로 보급선은 끊어졌고 무기·탄약·물·식량 등이 부족해져서 병사의 사기에 끼친 영향도 상당히 컸다고 추측되었다.

전쟁을 시작할 때 약 700기로 추정되던 이라크 공군기는 전쟁이 끝날 때까지 110기 이상이 격추·파괴되었고 100기 이상이 이란으로 달아났다. 한편 이라크군기에 격추당한 미국군기는 1기뿐이었고, 대공 미사일과 화포로 입은 손해는 38기로 매우 가벼운 피해였다.

항공작전은 예상 이상으로 성과를 거두었다. 이라크와 쿠웨이트 전역의 제공권 확보와 합동감시표적 공격레이더체계의 도입으로 지상 공격목표를 정확하게 파악하였고, '탱크 두들기기(Tank Plinking)'라고 불린 전술폭격으로 적의 전차를 대량으로 하나하나 파괴하여 지상전이 시작되기 전에 여러 방법으로 육상 전력에 타격을 주었다. 항공작전이 걸프전쟁의 가장 큰 승리 요인이며 '공지전투'를 실천하는 지상전이 시작되기 전에 거의 승패가 정해졌다고 평가하는 이유다.

공지전투(Airland Battle)

걸프전쟁은 전형적인 기동전이었다. 하이테크 병기와 압도적 화력을 이용하여 아군의 희생을 극소화하고 적의 병력을 섬멸하는 전투 방식은 '미국식 전쟁 방법(American way of war)' 그 자체였고, 미국의 전략 문화를 상징적으로 보여준 군사전략의 실천이었다.

당시 미국 육군이 확립한 군사전략은 '공지전투'라고 불렸는데 1980년대에 개발되어 1982년 NATO의 정식 군사전략으로 채택됨과 동시에, 1984년에는 미국 육군의 기본 교의(敎義)가 되었다.

걸프전쟁 때에는 1986년의 육군 교범이 이용되었다. 그 목적은 제2차 세계대전 후 동유럽에 주둔하고 있던 소련군에 맞서 수적 열세인 미국군이 대담한 기동을 앞세워 측면이동, 포위, 공중 강습 등으로 적의 주력 부대가 아닌 예비 부대의 기선을 제압하고 공격하여 최종적으로 적을 섬멸한다는 것이었다.

항공 전력은 '하늘을 나는 포병'이 되어서 육군을 지원하는 것이 주요 임무였다. 공지전투가 성공하려면 주도(initiative), 종심(depth), 민첩(agility), 동기화(synchronization)가 중요하였고, 규범에는 '협동 일치 확보', '예측하지 못한 상황에 대비', '적의 취약부에 전투력 집중', '속공 즉시 이탈', '단호한 공격', '지형·기후·기만·은폐' 등 구체적 작전 요건도 분명하게 기록되어 있었다.

'사막의 검' 작전

콜린 파월(Colin Powell)과 슈워츠코프는 어떠한 전쟁도 공중 폭격만으로는 맨 마지막에 승리할 수 없다고 생각하였다. 약 1개월에 걸친 '사막의 폭풍' 작전이 끝나고 미국 시각으로 1991년 2월 24일(일요일) 오전 4시 지상전이 시작되었다. '사막의 검' 작전의 개막이었다. 100시간 동안 펼쳐진 지상전은 제2차 세계대전 이후 가장 큰 규모의 기갑부대 기동전이었다.

결과적으로 대성공을 거둔 공세 작전이었지만, 지상작전의 입안 단계에서는 우여곡절이 있었다.

원래 1990년 10월 시점에는 미국군이 보유한 총 20만 전력으로 공격한다는 전제 아래, 쿠웨이트 남부에 있는 적의 정면을 돌파하고 쿠웨이트의 수도 쿠웨이트시티가 있는 북쪽을 향하여 진격한다는 계획이 중앙군 사령부에 작성되어 있었다.

하지만 계획은 딕 체니(Dick Cheney) 국방부 장관, 브렌트 스코크로프트(Brent Scowcroft) 국가안보 보좌관, 로버트 게이츠(Robert Gates) 국가안보 차석보좌관의 역정을 사서, 파월 합동참모본부 의장(합참의장)과 슈워츠코프 중앙군 사령관은 작전계획을 재검토하였다. 체니 국방부 장관은 파월 합참의장에게 적의 정면을 중앙 돌파하는 대신 전술 핵병기의 사용도 고려하도록 재촉하였으나, 그 역시 비현실적이라는 비판을 받았다.

최종적으로는 약 20만의 추가 병력을 전제로 미국 해병대 부대와 다국적군이 페르시아만, 사우디아라비아와 쿠웨이트 국경 남서부에서 양동작전을 펼쳐, 그와 동시에 미국 육군 제18공수군단과 제7군단의 주력 부대가 이라크군의 서쪽에 있는 약점을 공격하고, 이라크 국내의 서쪽을 크게 우회하여 쿠웨이트 국내에 포진한 적의 전력의 중심인 공화국 수비대를 격멸한다는 '레프트 훅(left hook)' 작전이 채택되었다.

'사막의 검' 작전 시작과 동시에 동부 해안에서 쿠웨이트 영내로 침공을 펼치고, 해병대 2개 사단도 서쪽에서 쿠웨이트 영내를 향하여 북상하였다. 다국적군의 좌익에 위치한 제18공수군단도 사우디와 이라크의 국경에서 공군기지를 시작으로 하는 전략목표로 진격하였다. 이라크군 보병부대에 공중 폭격으로 인한 전사자는 많지 않았지만, 식량·물·탄약·장비품 등 보급이 부족하였고 공중 폭격이 불러일으키는 공포감 때문에 사기가 눈에 띄게 낮아졌다. 1개 사단에서 90퍼센트 이상이 탈주하는 일도 발생하였고 다국적군의 공격에 완강하게 저항하는 일은 없었으며 다수 장병이 포로가 되었다.

제18공수군단 가운데 제82공수사단과 제101공수사단의 작전은 제2차 세계대전 이후 최대 공중 기동 작전이 되었다. 맨 좌익의 프랑스 제6경기갑사단의 북진을 엄호하기 위하여 제101공수사단의 부대는 헬리콥터 300기로 지상부대의 진격에 앞장서서 이라크 영내로 진출하였고, 연료·탄약 등 보급 물자를 수송함과 동시에, 사막 지대에 보급 전진기지를 설치하여 지상부대의 진격을 도왔다. 침공작전 첫날 제18공수군단의 공격은 예상보다 순조롭게 진행되었고, 이튿날에는 프랑스군 부대가 공군 기지를 점령하였다.

다국적군 중앙부대는 제7군단으로 미국 제1기갑사단, 제3기갑사단, 제1기계화보병사단, 영국 제1기갑사단이 주력이었다. 주력 부대의 공격을 성공시키기 위하여 기만을 도모하였는데, 다국적군은 일부러 이라크 서부 지역에 공중 폭격을 하지 않고 사우디와 쿠웨이트 국경의 이라크군 진지에 공중 폭격·포격을 퍼부었다. 제1해병원정군도 사우디와 쿠웨이트 국경 남동부의 이라크군 진지를 연속으로 폭격하였고 수륙 양용 작전으로 보이도록 위장하기 위하여 착·상륙 연습을 미리 실시하였다.

항공작전으로 통신 인프라가 파괴된 이라크군 측은 다국적군 대규모 기동 작전의 동향을 전혀 알 수 없었다. 다국적군의 주요 공격이 쿠웨이트 서남부라고 예상한 이라크군의 방어 포진은 서쪽이 허술해져서 제18공수군단의 2개 공수사단과 제24기계화사단의 진격을 막기에는 역부족이었다.

지상작전 2일째 다국적군은 이라크 영내로 깊숙하게 진격하면서 동쪽으로 전진하여 쿠웨이트를 향하려고 하였다. 그러나 이라크 영내로 거침없이 진격한 제18공수군단과는 대조적으로 프레데릭 프랭크스(Frederick Franks) 중장이 이끄는 제7군단은 거의 전진하지 않았다. 슈워츠코프 중앙군 사령관은 당일 아침 브리핑에서 제7군단의 진격 속도에 격노하였지만, 이라크군 공화국 친위대에 맞서 접적이동(Movement to Contact)을 지휘한 프랭크스는 최소한의 병력으로 공격을 성공시키기 위하여 신중하게 전진하고 있었다.

프랭크스는 베트남전쟁으로 왼쪽 다리를 잃어서 걸프전쟁에서는 의족을 착용하였다. 프랭크스는 악천후 속에서 병사 약 16만 명, 전차 약 1,700대, 장갑차 2천 대, 화포 500문으로 구성된 대규모 부대와 영국 제1기갑사단의 장병으로 '사담 라인(Saddam Line)'이라고 불린 방위선을 돌파하여 이라크 영내로 진출하였고 다시 공격 태세를 갖추기 위해 철야로 움직였다.

73 이스팅 전투(Battle of 73 Easting)

최전선 전쟁터에서는 전투부대 지휘관이 독자적으로 판단하여 주체적으로 작전을 지휘하는 '임무형 지휘'가 실천되었고 제2차 세계대전 이래 처음 전차전이 벌어지고 있었다. 제7군단의 지휘를 받는 제2장갑기병연대는 2월 26일 이른 아침 진격 목표인 남부에 도착하였고, 오후가 되자 동쪽으로 방향을 바꾸어 이라크군 정예 부대인 공화국 수비대 '타와칼나(Tawakalna) 사단'을 탐색하면서 계속 '접적이동'하였다. 오후부터 날씨가 흐려져서 초속 30미터가 넘는 폭풍과 모래바람으로 시야는 극도로 악화되었고, 기상 악화로 인하여 헬리콥터는 날 수 없었다.

M1A1 에이브람스 전차에 탑승한 H. R. 맥매스터(H. R. McMaster) 대위가 지휘하는 E기병중대는 F중대·G중대와 함께 연대의 정찰을 위하여 맨 앞에서 전방을 호위하였다. 오후 4시쯤 맥매스터의 부대는 전방의 작은 마을에서 적의 화포 공격을 받아서 응전하였고 적을 침묵시켰다. '70 이스팅(편동 좌표선 70도선)'까지 전진 허가를 받은 전차의 포수가 앞쪽에 있는 타와칼나 사단의 T-72 전차 8대를 발견하였다. 미국군 전차는 열선 화상

장치로 적의 전차를 볼 수 있었지만, 보통 망원경밖에 갖추지 못한 T-72 전차는 맥매스터의 부대를 확인할 수 없어서 불의의 습격을 받았다. 맥매스터는 1,420미터 떨어진 지점에서 포탄 발사를 명령하였다.

M1A1 에이브람스 전차의 120밀리미터 활강포에서 발사한 열화우라늄탄의 이탈피(sabot) 날개안정고속철갑탄은 600밀리미터의 장갑을 관통할 수 있었고, 총탄에 견디는 능력이 450밀리미터인 T-72 전차의 장갑을 '달군 나이프로 버터를 도려내듯' 뚫고 들어갔다. 한편 T-72 전차 철갑탄의 관통력은 450밀리미터여서 내탄 능력이 600밀리미터인 M1A1 에이브람스 전차의 장갑을 뚫을 수 없었다.

게다가 M1A1 에이브람스 전차에는 최신식 사격통제장치가 탑재되었고 디지털 탄도계산컴퓨터, 열선 영상 조준 장치, 레이저 측원기도 장착되었다. 디젤엔진보다 저소음이며 가속 능력이 몇 단계 뛰어난 가스 터빈 엔진을 사용하는 등, 미국 육군의 뛰어난 기술 혁신이 집결되어 있었다.

맥매스터의 포탄 발사 명령을 시작으로 걸프전쟁에서 처음으로 대규모 전차전이 펼쳐졌다. 적의 전차를 격파하면서 동쪽으로 전진한 맥매스터는 '73 이스팅' 근처에서 T-72 전차 18대를 더 격멸하고 최종적으로는 '74 이스팅'까지 나아갔다. 23분 동안의 전차전 결과, E중대는 전차 30대, 보병 전투차량 16대, 수송 트럭 39대를 파괴하였다. 아군의 피해는 없었으며 기동력과 장비의 기본 성능이 우수한 미국군 전차부대의 압승이었다.

악천후 속에서 적의 허를 찌르고 속공과 단호한 공격으로 화력·병력 면에서 뛰어난 적을 격파한 '73 이스팅 전투'는 걸프 전쟁에서 가장 널리 알려진 전투가 되었다. 73 이스팅 전투를 계기로 미국 육군 역사상 최대의 전차전이 펼쳐졌기 때문이다.

다만 73 이스팅 전투가 벌어졌을 때 공화국 수비대의 정예 부대 주력은 이미 쿠웨이트에서 철수를 시작한 상태여서 미국의 전차부대를 기다리고 있던 것은 '희생양' 부대였다. 이라크군은 쿠웨이트를 점령한 부대에 철수 명령을 내렸던 것이다. 프랭크스의 제7군단이 '섬멸'해야 할 부대의 대부분은 전투를 정지하고 있을 때 이라크의 남동부 바스라를 거쳐서 이라크 영내로 철수하였다.

걸프전쟁의 역설 — 전술적 승리와 전략적 실책

2월 27일 아침 아랍 제국군 부대가 쿠웨이트 시내로 진입하여 시민의 열렬한 환영을 받았다. 그날 밤(워싱턴 시각으로 오후 1시) 슈워츠코프 중앙군 사령관이 텔레비전 방송에서 기갑부대가 전투 중이라고 인정하면서도 사실상 승리를 선언하였다. 부시 대통령이 정전을 결의한 때는 워싱턴 시각으로 오후 6시였다.

정전 시각은 현지 시각으로 28일 오전 5시 예정이었는데, 전쟁을 시작하고 100시간이 된다는 이유로 현지 시각 오전 8시(워싱턴 시각 밤 12시)로 결정되었다. 그 후 슈워츠코프로부터 아직 이라크군 부대의 퇴로는 완전하게 봉쇄되지 않았다는 연락이 있었지만, 대통령의 결심은 바뀌지 않았다. 파월도 공격을 속행하지 않은 것에 대한 비판이 나올 것을 예상하면서도 정전의 결정을 지지하였다.

걸프전쟁은 미국군의 압도적 승리였다. 소련군과의 전투를 상정한 공지전투 독트린의 효과가 실증되었다고 여겨졌다. '사막의 폭풍', '사막의 검' 두 작전에 동원된 미국군 병사 약 60만 가운데 교전으로 전사한 병사는 148명, 사고 등을 포함한 합계는 약 300명, 다국적군 전체 사망자도 수백 명에 불과하여, 이라크군 측의 수만 명을 넘는 전사자 수와 비교하면 완벽한 승리였다. 미국은 최신 하이테크 병기와 압도적 전력을 투입하여 최소 희생으로 전술적 승리를 거둘 수 있었다.

　　전략연구가 에드워드 루트왁(Edward Luttwak)에 따르면 걸프전쟁은 '공격적 항공력'의 눈부신 질적 향상에 기초하여 '역사상 전례 없는 공중 단두(斷頭) 공격의 신속한 성공'이 불러온 일방적인 전쟁 형국의 전개로 특징지어진다. 지상전에서도 소련군의 대전차부대와 싸우기 위한 작전이나 장비·병기의 유효성이 '73 이스팅 전투'로 대표되는 사막의 전차전에서 증명되었다고 여겨졌다.

　　걸프전쟁은 궁극적으로 미국의 부유한 국력과 선진 과학에 기초한 '미국식 전쟁'의 승리였다. 최신 하이테크 병기가 뒷받침하는 '항공력'을 중핵으로 전쟁 시작부터 적의 지휘 통제 중추 '중심'을 공격함과 동시에, 적의 방공망을 제압하여 항공 우세를 확보하였다. 전략 공격을 항공 억제로 바꾸고 지상전의 준비를 도와서 근접항공지원으로 점차 중점을 옮기면서 항공 전력과 지상 전력을 최대로 활용하여 승리를 거머쥐었다. 그러한 전투 방식은 미국의 전략 문화와 일치하였기에 장래의 전투 모델이 되었다.

하지만 압도적 '전술의 승리'는 '전략의 승리'로 이어졌을까? "걸프전쟁의 정전은 너무 이르지 않았을까" "너무 이른 정전이 그 후 20년에 걸친 미국과 이라크의 적대행위의 시작은 아니었을까"라는 지적이 있다.

걸프전쟁에서 미국군기는 11만 번 출격하였는데 그 후 10년 동안 매년 평균 3만 4천 번 출격하였다. 원인의 하나는 1991년 3월 3일 슈워츠코프가 이라크와의 정전 협의에서 일정 조건을 붙여 이라크군 헬리콥터 비행을 인정하였기 때문이다.

압도적 무력으로 이라크 남부를 점령하고 6만 명이 넘는 포로를 붙잡은 미국군 측은 전술적 승리를 바탕으로 엄격한 정치적 요구를 하는 것도 가능했을 것이다. 그러나 부시 정권의 문민 지도자도 파월도 슈워츠코프를 포함한 군 지도자들도 승리를 위한 마무리가 허술하였다. 슈워츠코프의 회상록에 따르면 부시 대통령으로부터 정전 조건의 지시는 없었고 자신이 제안한 정전 조건이 거의 그대로 승인되었다고 한다.

이라크군 헬리콥터의 비행 허가는 완전히 슈워츠코프의 독단이었다. 몇 주 뒤에 바스라를 포함한 여러 도시에서 반정부 분자의 반란을 탄압하기 위하여 이라크가 대지 공격 헬리콥터를 사용한 것을 알았을 때는 이미 늦은 상태였다.

결과적으로 이라크 국내에서 규모가 커진 시아파와 쿠르드족의 반란 세력에 대한 후세인 정권의 무력 탄압과 학살을 목격하면서도 부시 정권은 방관할 수밖에 없었다. 슈워츠코프가 전술적 승리를 확신한 뒤 무심코 둔 '한 수'가 '의도하지 않은 끝맺음'으로 이어져서 '이라크전쟁'의 포석이 된 것이다.

II

9
·
1
1
테러 이후

걸프전쟁의 의도하지 않은 끝맺음

걸프전쟁에서 미국이 휘두른 철퇴는 확실히 이라크군을 쿠웨이트에서 몰아내는 데 성공하였다. 하지만 사담 후세인 대통령은 여전히 독재 권력자로서 북부의 쿠르드족과 남부의 시아파의 반란을 탄압하였고 3만 명이 넘는 시민을 살해하였다.

걸프전쟁이 끝나고 10년 동안 미국에 맞서는 다양한 '전투'가 세계 여러 곳에서 계속되었다.

1993년 10월 소말리아 내전에 개입하여 벌어진 '모가디슈 전투'에서는 현지 게릴라 세력이 유엔 평화유지활동(Peace Keeping Operations, PKO) 지원 임무로 파견된 미국군 헬리콥터 2대를 격추하여 병사 18명이 살해되었다. 같은 해 2월에는 미국 세계무역센터 지하 주차장에서 트럭 폭파 사건으로 6명이 사망하고 부상자가 1천 명 넘게 발생하였다.

1996년 6월 사우디아라비아의 미국 군인 거주 시설 코바 타워에서 벌어진 폭탄 테러에서는 사망자가 20명, 부상자가 약 500명이었다. 1998년 8월 탄자니아와 케냐의 미국 대사관에서 벌어진 동시 자폭 테러에서는 미국인 12명을 포함하여 290명이 사망하였고 5천 명이 넘는 사람이 다쳤다.

　　2000년 10월에는 예멘 앞바다에 정박 중이던 미국 해군 구축함 '콜'에 폭탄을 실은 소형 보트가 돌진하여 수병 17명이 사망하였다. 미국이 중동과 아프리카에 군사를 개입한 것이 이슬람 과격파의 반감을 샀고, 알 카에다를 비롯한 다양한 테러리스트를 활동적으로 만들었다.

　　한편 이라크의 사담 후세인은 1994년에 제2차 쿠웨이트 침공의 뜻을 내비쳤고, 이라크 북부와 남부의 비행금지구역에서 미국·영국 군기에 대한 지대공미사일을 설치하는 등 적대행위를 단계적으로 확대하고 있었다. 1998년 12월에는 이라크 국내의 군 관련 시설에 방문한 국제 사찰단의 출입을 거부하였고, 빌 클린턴(Bill Clinton) 정권으로부터 순항미사일 공격을 받았다.

　　그동안 미국에서는 이라크 정책에 중요한 질적 변화가 있었다. 클린턴 정권 기간인 1996년에 이라크 국내의 반(反)체제파를 지원하고 정권 교체를 시도하려는 내부 공작에 실패하여, 이라크로의 개입이 소극적으로 변하였다. 야당인 공화당은 정권을 비판하였고 '후세인 정권 타도'를 클린턴 대통령에게 강하게 요구하였다. 모니카 르윈스키(Monica Lewinsky) 사건으로 하원의 탄핵 결의까지 받은 클린턴은 1998년 10월 반체제파에 군사 지원 예산 지출을 인정하는 '이라크 해방법'에 서명하였고 '후세인 정권 타도', 즉 '이라크 체제 전환'을 미국의 국책으로 하였다.

9·11 테러

2001년 1월 조지 W. 부시(George Walker Bush) 대통령 정권 초기에 국가안전보장회의가 열렸고 '이라크 해방법'에 근거하여 사담 후세인 추방 계획이 제출되었다. 폴 오닐(Paul O'Neill) 재무부 장관은 '타도 후세인이 부시 정권의 가장 중요한 과제'라고 하였다. 더욱이 중요한 정책 전환이 있었다. 클린턴 정권에서 중시되었던 아랍·이스라엘 분쟁에서 손을 떼고 이라크에 초점을 맞추어 그때까지 '금지령'에 가까웠던 지상군 투입을 해제한 것이다.

부시는 도널드 럼스펠드(Donald Rumsfeld) 국방부 장관과 휴 셸턴(Hugh Shelton) 합동참모본부 의장에게 '군사적 선택지 검토'를 지시하였는데, 걸프전쟁 때와 같은 다국적군의 편성, 이라크로 지상군을 파견하는 경우의 전략적 예측도 포함되었다.

회의에서 조지 테닛(George Tenet) 중앙정보국(CIA) 장관이 생물화학무기 제조 공장으로 지목되는 이라크 국내 시설에 관한 기밀 정보를 설명하였다. 부시는 '대량파괴무기'에 관련된 자세한 정보 수집을 지시하였다.

회의는 처음부터 끝까지 후세인 정권의 약체화 혹은 파괴 '방법'을 의논하였고, '왜 후세인인가, 어째서 지금인가, 어떤 이유로 미국에 중요한가'에 대해서는 전혀 논의하지 않았다. 2001년 4월 테러리즘과 관련한 회의에서 오사마 빈 라덴(Osama bin Laden)과 알 카에다 등 이슬람 과격과 집단 문제를 다루었다. 그때 국방부 부장관 폴 월포위츠(Paul Wolfowitz)는 빈 라덴 개인이 대규모 테러 공격을 실행하는 것은 불가능하며 이라크나 다른 나라가 지원하고 있을 가능성에 대하여 이야기하였다.

　동시다발 테러가 일어난 9월 11일, 아메리칸 항공 77편이 충돌한 국방부 건물에서 피난한 월포위츠는 측근들에게 "이라크가 공격에 관여하고 있을 것이다"라고 말하였다. 오후에는 럼스펠드도 "오사마 빈 라덴만이 아니라 사담 후세인의 공격 여부도 판단하라"라고 합동참모본부 부의장 리처드 마이어스(Richard Myers) 공군 대장에게 전하였다. 이튿날에는 9·11 테러 공격이 이라크를 공격할 '절호의 기회'라고 할 정도로 럼스펠드는 강도 높게 발언하였다.

　부시도 테러대책 팀에 이라크 개입 여부 확인을 명령하였다. 게다가 대통령은 9월 17일 회의에서 이라크가 개입하고 있을지도 모른다는 취지의 발언도 하였다.

체니 부대통령

　부시 대통령을 비롯하여 측근들은 무슨 까닭으로 일찍이 이라크의 개입을 의심한 것일까? 미국의 저널리스트 조지 패커(George Packer)는 대통령에게 전략, 교양, 세계관을 제공할 정도의 영향력이 있는 인물이 있다면, 그 사람은 체니와 럼스펠드라고 하였다. 두 사람 가운데 가장 중요한 열쇠를 쥔 인물이 딕 체니였다.

　조지 W. 부시 대통령의 부친인 조지 H. W. 부시 대통령 때 국방부 장관을 지냈고 걸프전쟁을 파월, 슈워츠코프와 함께 주도한 경험이 있는 체니에게 사담 후세인 정권 교체는 남겨진 임무였다.

부대통령에 취임하기 전부터 사담 후세인을 위험인물이라고 여긴 체니는 9·11 테러 이후 사담 후세인과 오사마 빈 라덴, 양대 위협을 제거하는 데 집중하였고, '신기할 정도로 열중하였다'라는 평을 들었다. 그때까지 빈틈없이 준비한 전략을 실행으로 옮길 가장 좋은 기회라고 생각했을 것이다. 부시 정권 내에서 한결같이 이라크전쟁을 추진한 사람은 월포위츠와 체니였다.

체니는 부시 정권의 의사 결정에 겉으로 드러나지 않은 영향력을 가지고 있었다. 부대통령 후보로서 부시와 함께 대통령 선거를 치른 체니는 연방의회와 백악관에서의 스태프 경험과 대통령 차석·수석 보좌관, 국방부 장관, 하원 공화당원 총무 등 요직 경험도 있었고 부시 정권의 요석(要石)과 같은 존재였다. 후세인 정권 타도를 목표로 이라크전쟁을 추진하는 부시 정권의 기본 방침은 모든 부분에서 부시의 신뢰를 받는 체니와 부시와의 암묵적 합의 사항이기도 하였다.

2001년 11월 부시는 럼스펠드에게 토미 프랭크스(Tommy Franks) 중앙군 사령관과 함께 비밀리에 이라크전쟁 계획을 재검토하라고 지시하였다. 이미 10월 7일부터 아프가니스탄에서 항구적 자유 작전(Operation Enduring Freedom, OEF)이 시작된 상황이어서 이라크전쟁의 계획은 감출 필요가 있었다.

부시 독트린(Bush Doctrine)

부시는 9·11 테러를 '선전포고'로 판단하여 '테러와의 전쟁' 전략을 '공격적'으로 바꾸고, 테러리스트가 미국 본토를 다시 공격할 수 없도록 '처벌하는 전략'을 고안하려고 결의하였다. 테러와의 '새로운 전쟁'의 처음 최전선이 아프가니스탄이었고 다음 목표가 사담 후세인이 있는 이라크였다.

이라크전쟁의 정당화를 효과적으로 설득하기 위하여 이용한 것이 2002년 1월 일반교서 연설에서 언급한 '악의 축' 개념이었다. 아프가니스탄에서 탈레반 정권 타도가 일단락되어 이라크에서의 전쟁 준비도 진행되고 있었다. 부시는 테러지원국가로 북한, 이라크, 이란을 지명하며 '악의 축'이라고 불렀다. 테러리스트에게 대량살상무기를 제공할 수 있는 국가는 세계 평화를 심각하게 위협하므로 배제해야 한다고 주장하였지만, 진정한 목적은 이라크에서 펼칠 전쟁을 정당화하는 것이었다.

2002년 6월 웨스트포인트 육군사관학교의 졸업식에서는 '선제공격'도 언급되어 차츰 '부시 독트린'이 형성되었다. 같은 해 9월 발표한 '국가안전보장전략'에는 '선제·단독주의·패권'을 특징으로 하는 '부시 정권의 대전략'이 제시되었다.

부시 독트린은 그때까지의 '봉쇄'나 '억제' 전략에서 나라를 지키기 위해 단독 '선제공격'도 마다하지 않는 적극적 공세 전략으로의 '패러다임 전환'이기도 하였다. 후세인 정권을 타도하여 이라크를 민주 국가로 만들고 중동 지역 전체의 안정과 민주화를 추진하기 위한 교두보를 구축하는 것이 '대전략'의 궁극적 목표였다.

2002년 11월 중간선거에서 공화당은 역사적 승리를 거두었다. 부시 정권은 대전략에 대한 국민의 신임을 얻었다고 판단하여 12월에는 폴 오닐 재무부 장관을 경질하였다. 오닐은 경제 정책의 대규모 감세와 외교 정책의 '선제공격' 독트린을 두고 '전부 현실과 어긋난 발상'이라며 확신을 갖지 못하였다.

이라크에서 전쟁을 시작하면 전쟁 비용이 불어나고 대형 감세와 맞물려 재정 적자가 확대되는 것은 불 보듯 뻔한 일이었다. 이라크 침공은 부시 정권이 발족할 때부터 일종의 '이데올로기'였고 냉철한 현실 분석과 상황 판단을 바탕으로 이루어진 '정책'이라고 할 수 없다는 것이 오닐의 생각이었다.

또한 오닐은 불확실한 정보와 추측을 바탕으로 한 정치적 생각이 부시 정권의 정책 입안 과정에 부당하게 개입한다고 생각하였다. 이라크 침공으로 "뱀의 꼬리를 밟는다"라는 오닐의 우려는 그 후 현실로 나타났다.

결국 이라크전쟁을 시작한 이유인 대량살상무기는 발견하지 못하였고, 후세인 정권과 알 카에다와의 관계도 부정당하였다. 미국군의 점령으로 이라크는 종파 사이의 대립이 격화하여 내전 상태가 되었고 '뱀'의 폭주를 억제할 수 없었다.

III

이라크 자유 작전과 충격과 공포 작전

작전계획 1003의 재검토

2001년 11월 럼스펠드는 이라크 침공 작전계획을 재검토하였다. 아프가니스탄 전쟁계획은 이전 계획이 존재하지 않아서 작성에 시간이 걸렸지만, 이라크의 경우는 중앙군 사령부에서 작성한 '작전계획 1003(OPLAN 1003)'이라는 대처 계획이 클린턴 정권 시대 때부터 존재하였다.

작전계획 1003은 전략이라기보다 쿠웨이트 혹은 사우디아라비아를 방어하기 위하여 이라크군을 섬멸할 필요가 생겼을 때의 미국군 투입 계획으로, 작전에 필요한 병력은 50만 명, 준비 기간은 약 7개월이었다. 걸프전쟁 때의 '사막의 폭풍' 작전과 비슷한 대규모 침공 계획이었는데 럼스펠드는 국방부 장관 취임 직후부터 기존 대처 계획에 불만을 드러냈다.

럼스펠드는 미국 국방부가 준비한 세계 각지의 전쟁계획

은 전부 구상이 낡고, 새로운 정권이 내세우는 목표와도 일치하지 않으며, 계획 입안의 절차가 한심할 정도로 엉망이어서 어찌할 도리가 없다고 보고 있었다.

작전계획을 재검토하라는 럼스펠드의 끈질긴 지시로 부시 대통령의 일반교서 연설로부터 3일 뒤인 2002년 2월 1일 침공작전 실시 병력 16만 명, 준비 기간 90일, 전투 135일, 합계 225일, 전쟁이 끝나고 '4단계 — 이라크 안정화와 점령'으로 추가 병력을 투입하여 총병력 30만 명이라는 계획이 되었다. 토미 프랭크스 중앙군 사령관은 부시에게 전투 실행 시기는 2002년 12월부터 이듬해 2월까지가 최선이라고 설명하였다. 처음의 작전계획이 순차적으로 개정되었고 병력 규모는 축소되었으며 기간도 단축되었다.

럼스펠드 독트린(Rumsfeld Doctrine)

럼스펠드 국방부 장관은 취임 직후부터 미국군의 조직 개혁, 즉 '군대 개혁(Force Transformation)'을 시작하였다. 부시는 이미 럼스펠드에게 '결정력, 민첩함, 기동성' 향상을 국방부 개혁 방침으로 지시한 상황이었다.

부시는 신세기 미국군에게 다음과 같은 내용을 요구하였다. 결정력이 뛰어나야 한다. 쉽게 파병할 수 있어야 한다. 병참의 부담이 적어야 한다. 수일·수주 단위로 전력 투입이 가능해야 한다. 순찰에서 위성까지 다양한 수단으로 표적을 알아내어 즉각 최신 무기로 파괴할 수 있는 능력을 갖춰야 한다. 살상력 높은 경량화 병기를 보유해야 한다. 소규모로 민첩성이 풍부한 부대여야 한다.

럼스펠드는 이라크 침공작전 계획의 재검토를 군사령부에 반복하여 지시하였다. 파병에 시간이 걸리는 대병력 침공작전이 아니라 소규모 병력으로 기동성과 결정적 파괴력을 갖춘 최신 정밀 병기를 구사하여 재빠르게 침공하고, 전투 작전이 끝나면 국가 건설 등에는 개입하지 않고 신속하게 철수하는 것을 염두에 두라는 내용이었다.

럼스펠드 독트린의 군사전략을 걸프전쟁 때 파월 독트린의 군사전략과 비교하면, 지상 침공을 시작하기 전의 항공작전 기간이 매우 짧고 순항미사일의 명중 정확도가 걸프전쟁 때보다 훨씬 향상되어서 적은 탄약으로 큰 공격 성과를 올릴 수 있게 되었다.

럼스펠드 독트린에 근거한 '충격과 공포' 전략은 항공기, 수상함정, 잠수함에서 발사하는 정밀 유도 미사일의 핀 포인트 폭격으로 부수적 피해를 크게 줄이고 적의 군사기지, 정치 경제 중추, 주요 인프라 설비 등 중심을 단기간에 괴멸하여 적의 전의를 상실시키는 것을 주된 목표로 하였다.

작전 준비(1단계), 초동 작전(2단계), 본격 공세 작전(3단계), 점령기(4단계)로 이루어진 작전계획은 처음부터 허술하다는 지적을 받았다. 그러나 원래 럼스펠드 독트린에서는 재건이나 국가 건설이 군의 임무가 아니라고 여겼다. 이라크 침공 전의 작전 계획에서는 점령기가 18개월을 넘으면 5천 명 정도까지 병력이 삭감되리라는 낙관적 예측도 있었다.

이라크 자유 작전(Operation Iraqi Freedom)

2003년 3월 17일 오후 8시 부시 대통령은 사담 후세인에게 48시간의 유예를 주는 최후통첩을 보냈다. 19일 부시는 후세인과 두 아들이 있는 장소에 관한 유력한 정보를 듣고 F-117 스텔스 전투기 2기로 지하 시설 관통형 폭탄 투하, 토마호크 순항미사일로 후세인 공격을 결단하였다. 같은 날 오후 10시 국민에게 '이라크 자유' 작전을 시작했다고 알렸다.

작전계획은 직전에 변경되었는데 대규모 항공작전을 시작하기 전에 지상작전을 24시간 앞당겨서 시작하기로 하였다. 전쟁을 시작할 때 미국군이 29만 명이었고 영국군 4만 명, 오스트레일리아군, 폴란드군 등 유지연합 병력도 더하여 지상 병력은 17만 명, 4개 사단이었다. 걸프전쟁과 비교하면 절반 이하의 병력으로 바그다드까지 침공한 것이다. 이라크 지상군은 총병력 37만 명으로 그 가운데 공화국 수비대가 8만 명, 특별 공화국 수비대가 1만 5천 명이었다.

현지 시각으로 21일 오후 9시부터 시작한 항공작전에서는 공중 발사형을 포함한 순항미사일 500발 이상을 이라크의 정권·군의 중추, 통신·정보 시설로 발사하여, 걸프전쟁에서 43일 동안 발사한 순항미사일의 약 2배를 불과 하루 만에 사용하였다.

최종적으로 미국군과 연합군의 전투기·폭격기 출격 2만 번, 약 3만 발의 폭탄 투하 가운데 정밀 유도 병기의 사용 비율은 68퍼센트로 걸프전쟁의 8퍼센트를 크게 넘어섰다. 2002년부터 운용을 시작한 대형 무인 정찰기 글로벌 호크가 활용되어 정밀 폭격을 지원한 것도 이라크 작전의 특징이었다.

[지도 4-2] '썬더 런' 작전에서의 미국군 진로

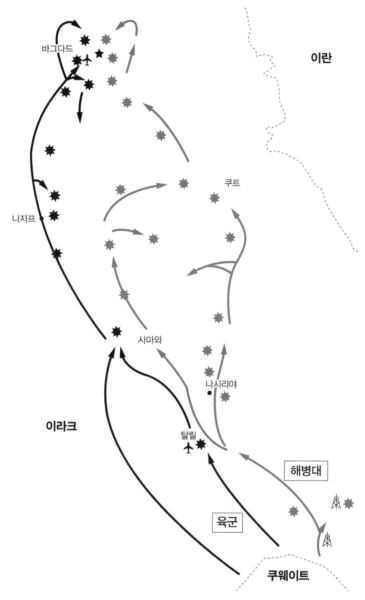

(출처) M. Gordon과 B. Trainor의 『COBRA II』 (2007)를 바탕으로 작성

    지상작전의 '충격과 공포' 전략은 미국 육군 제3사단을 중심으로 하는 기갑부대의 '썬더 런(Thunder Run)' 작전으로 상징된다. 쿠웨이트에서 바그다드로 향하여 침공을 시작한 지상부대는 우익의 해병대부대와 좌익의 육군부대로 나누어 진격하였다. 동원된 M1A1 전차 수는 약 380대로 걸프전쟁 때의 2천 대와 비교하여 5분의 1 이하였다. 이라크군 측에는 전차가 약 2,200대 있었다고 추정되는데, 항공작전의 정밀폭격으로 4월 3일까지 약 1천 대가 파괴되었다.

    항공기의 절반은 지상부대를 공중에서 지원할 목적으로 출격하여 이라크 지상군을 폭격하였고 '썬더 런' 작전의 원활한 진행을 도왔다. 4월 9일에는 좌익의 제3사단이 고속 진격을 계속하여 바그다드를 함락하였다. 후세인 동상이 쓰러져 있었고 바그다드에서 후세인 정권은 이미 사라졌다. 전쟁 초기 미사일 공격으로 중상을 입은 채 달아난 후세인의 소식은 분명하지 않았다.

    '충격과 공포' 전략으로 바그다드 보병사단은 괴멸할 정도로 타격을 받았고, 많은 이라크 병사는 전의를 잃고 전쟁터를 이탈하였다. 사실상 21일 만에 바그다드가 함락되었고 주요한 전투 작전은 끝났다. 5월 1일 부시 대통령은 '대규모 작전 종결'을 선언하였다. 그러나 미국군의 진정한 시련은 그때부터였다.

IV

반란과 대반란

COIN 작전의 역설과 패러다임 전환

제1차 팔루자 작전 — 전략 없는 작전의 역설적 귀결

2003년 12월 사담 후세인이 구속되었지만, 반미 무장 세력의 공격은 수그러들기는커녕 오히려 거세졌다. 2004년 4월에는 미국군의 월간 희생자 수가 약 150명에 이르렀고 이라크 침공 이후 최악의 기록으로 남았다.

날마다 펼쳐진 소탕작전에서 야간 강제 가택수색, 대량 감금, 재산 몰수 그리고 무엇보다 미국군의 가차 없는 무력 공격으로 무고한 시민까지 다수 피해를 입은 것이 계기가 되어 반미 감정은 악화하는 추세였다.

미국군은 이라크 침공이 끝나고 2년 동안 소탕작전을 130번 이상 실시하였는데, 2003년 5월 1일까지 109명이었던 전사자 수가 2005년 2월 중순에는 1천 명을 넘었고 미국군 측의 희생자도 크게 늘어났다. '미국 병사는 누구든 가리지 않고 살해한다'라는 것이 이라크 사람들의 일반적 인식이 되었다. 이라크 민간인 사망자 수도 꾸준하게 증가하였다.

미국군 병사의 '무차별 살인'을 상징하는 사건이 2005년 11월 19일 유프라테스강 상류의 팔루자로부터 약 160킬로미터 떨어진 하디타(Haditha) 마을에서 발생하였다. 해병대부대가 공격을 받은 것에 대한 조치로, 여성과 아이를 포함한 이라크 민간인 24명이 제1해병연대의 병사에게 살해된 것이다.

'하디타 마을 학살 사건'은 베트남전쟁 때 민간인이 500명 이상 살해당한 미라이 학살 사건에 비유되었고 이라크전쟁의 상징적인 민간인 학살 사건으로 유럽과 미국의 대중 매체에 거론되었다. 하디타 마을 학살 사건으로 상징되는 미국군 병사의 '공격 지향'이야말로 이라크의 민심 장악을 가로막는 요인이었다.

학살에 관여한 병사도 상급 지휘관도 나중에 열린 군사재판에서 "아무 일도 아니었다"라고 증언하였다. 그 자체가 어떻게 '공격 지향'이 미국군의 사고 회로에 깊숙이 새겨져 있고 근본적 사고의 패러다임을 형성하고 있었는지를 말해준다.

미국군 병사의 '공격 지향'이 민간인에 대한 무차별 살인을 저지르게 하여 이라크인의 반감을 샀고 민심을 등 돌리게 하여 반란 분자(insurgents)를 도와주게 되는 악순환은 점령 초기 이라크 각지에서 벌어졌다. 그 가운데 2003년 4월 28일 미국 육군 제82공수사단의 병사가 민간인 수십 명을 살해한 '팔루자의 비극' 사건이 일어났고 팔루자는 같은 해 여름 '이라크에서 가장 반미 감정이 심한 마을'로 불리게 되었다.

그 당시 미국 중앙군 사령관 존 아비자이드(John Abizaid)

대장은 이라크가 '고전적 게릴라전' 상태임을 인정하였다. 하지만 럼스펠드 국방부 장관은 '게릴라전'이나 '반란'이 일어나는 현실을 계속 완강하게 부정하였다. 베트남전쟁과 마찬가지로 이라크전쟁에서도 상층부보다는 지위가 낮은 문관이나 군인이 한결같이 깊은 통찰력을 보여주었다고 조지 패커는 평가하였다.

　　육군 공수부대의 어느 중령은 이라크에서 미국군이 직면한 상황에 대하여 군대가 경험해보지 못한 독특한 것이고 "무언가 다르다. 게릴라전도 아니고 마오쩌둥주의도 아니다"라고 표현하였다. 이라크의 반란 활동에는 마오쩌둥이나 호찌민과 같은 지도자도 없었고 명확한 정치 방침으로 조직화되었다기보다는 반체제 분자, 수니파, 시아파, 이슬람 과격파, 외국인 이슬람 과격파 등 여러 무장 세력이 제각기 활동하고 있다고 여겨졌다. 미국군도 일관된 대처 전략은 없었다.

　　점령 정책을 주도한 연합국 임시 기관(Coalition Provisional Authority, CPA)도 탈바트당화 추진과 이라크군의 해체로, 실업자가 급증하고 오히려 치안이 악화되는 등 점령 통치 전략 면에서 문제가 많았다. 사담 후세인 체포로 반미 무장 세력의 반란 활동이 잠잠해지기는커녕 점점 더 활발해졌다.

　　2004년 3월 31일 팔루자를 세계적으로 유명하게 만든 사건이 벌어졌다. 미국의 민간 군사회사 블랙워터 보안 컨설팅의 사원 4명이 대낮에 살해되어 불에 태워진 시체가 다리 기둥에 매달리는 참극이 발생한 것이다.

　　부시 대통령은 격노하여 교대한 지 얼마 안 된 제1해병사단 제임스 매티스(James Mattis) 소장에게 팔루자를 공격하라고 명령하였다. 매티스 소장은 원래 육군의 '공격 지향' 접근법에 반대하고 있었기에 성급하게 대규모 군사 공격작전으로 보복하면 오히려 역효과를 불러올 것으로 생각하였지만, 명령은 철회되지 않았다. 그렇게 제1차 팔루자 작전은 일단 팔루자의 점령을 목적으로 시작되었다.

4월 5일 제1해병사단연대 전투군 주력 약 2,500명이 팔루자 안에서 굳게 버티는 반란 무장 세력을 소탕하는 '단호한 결의 작전(Operation Vigilant Resolve)'에 투입되었다. 바그다드를 거점으로 하는 이라크 국가경비대 제36대대도 해병대부대와 함께 행동하였다.

팔루자 중심부에 잠복해 있던 것은 무장 세력 지도자 약 20명과 전사 약 1,600명으로, 바트당원, 군인, 범죄자, '성전' 전사, 테러리스트가 섞여 있었다. 무기는 주로 AK-47 자동소총, RPG(로켓 추진 유탄), 박격포였다. 미국군 측은 M1A1 에이브람스 전차, LAV 경장갑차, AAV7 수륙 양용 돌격 장갑차, 험비 범용차 등의 차량과 AH-1W 슈퍼 코브라 헬리콥터, 공군의 AC-130U 스푸키 지상 공격기 등의 지원이 있었다.

시가전의 양상은 전차와 장갑차 등으로 좁은 길을 이동하는 미국군을 반란 세력 5~10명 정도가 총격하고 달아나는 '히트 앤드 런' 전법이었다. 미국군은 야시장비를 활용하여 야간에도 전투를 벌였다. 미국군 병사는 무장 세력에 제대로 된 지휘·명령 체계가 없고 지리에 밝은 지도자를 중심으로 모인 갱단과 비슷하다고 생각하였다.

미국군 측은 병력 부족으로 이라크 부족을 활용하려고 하였으나 이라크인을 상대로 하는 전투는 거부하거나 탈주하는 사람이 많아서 거의 도움이 되지 않는 실정이었다. 4월 11일 일시적으로 정전할 때까지 미국군 측 전사자는 39명, 무장 세력 측 전사자는 600명(실제 300명이라는 말도 있다), 민간인을 포함한 부상자는 1천 명을 넘었다.

팔루자에서 소탕작전이 진행되던 시기에 라마디에서도 반란이 끊이지 않았다. 4월 6일 미국군에 전사자 12명이 발생하였는데 바그다드 함락 이후 하루 동안의 지상 전투로는 최악의 피해였다. 4월 7일 미국의 대중 매체에서는 톱뉴스로 라마디에서 해병대부대가 입은 피해와 팔루자에서의 모스크 공격을 다루었다.

뉴스를 보도한 것은 유럽과 미국만이 아니었다. 알자지라(Aljazeera)를 비롯한 아랍계 대중 매체는 일반 시민의 사상자 영상을 되풀이하여 방송하였고 미국군의 공격을 비난하였다. 이라크 통치 평의회에서는 소탕을 강경하게 반대하는 의견이 나왔고 항의하여 사임하는 사람도 있었으며 점령 통치 정책도 영향을 받았다.

그 때문에 4월 9일 정치적 판단으로 팔루자 소탕작전의 정지가 결정되었다. 매티스 소장을 비롯한 군 측에는 불만이 남았다. 공격 중지를 명령하였음에도 라디오 연설에서는 공격 속행을 내비친 부시 대통령의 발언도 군인들의 감정을 상하게 하였다.

전략연구가 J. C. 와일리(Joseph Caldwell Wylie)에 따르면 '공세'는 뚜렷한 목적이 없고 단지 화풀이를 위하여 펼칠 수도 있다고 하였는데, 틀림없는 '화풀이'를 위한 '전략 없는 작전'은 일단

마무리되었다.

정전이 계속되던 4월 하순, 전략의 혼란은 계속되었다. 부시 대통령은 팔루자 공격에 반대하는 영국의 토니 블레어(Tony Blair) 총리, 연합국 임시 기관의 폴 브레머(Paul Bremer) 특사, 중앙군 사령관 아비자이드 대장의 의견과 일반 시민의 참상을 전하는 대중 매체의 보도의 영향으로 팔루자의 점령에 부정적이 되었다.

그때 팔루자에서 동쪽으로 16킬로미터 떨어진 아부그라이브 교도소의 이라크인 죄수 학대 문제가 전 세계적으로 보도되었다. 이라크인 죄수를 발가벗기고 다양한 방법으로 학대하는 모습이 대중 매체에서 크게 다루어졌고 부시 정권은 대응에 쫓기게 되었다.

마침 그 시기에 팔루자에서는 현지 지휘관의 재량으로 중요한 전략적 결정을 할 수 있었는데, 제1해병원정군 사령관 제임스 콘웨이(James Conway) 중장이 이라크 국가경비대와의 합동 순찰을 그만두고 이전의 이라크 병사와 무장 세력으로 구성된 '팔루자 여단'의 편성을 승인한 것이다.

콘웨이의 결정은 팔루자의 치안을 흐트러뜨리는 장본인에게 치안 유지를 맡긴 것과 같았다. 팔루자 여단이 편성되는 대신 해병대가 팔루자에서 철수하기로 합의하였다. 팔루자 여단의 편성은 팔루자 무장 세력 측에서 보면 '승리'를 의미하였다.

해병대를 '격퇴'한 팔루자에는 시리아, 아라비아, 심지어 탈레반의 잔당까지, 그리고 다양한 외국인 전사도 집결하였다. 팔루자는 이라크에서 '최악의 도시', '무자헤딘(mujahidin)의 성지'로 불리게 되었다. 전략 없는 작전은 대실패로 끝났다.

제2차 팔루자 작전

제1차 팔루자 작전이 끝나고 미국군이 철수한 팔루자는 반미 세력의 큰 거점이 되었다. 치안 유지 임무에 종사해야 할 팔루자 여단은 점차 반미 무장 세력 측에 가담하였다. 미국군에 협력하는 국가경비대의 관계자를 유괴·살해하는 등 미국군 측의 기대를 완전히 저버렸고 9월에는 해산당하였다. 결과적으로 팔루자 여단을 편성하여 치안 유지 임무를 맡기는 전략은 실패하였다. 오히려 팔루자는 반미 세력의 '성지'로 변하였다.

2004년 6월 초순 이라크 통치 평의회는 임시 정권을 발족하였고 같은 달 말에는 임시 정권으로 이라크 주권이 넘어갔다. 연합국 임시 기관은 해산하였고 유지연합국은 국제연합의 다국적군으로 옮겼다. 8월에 무크타다 알 사드르(Muqtada al-Sadr)가 이끄는 시아파 민병대 '메흐디(Mehdi)'의 반란이 일어나서, 임시 정권의 이야드 알라위(Iyad Allawi) 총리는 미국군과 협력하여 수니파 무장 세력이 지배하는 도시를 무력으로 공격하기 위해 준비하였다. 미국 해병대도 중앙군 사령관 아비자이드 대장의 지휘로 팔루자 공격 전략을 재검토하였다.

수니파 주민이 다수 모여 있는 '수니파 삼각 지대'의 공방전에서 최대 규모의 소탕작전을 펼친 것이 제2차 팔루자 작전이다.

약 4,500명으로 추정되는 팔루자 시내의 반미 무장 세력을 선동한 사람은 알 카에다 테러리스트인 아부 무사브 알자르카위(Abu Mussab al-Zarqawi)로 지목되었고, 제1해병사단을 중핵으로 하는 미국군 부대 약 1만 2천 명과 이라크 보안부대 약 3천 명이 합동으로 작전을 실시하였다.

본격적 공격작전은 부시 대통령의 재선으로부터 6일 뒤인 11월 8일에 시작하였다. 팔루자 시민 25만 명 대부분이 피난하였고 시내에 남은 주민은 400명 정도였다. 이라크전쟁의 최대 규모 시가지 소탕작전이며, 베트남전쟁 이후 가장 격전으로 평가받기도 한다. 해병연대와 해군 장갑기동부대는 전차와 보병 전투차를 방패로 삼아 시가지로 침입하였고 반란 분자의 거점을 철저하게 추적하였다.

미국군 측은 약 1주일 동안 시가지를 거의 제압하였으나 산발적 전투는 12월까지 이어졌다. 11월 7일부터 12월 31일까지 미국군의 손해는 전사자 82명, 부상자 600명 이상이었다. 이라크 보안부대도 전사자 6명, 부상자 55명이 발생하였다. 무장 세력 측의 전사자는 약 2천 명으로 추정되었고 1,200명이 포로가 되었다.

덧붙여서 2004년 11월 미국군 가운데 이라크에서의 사망자 수는 137명으로 4월 최악의 기록과 비슷하였고 부상자는 1,300명 이상이었다. 결국 미국군의 병력 부족으로 치안 악화와 '공격 지향'의 악순환은 개선되지 못하였다. 2004년 말 전사자 합계는 1천 명에 육박하였고 부상자는 1만 명을 헤아렸다.

게다가 제2차 팔루자 작전에서 압도적 화력 공격으로 얻은 '승리'는 반란 분자를 '섬멸'하였지만, 시민의 주거와 인프라를 파괴하여 전기, 물, 먹을 것, 의약품 등이 심각하게 부족해졌다. 침공작전은 성공하였지만, 생활 기반을 빼앗긴 주민의 반미 감정은 격해져서 오히려 반란 분자에 협력하거나 참가하는 사람이 늘어나는 COIN 작전의 '역설'은 피할 수 없었다.

작전을 종료한 뒤 보급기지에 있던 대량의 물, 식량, 의약품을 주민에게 제공하고 마을로 돌아온 시민에게는 위문금으로 2,500달러를 지급하였지만, 효과는 제한적이었다. 그 시점에 미국군의 새로운 COIN 전략은 확립되지 않은 상태였다.

맥매스터 대령의 간접접근

2005년 1월 임시 국민 의회 선거가 실시되었지만, 수니파는 투표를 거부하였다. 3월에 임시 국민 의회가 열렸고 4월 말에는 과도 정부가 발족하였으나 과도 정부에 대한 반발로 이라크 전국에서 무장 세력의 테러 공격이 증가하였다. 치안 상황은 전혀 개선되지 않았다.

그러한 가운데 2005년 2월 미국 육군 맥매스터 대령은 제3장갑기병연대장으로 다시 이라크에 파견되어 '간접접근'을 실천하였다. 담당 지역은 이라크 북서부 인구 약 25만의 탈아파르였는데 '북부의 팔루자'라고 불렸다.

맥매스터는 COIN 작전의 '중심'이 '주민'임을 강조하면서 죄수를 박대하지 말고 경멸하는 말도 금지하며, 이라크 시민에게 경의를 표하라고 지시하였다. '적을 이롭게 하지 말라'가 말버릇이었던 맥매스터는 그때까지의 작전 방침을 비판하고 미국군이 군사기술의 우위성에 기대어 전쟁의 인적·심리적·정치적 부분을 가볍게 여긴 점이 문제라고 지적하였다.

작전 성공의 열쇠는 민심 장악이라고 강조함과 동시에, 현장의 지휘관은 항상 군사작전이 끼칠 정치적 영향을 생각하면서 부대를 지휘해야 한다고 하였으며, COIN 작전은 본질적으로 정치적 문제라고 설명하였다.

'공격 지향은 잘못되었다'라고 생각한 맥매스터는 교외에 있는 대규모 기지의 장갑차량을 이용하여 시내를 순찰하지 않고, 시내에 소규모 활동 거점을 여러 개 마련하여 미국군 병사와 주민이 함께하는 방침을 세웠다.

맥매스터는 마을의 유력자나 부족의 장로와 적극적으로 교류하려고 노력하였고 조금씩 '신뢰'를 얻는 데 성공하였다. 이라크 사회에서는 '누가 누구를 알고 있는지'와 같은 '친밀한' 인간관계가 중요하였다. 병사들도 지역 주민과 우호적 관계를 맺은 결과, 반란 분자의 활동에 관한 정확한 정보를 얻을 수 있었다.

맥매스터는 반란 분자가 시내에 들어오지 못하도록 담을 치고 전기·수도 등 사회 기반의 정비 계획을 세우며 지역 경찰요원을 모집·훈련시키기 위하여 상당히 많은 자금도 사용하였다.

미국군은 처음에 발전기 수리, 수도 복구, 학교 보수 등 지역 단위의 소규모 부흥 계획에 사용할 예산이 없었지만, 2003년 여름 이후 확보한 후세인 정권의 비자금을 재원으로 '지휘관 긴급 대응 계획'을 발족하였다. 여단장의 재량으로 2,500달러에서 1만 달러 정도의 소규모 계획이 작전지역 내 주민의 요구에 따라 신속하게 실시되었고 미국군의 부흥 지원이 '눈에 보일 정도'로 지역 주민에게 인지되었다.

2004년 9월 시점에 교육, 전기, 의료, 경찰·치안, 부흥, 통치·법, 사회 보장, 교통, 홍수 조절 등 지원 계획은 3만 건을 넘었고 예산 총액은 5억 3천만 달러에 이르렀다. 지휘관 긴급 대응 계획은 그 후 '지휘관 인도 지원·부흥 계획'으로 확대되어 예산도 더욱 추가되었다.

맥매스터가 이끄는 제3장갑기병부대가 탈아파르에서 펼친 작전은 미국 육군 내에서도 'COIN 작전의 모범'이 되었다. 신중하게 반란 분자의 거점을 소탕(clear)하고, 지역의 치안을 유지(hold)하며, 지방 정부의 통치를 회복시켜서 지역 주민에게 필요한 공공 서비스를 제공(build)하는 '소탕, 유지, 재건' 방식이 탈아파르에서 실행되었다.

맥매스터의 작전 수행에 힌트를 준 사람은 1년 전 모술에서 COIN 작전을 실시한 데이비드 퍼트레이어스(David Petraeus) 장군이었다. 당시 제101공수사단장이었던 퍼트레이어스의 작전을 맥매스터가 직접 본 것은 중앙군 사령관 아비자이드 장군의 고문으로서 이라크 각지의 미국군 부대를 순찰할 때였다.

럼스펠드 국방부 장관이 완고하게 '반란(insurgency)'이라는 단어의 사용을 거부하였을 때에도 맥매스터는 중앙군 사령관에게 무장 세력의 활동을 단순한 폭동이 아니라 '반란'으로 인정해야 하며, 미국군은 전략으로 '대반란작전(COIN Operations)'을 진지하게 채택해야 한다고 주장하였다. 그때 퍼트레이어스는 COIN 작전의 절묘함을 이해하는 몇 안 되는 지휘관 가운데 한 명이었다. "군사작전만으로는 반란을 제압할 수 없다" "군사작전이 경제 정책이나 정치 목적과 일치하지 않으면 적을 이롭게 할 뿐이다"라며 군대와 정치의 정책 통일을 조언하였다.

퍼트레이어스 장군과 COIN 독트린 개정

베트남전쟁이 끝나고 약 30년 뒤인 2006년 12월 '미군 육군 야전교범 FM3-24 대반란'(이하 COIN 독트린으로 표기)이 큰 폭으로 개정되었다. 공표하고 2개월 뒤 인터넷에서 다운로드를 받은 횟수는 200만 번을 넘었고, 2007년에는 시카고대학출판에서 출간된 이례적인 야전교범이다. 책의 맨 끝에 참고 문헌 일람이 게재된 것도 육군 교범 가운데 처음이었다. 획기적인 COIN 독트린의 개정을 주도한 사람이 2005년 10월 두 번째 이라크 파견을 마치고 귀국하여 육군 제병협동센터 사령관으로 취임한 퍼트레이어스 장군이다.

이라크전쟁 때 미국 육군의 야전교범 'FM3-0 작전'은 육군의 근본적 역할을 '전체 영역 작전(Full Spectrum Operations)'의 수행으로 규정하여, 전쟁과 전쟁 이외의 군사작전(Military Operations Other Than War, MOOTW)에서 공격·방어·안정화·지원 작전을 효과적으로 해내고 군사적 전략 목적을 달성한다는 내용이다.

'전체 영역 작전'에는 재해 파견·인도적 지원 임무로 평화 구축, 대(對)테러·게릴라전(COIN 작전), 국토방위, 각종 정규전과 특수작전 그리고 탄도미사일 방위와 사이버 전쟁 등 광범위한 작전 임무가 포함된다.

2008년 '작전 독트린'이 개정되기까지 미국 육군은 적을 압도적 화력으로 섬멸하여 승리하는 '섬멸전'이라는 전통적 패러다임을 유지하고 있었다. 그러한 전략 문화는 오히려 비정규전에서 작전 수행의 유효성을 저해하였다.

퍼트레이어스는 육군 제병협동센터 사령관으로 취임한 뒤 해병대와 합동으로 'COIN 센터' 신설을 시작하였다. 새로운 조직의 초대 사무국장은 피터 만수르(Peter Mansoor) 대령이었고 해병대 전투개발사령부 사령관 제임스 매티스 중장과 퍼트레이어스가 협력하여 2006년 7월 새로운 센터를 발족시켰다.

만수르 대령은 퍼트레이어스와 함께 개정 작업에도 깊게 관여하였고 교범 기재 내용을 면밀하게 검토하였다. 앞부분의 1장과 2장은 30번도 넘게 수정하였다. 교범의 초고 작성 총괄 책임자는 콘래드 크레인(Conrad Crane)이었는데 웨스트포인트 육군사관학교 시절 퍼트레이어스와 동급생이었다. 육군사관학교에서 전쟁 역사 교관을 지냈고 퇴역 후에는 미국 육군 전쟁역사연구소의 소장을 맡고 있었다. 집필에는 존 나글(John Nagl)을 비롯하여 쟁쟁한 COIN 작전 전문가가 참여하였다.

2006년 2월 국내외 전문가가 폭넓게 모인 회의에서의 의논을 바탕으로 국방부 내에 머무르지 않는 다각적·학제적 시점에서 그때까지의 COIN 작전 독트린을 재검토한 것은 획기적이었다. 단순히 새로운 독트린을 수정하는 것만이 아니라 육군이나 해병대의 교육·훈련 및 실전과 통합하려 한 것도 그때까지는 없었던 조직 혁신의 방법이었다.

사무국장 만수르는 COIN 센터 활동의 초점을 COIN 독트린의 개발·개정·실행, 각 군사 사이의 COIN 독트린과 원칙 통합, 현재·과거 사례 연구 추진과 성과 발행, 군 조직이나 지휘관으로서의 조언, 군사 전문 교육 개선, 대중 매체·두뇌 집단·각 정부 기관과의 정보 공유로 맞추었다.

미국군의 조직 문화와 COIN 전술

새롭게 개정된 COIN 교범의 집필자 가운데 한 명으로 이라크 파견 경험이 있는 나글은 COIN에 국력의 모든 요소, 즉 외교, 정보, 경제, 군사 요소를 전부 동원해야 하며, 그렇지 않으면 안정된 정부를 만든다는 정치 목적은 달성할 수 없다고 주장하였다.

나글이 이라크전쟁에서 깨달은 것은 반란 분자에 관련된 정보가 중요하다는 것이었다. 정보를 손에 넣기 위해서는 주민의 지지가 필요하였는데 머리로는 알고 있어도 실제로는 훨씬 복잡한 임무였다고 털어놓았다.

일찍이 영국군이 말라야에서 COIN 작전으로 성공한 원인은 현지에 오랜 기간 머물렀고 문화의 이해도도 높았기 때문이다. 그에 비하여 미국군은 이라크에서 예상보다 일찍 적응하였으나 시간의 제약으로 한계도 있었다.

COIN 작전에 대한 영국군의 생각도 고려해야 할 점이었다. 영국군은 군대와 국민의 밀접한 협력, 문민정부의 정치 문제 해결, 소부대로 분산 배치하는 전술을 펼쳤는데, 미국군은 전쟁터에서 군이 지배권을 쥐고 정치 문제도 군이 해결하며 정규전의 대규모 부대가 COIN 전술까지 펼치는 경향을 띤다고 나글은 비교하였다. 2003년 9월 나글이 이라크에 파견되었을 때 소속된 제34기갑연대 제1대대는 전차대대를 중심으로 하는 정규전에 대비한 부대로, COIN 작전에 대비한 부대는 아니었다.

그렇다고 해도 나글은 미국군이 학습하는 조직이며 '전쟁 혁신(innovation under fire)'을 가능하게 했다고 이야기하였다. 특히 전술 지휘관이 전쟁터에서 조직 혁신에 힘을 보태어 상급 사령관에게 인정받을 수 있으면, 정규전을 COIN 작전으로 바꾸어 단순한 공격과 방어만이 아니라 민생 지원, 심리전, 방첩(counter intelligence) 팀을 활용하여 COIN 작전을 효과적으로 실시하는 것도 가능하다고 하였다.

모술에서 퍼트레이어스가 이끈 제101공수사단의 작전과 탈아파르에서 맥매스터 연대장이 펼친 작전은 '전쟁 혁신'의 사례였다.

맥팔랜드 대령의 전쟁 혁신

'전쟁 혁신'의 또 다른 사례는 션 맥팔랜드(Sean MacFarland) 대령이 라마디에서 펼친 COIN 작전과 이라크인 부족의 '각성 평의회' 결성에서 볼 수 있다.

2005년 1월 맥팔랜드 대령의 육군 제1기갑사단 제1여단은 탈아파르에서 맥매스터 연대가 펼친 작전을 이어받았다. 맥팔랜드의 부대는 약 4개월 동안 탈아파르에서 주둔한 뒤 수니파 삼각 지대의 꼭짓점 가운데 하나인 라마디로 이동하였다. 그때 라마디는 팔루자에서 쫓겨난 알 카에다계 무장 세력 약 5천 명의 성지였다.

2005년 5월 맥팔랜드의 부대가 라마디로 이주한 지 얼마 안 되었을 때 무장 세력으로부터 하루 동안 25번이나 공격을 받았다. 맥팔랜드가 이어받은 펜실베이니아주 경비대는 거센 공격을 받는 지역에 접근하지 않았고 라마디를 무장 세력의 근거지가 되도록 내버려 두었다. 시장도 평의회도 존재하지 않았고 모든 공공 서비스는 멈춘 상태였다. 부대가 치안 유지를 담당하는 지역의 21개 부족 가운데 6개 부족만이 미국군에 협력적이었다.

맥팔랜드는 상급 사령관인 해병대 장관의 부정적 의견에도 불구하고 위험을 무릅쓴 작전을 펼쳤다. 탈아파르에서의 맥매스터처럼 교외 대규모 기지를 나와서 시내에 소규모 거점을 만들기 시작하였다. 비슷한 시도로 실패한 적이 있는 해병대 장병은 육군부대가 주제넘은 행동으로 희생자도 많이 낼 것이라며 회의적이었다.

하지만 '소탕, 유지, 재건' 작전의 노하우를 맥매스터에게 직접 전해 받은 맥팔랜드는 보스니아에서의 평화 구축 작전 지휘 경험, 육군상급군사학교에서의 대반란 전쟁 역사와 베트남전쟁 역사에 관한 연구, 나글의 저작에 관련한 깊은 연구를 통하여 COIN 작전에 정통하였다. 미국 육군 병사는 작은 거점에서 이라크인 보안부대 병사와 함께 생활하였다. 지역 부족장에게도 협력을 구하고 조금씩 협력하는 부족을 늘렸다.

'소탕과 유지'가 점차 정착되려고 하던 2005년 8월에 맨 처음 맥팔랜드 부대에 협력을 자청한 부족장이 알 카에다에 암살되었다. 알 카에다는 미국군만이 아니라 미국군에 협력하는 수니파 주민과 경찰부대에도 폭력, 약탈, 절도를 저질렀다.

가족을 잃은 지역 부족장들이 마침내 9월에 들고일어났다. 부족장 50명 이상이 집결하여 맥팔랜드와 부하들도 자리를 같이하는 가운데 '각성 평의회'를 결성하였다. 모두 하나로 뭉쳐서 미국군에 협력하고 알 카에다를 섬멸한 뒤 지역 정부를 세워서 법의 지배를 확립하기로 결의하였다.

라마디에서의 각성 평의회는 그 후 이라크 각지에서 결성된 많은 각성 평의회 가운데 첫 번째가 되었고 맥팔랜드의 COIN 작전의 '전환점'도 되었다. 위험을 감수하며 시내의 소규모 거점에 주둔하고, 무슨 일이 있어도 치안이 완전하게 회복될 때까지 그 자리를 떠나지 않고 힘쓴 것이 주민의 이해와 신뢰로 이어져서 '민심 장악'에 성공한 증거가 바로 각성 평의회의 결성이었다. '소탕과 유지'에 이은 '재건' 임무 달성이 가능해진 것이다.

COIN 전략으로의 패러다임 전환

정규전의 궁극적 목표는 클라우제비츠가 고전적 전략론에서 이야기한 '적의 전투력 격멸'이다. 적을 격퇴하는 것이야말로 '미국식 전쟁 방법'의 핵심이기도 하다. 걸프전쟁이나 이라크전쟁의 초기 침공작전에서는 대부분 이상적 형태로 군사작전이 진행되었다. 그러나 이라크전쟁 점령기인 '4단계'에서는 미국군 상층부가 처음에 예상하지 않았던 COIN 작전을 실시해야 하는 상황이 되었다.

일반 군사작전과 COIN 작전은 같은 군대의 작전이어도 완전히 반대되는 접근이 필요하다. 작전을 생각하는 기본적 틀을 근본적으로 바꾸어야 한다는 점에서 군사전략 사고에 대한 일종의 패러다임 전환이 요구된다. COIN 작전에서는 민중의 지지를 얻는 전투가 중심이 된다. COIN 작전의 중심은 적이 아니라 민중이다.

개정된 COIN 독트린은 '민중 중심주의(Population centric)' 전략을 중시하고 맥매스터가 '공격 지향'이라고 부르는 '적을 섬멸하는 전략'에서 '민심을 장악하는 전략'으로의 패러다임 전환을 달성해야 한다고 말한다. 정규전을 전제 조건으로 하는 '미국식 전쟁 방식'에서 '급진적' 변경을 요구하는 것이기도 하였다.

COIN 작전을 포함하는 모든 '전체 영역 작전'은 '공격·방어·안정화' 작전이 복잡하게 뒤섞여 있어서 최적의 균형은 각 전투 지휘관이 담당하는 작전 지역의 상황에 따라 다르다. 개정된 COIN 교범은 위와 같이 설명하면서 '공격 지향'을 바탕으로 하는 과거의 무력 사용을 엄중하게 제지한다.

COIN 교범은, '적당한 무력 사용'을 권장하고 때로는 반란 분자를 살해해야 할지도 모르지만 '반란 분자를 5명 살해할 때 부수적 피해로 무고한 일반 시민까지 희생되는 상황이 오면, 결과적으로 새로운 반란 분자는 50명이 된다'라는 가능성을 이야기하며, '적의 섬멸' 중심주의 사고가 COIN 작전의 목적 달성에 반드시 이어지는 것은 아니라고 경고한다.

정규전의 '상식'을 뒤집는 것이 COIN 작전의 '성공' 그리고 이라크전쟁의 '승리'에 무엇보다 요구된 것이다.

적을 소탕하는 것, 즉 반란 분자라고 생각되는 성인 남자, 저항하는 사람은 모조리 살해하고 혐의가 있는 사람은 포박하는 행동의 밑바닥에 깔린 미국군 병사의 관습을 문제시하고, 사고의 근본적 틀을 변경하려고 하는 점이 새로운 COIN 교범의 '급진적' 이유였다.

럼스펠드의 후임 게이츠 국방부 장관은 이라크에서 새로운 COIN 교범을 권장하며 '정규전의 DNA가 군부에서는 엄청난 힘을 가지고 있다'라는 점을 통감하였다고 회상하였다. 2003

년 시점에 COIN 작전의 원칙을 이해하는 미국 육군 장교는 매우 드물었다. 훗날 이라크에서 COIN 전략으로의 전환을 추진한 레이몬드 오디에르노(Raymond Odierno) 장군조차, 2003년 6월 잭 킨(Jack Keane) 대장이 제4보병사단장을 지낼 때에는 퍼트레이어스의 발끝에도 미치지 못하였다.

오디에르노의 브리핑은 '몇 명을 제거하였는가'에 초점이 맞춰져 있었고 킨을 실망시켰다. 킨은 오디에르노 부하의 여단장을 맡은 대령과도 면담하였는데 '적을 제거'하는 것에만 주의가 집중되어 있다는 것을 확인하고 암담한 기분이 되었다. '이래서는 반란 분자를 늘릴 뿐이다. 좀 더 민중을 생각하라'라고 킨은 오디에르노에게 말하였다.

COIN 작전의 역설

새로운 COIN 교범은 'COIN 작전의 역설'로 다음 9가지를 지적한다.

(1) 부대 방어를 강화하면 할수록 오히려 부대의 안전을 위협할 수 있다. COIN 작전 성공의 열쇠는 민중 보호이다. 민중을 보호해야 할 군부대가 대규모 기지에 틀어박혀 있으면 주민과의 거리가 멀어지고 반란 분자의 공격을 두려워하는 것처럼 보여서 반란 분자에게 유리한 상황이 된다. 위험을 감수하고 주민과 함께 거주지 내에 주둔하여 순찰·작전 지원 거점을 마련하고 신뢰 관계를 쌓으면 작전 수행에 필요한 정보도 들어오고 최종적으로는 정통성을 확립할 수 있다.

(2) 무력을 사용하면 할수록 효력이 떨어질 수 있다. 대규

모 무력 사용은 그만큼 부수적 피해가 발생하기 쉽고 오인 사격도 자주 발생한다. 그 결과로 일어나는 파괴적 행위는 반란 분자 측의 유리한 선전에도 이용되기 쉽다. 제한적이고 정확한 무력을 사용하는 것이야말로 필요한 법의 지배 확립으로 이어진다.

(3) COIN 작전이 성공하면 할수록 무력 사용은 줄어들고 위험 부담은 커진다. 반란 분자의 공격이 줄어들면 국제법 제약이나 주민의 기대도 높아져서 군사행동은 점점 제약을 받는다. 그 결과 교전규칙도 전보다 억제되고 그만큼 위험 부담이 커지는 것은 각오해야 한다.

(4) 아무것도 하지 않는 것이 최적의 대응일 수도 있다. 반란 분자는 COIN 작전을 실행하는 부대 측의 과잉 대응을 유도할 목적으로 테러나 게릴라적 공격을 계획하는 일이 많다. 도발에 넘어가서 민중에게 발포하거나 부주의하게 소탕작전을 폈을 때 소탕한 적보다 많은 반란 분자를 만들게 된다면 역효과다. 군사행동의 장단점을 생각하여 단점이 많다면 가만히 있는 것이 현명하다. (새로운 COIN 교범 제7장에는 다음과 같은 에피소드가 소개되었다. 2005년 4월 미국군 병사가 순찰할 때 갑자기 주민의 저항 활동이 발생하였다. 그때 지휘관 장교는 총구를 아래로 향하게 하고 부하들에게도 총구를 아래로 향하게 한 뒤 몸을 웅크리라고 지시하였다. 그 결과 흥분한 주민은 진정하였고 병사들은 원래대로 순찰을 계속하였다.)

(5) COIN 작전의 좋은 무기로써 '공격하지 않는' 것도 있다. 민중의 지지를 얻고 현지 정부의 정당성을 확보하기 위해서는 반란 분자의 제거가 필요할 때도 있지만, 반드시 항상 필요한 것은 아니다. COIN 작전의 중심은 민중이다. 경제 상황의 개선,

정치 참가, 앞으로의 희망이 폭탄이나 총탄보다 효과적일 때도 있어서 의심할 여지 없이 '금전은 탄약'이다. 미국군 병사는 비군사작전의 중요성을 더욱 깨달아야 한다.

(6) 현지 정부의 대응이 어설퍼도, 미국이 잘하는 것보다 낫다. 장기적으로 보았을 때 현지 정부가 자립하려면 이른 단계부터 미국군의 지원 없이 기능하는 것이 좋다. 지원은 최소한으로 이루어져야 한다.

(7) 이번 주 성공한 전술이 다음 주에는 실패할지도 모른다. 지금 있는 지역에서 성공한 전술도 다른 지역에서는 실패할지 모른다. 유능한 반란 분자는 적응 능력이 뛰어나다. COIN 작전이 힘을 발휘하려면 반란 분자가 따라오지 못하도록 항상 전술을 바꿀 필요도 있다.

(8) 전술적 성공은 아무것도 보장하지 않는다. 군사작전만으로 COIN 작전의 성공을 바랄 수 없다. 전투에서 지기만 하는 반란 분자도 전략목표를 달성하는 것은 가능하다. 전술 행동은 작전·전략 레벨의 목표, 나아가 현지 정부의 정치 목적과 관련지을 필요가 있다.

(9) 장군들이 중요한 의사의 대부분을 결정하는 것이 아니다. '전략적 상등병'이라는 말처럼 전술 레벨의 리더가 전략적으로 중요한 의사 결정을 하는 것이 COIN 작전의 현실이다. 병사 개개인이 뛰어난 능력과 적절한 판단력을 갖출 필요가 있다. 하급 지휘관은 서로 다른 전쟁 구역의 특성에 따라 상급 지휘관의 의도를 고려하여 상황을 판단하고 임기응변으로 COIN 작전을 실행하는 능력이 요구된다. 하급 지휘관의 능력은 '임무 지휘

(mission command)'사고와도 연결된다.

새로운 COIN 교범은 상대보다 일찍 학습하고 변화에 적응하는 쪽이 COIN 작전에서 승리한다고 말하며, '학습과 적응'을 COIN 작전의 중요한 요건으로 인정한다.

킨 대장의 새로운 전략 제안

COIN 교범의 개정을 추진하는 한편, 퍼트레이어스는 착실하게 이라크전쟁의 COIN 전략 전환을 계획하였다. 2006년 5월부터 부시 대통령의 측근인 메건 오설리번(Meghan O'Sullivan)을 통하여 이라크 전략의 전환을 비공식적으로 재촉하였다.

럼스펠드 국방부 장관, 중앙군 사령관 아비자이드 대장, 이라크 주둔 다국적군 사령관 조지 케이시(George Casey) 대장은 여전히 이라크에 '반란'은 일어나지 않았으므로 COIN 작전도 필요 없다고 생각하였다. 오히려 이라크의 치안 유지를 이라크인들에게 맡기고 이른 시기에 미국군 병력이 이라크에서 철수하는 것을 생각하고 있었는데, 그러한 생각은 킨 대장의 '증파 전략으로의 전환'에 전례 없는 행동 기폭제가 되었다.

베트남전쟁에서 제101공수사단의 소대장·중대장으로 종군한 경험이 있는 킨 대장은, 이라크전쟁 때 육군이 비정규전에 대처할 준비가 되어 있지 않았고, 무엇보다 '비정규전을 정규전처럼' 펼친 것을 육군참모차장으로서 명확하게 인식하고 있었다. 앞서 이야기하였듯 육군 병사를 충분한 준비 없이 이라크전쟁에 내보낸 것이 현역 시절 때부터 계속 마음에 걸렸고 약간의 죄책감도 느끼고 있었다.

게다가 2006년 8월 3일 상원 군사위원회에서 럼스펠드를 비롯한 상층부가 이라크 정세는 호전되고 있으며 현행 전략을 변경할 필요는 없고, 종파 사이의 폭력 행위를 억제하는 것은 이라크인의 일이며 미국군이 해야 할 일은 아니라고 하였다. 변함없이 이라크의 현실을 이해하지 못하는 의견만 강하게 주장하는 모습에서, 킨 대장은 움직일 때가 왔다고 결의하였다. 이튿날 킨은 서둘러 새로운 전략을 짜고 럼스펠드 국방부 장관과의 면담을 예약하였다.

9월 19일 국방부 장관실에서 합동참모본부 의장인 피터 페이스(Peter Pace) 해병대 대장이 동석하였고, 킨은 이라크 전략의 전환에 대한 자신의 구상을 전달하였다. 이라크의 전쟁 상황은 '전략적 실패'로 치닫고 있으며 현재 전략이 틀렸다고 솔직하게 말하였다. 옳은 전략은 '고전적 COIN 전략', 즉 주민을 보호하고 반란 분자와 주민을 분리하는 것이라고 제안하였다.

교외 대규모 기지에서 험비를 타고 마을까지 와서 순찰하는 대신, 기지를 주민이 사는 시가지로 옮겨서 걸어 다니며 주변 지역을 순찰하는 방식으로 바꾸고, 교통 검문소를 마련하여 주민 인구 조사를 실시하고 신분증을 발행하는 고전적 COIN 전술도 효과적이라고 말하였다. 무엇보다 이라크 주둔 병력을 줄이자는 의견은 국방부 장관이 멈추도록 명령해야 하며, 현지 지휘관의 교대나 새로운 전략을 실시하려면 병력 감축이 아닌 증강이 필요하다는 것도 간접적으로 표현하였다.

그러나 럼스펠드는 예전부터 부하의 직언을 그대로 받아들이지 않았다. 럼스펠드의 회고록을 보면 그때 킨 대장과의 회

견에서 이라크에서의 폭력은 거세지고 있으며 미국군의 대응에
는 문제가 있고 아비자이드 대장이나 케이시 대장을 귀국시켜야
한다는 취지의 발언은 확인할 수 있지만, '증파 전략으로의 전환'
을 강하게 요구하였다는 언급은 전혀 찾아볼 수 없다.

대령 회의와 군사전략의 재검토

　　럼스펠드와 킨의 대화를 조용히 듣고 있던 페이스는 2일
뒤 킨을 집무실로 맞이하여 합동참모본부 의장으로서의 자신에
대한 평가를 부탁하였다. 킨은 '불합격'이라고 대답하였다. 이라
크전쟁이 국가안전보장의 최우선 안건임에도 불구하고 충분하
게 힘을 기울이지 않았고 정면에서 대처하지 않았다는 점이 이
유였다. 아비자이드나 케이시에게 맡겨놓고 패배로 치닫는 상황
을 방관하는 것처럼 보이던 페이스에게 킨은 호된 평가를 내렸다.

　　현재 지휘관 인사에 대해서도 중앙군 사령관을 아비자이
드에서 윌리엄 팰런(William Fallon)으로, 이라크 주둔 다국적군
사령관은 케이시에서 퍼트레이어스로 교체해야 한다고 말하였
다. 또한 현재 전략도 재검토해야 한다고 넌지시 표현하였다. 킨
의 의견을 받아들인 페이스는 극비로 '대령 회의(The Council of
Colonels)'를 마련하고 이라크 전략의 재검토를 지시하였다.

　　2006년 9월 27일 최초로 대령 회의가 열렸다. 모인 대령
16명 가운데 맥매스터와 만수르도 있었다. 퍼트레이어스가 두
명을 추천하였기 때문이다. 육군 4명, 해병대 3명, 공군 5명, 해군
4명 가운데 이라크에서 작전을 지휘한 경험이 있는 사람은 육군
맥매스터와 만수르, 해병대 그린우드까지 3명뿐이었다.

군의 최고 지도자와 대령이 마음을 터놓고 전 세계적 테러리즘과의 싸움에서 승리하기 위한 올바른 전략은 무엇인가를 의논하는 이례적인 자리가 합동참모본부 내에 마련되었고 매주 회의가 열렸다.

처음에는 이라크 문제만이 아니라 아프가니스탄, 이스라엘과 팔레스타인 문제, 알 카에다와 이슬람 과격파, 북한과 중국 문제, 사이버 공격에서 전염병의 확대까지 폭넓게 의논하였는데, 수습이 되지 않아서 화제는 이라크 문제로 좁혀졌다.

이라크 문제에 관련해서도 의견은 서로 달랐다. 맥매스터는 예비 병력 동원을 포함하여 병력을 큰 폭으로 증강하는 '증강 계획(Go Big)'을 주장하였다. 만수르는 미국군 병력의 증강만이 아니라, 이라크 보안부대의 수도 늘리면서 병력을 주민 거주 지역으로 분산·배치하여 오랜 기간 주민의 치안을 확보하는 '장기 계획(Go Long)'을 내세웠다. 그리고 육군·해군의 대부분은 병력 감축과 이른 시기에 치안 권한을 넘기는 '철수 계획(Go Home)'을 지지하여 통일된 견해를 얻을 수 없었다.

라이스의 쿠데타와 장군들의 반란

국가안전보장회의와 국무부 내에서도 이라크 전략의 전환에 대한 논의가 있었지만, 럼스펠드 국방부 장관과 군 간부로부터 군사전략의 재검토에 관한 동의를 얻을 가망성은 보이지 않았다.

2005년 10월 콘돌리자 라이스(Condoleezza Rice) 국무부 장관이 상원 외교위원회에서 이라크에서의 미국군 정치·군사 전략은 '소탕, 유지, 재건' 다시 말하면 각 지역에서 반란 분자를 소탕하고 치안을 유지하며 이라크인들의 통치 구조를 건설하는 것이라고 증언하였을 때, 럼스펠드가 국무부의 월권행위라며 불쾌감을 드러낸 일로도 알 수 있다. 럼스펠드는 라이스가 국방부에 양해도 구하지 않고 이라크 통합 실질적 권한을 쥐려 한다며 비판하였고 '국방부에 대한 쿠데타'라고 말하기도 하였다.

2005년 11월 라이스가 이라크를 방문했을 때 케이시 대장도 '소탕과 유지'는 군의 임무이며 국무부에서 군의 행동 원칙을 언급하는 것은 유쾌하지 않다고 말하였다. 국방부와 국무부 사이의 거리는 좀처럼 좁혀지지 않았다.

2006년 3월부터 4월까지 '장군들의 반란(Revolt of the Generals)'이라고 불리는 사건이 일어났다. 퇴역 장성들이 입을 모아 럼스펠드 국방부 장관의 경질을 주장한 것이다. 전 미 중앙군 사령관 앤서니 지니(Anthony Zinni) 해병대 대장, 전 합동참모본부 작전 담당 부장 그레고리 뉴볼드(Gregory Newbold) 중장을 포함하여 이라크전쟁에 깊게 관여한 인물도 있었다. 퇴역 장성들은 모두 럼스펠드의 거만하고 완고한 태도를 비판하였고, 군인의 조언을 들으려고 하지 않았던 것과 그릇된 전략으로 이라크전쟁을 시작한 것에 대한 책임을 져야 한다고 말했다.

미국 정부와 군대의 관계 특히 역대 대통령, 국방부 장관, 고위 군인과의 '공유 책임(shared responsibility)'의 바람직한 자세를 검증한 데일 허스프링(Dale Herspring)에 따르면, 럼스펠드는 베트남전쟁 때 맥나마라 장관보다 더한 역사상 '최악'의 국방부 장관이었다. 군인에 대한 경의는 찾아볼 수 없었고 오히려 군사 전문

사항에 지나치게 개입하여 정부가 군의 세부 사항까지 통제하는 폐해만 보여주었다. 허스프링은 럼스펠드에게 '공유 책임' 의식이 전혀 없었다며 호된 평가를 내렸다.

부시 대통령의 옹호에도 불구하고 럼스펠드의 이라크 전략(혹은 전략의 부재)은 누가 보아도 실패가 분명하였지만, 럼스펠드는 이라크에서 일어나는 '반란' 상황을 외면하고 계속 부인하였다.

더블 다운(Double Down) ─ 부시의 결단

이라크 상황은 계속 악화되었다. 2006년 1월 이라크의 민간인 사망자 수는 약 1,500명이었는데 5월에는 2천 명, 7월에는 3천 명을 넘었다. 종파 사이의 대립도 심해졌다. 3월에 미국군 전사자는 30명, 4월에 74명, 5월에는 69명으로 계속 늘어났고 10월과 12월에는 백 명을 넘었다. 미국군을 향한 무력 공격도 계속 증가하였다.

그러한 상황에서 미국 내 부시 정권 지지율도 30퍼센트대로 떨어졌다. 7월과 8월에는 케이시 대장이 주도하여 미국군과 이라크 치안부대가 공동으로 바그다드의 치안 상황을 개선하려한 '공동 전진 작전(Operation Together Forward)'이 실패로 끝나서, 상황은 더욱 악화되는 것처럼 보였다.

부시는 국가안전보장회의 보좌관 스티븐 해들리(Stephen Hadley)에게 명령하여 이라크 전략의 재검토를 추진하였다. 국가안전보장회의 팀의 구성원으로서 전략 검토 작업을 담당한 피터 피버(Peter Feaver)에 따르면 부시 대통령의 강한 의견으로 현역군

고위관의 반대 의견을 최종적으로 설득하여 증파 전략으로의 전환 과정이 진행되었다.

그때까지는 국방부 장관과 군의 의견을 존중한 부시였지만 럼스펠드와 케이시 대장이 주도하는 '이라크 부대의 훈련·미국군 조기 철수 전략'이 실패에 가깝다는 것을 인정하고, 가을쯤에는 "전략 변경이 필요하다고 결단하였다"라고 말하였다.

전략 변경에 선택지는 세 가지였다. 제1안은 현행 '훈련·철수 전략'의 가속, 제2안은 종파 사이의 무력 충돌이 진정될 때까지 바그다드에서 미국군이 일시적으로 철수하는 전략, 제3안이 '더블 다운'인 증파 전략이었다.

결국 부시가 이라크 전략의 전환을 드러낸 것은, 2006년 11월 7일 중간선거에서 공화당이 크게 져서 상하원 모두 민주당이 다수를 차지했을 때였다. 부시는 새로운 전략, 새로운 국방부 장관, 새로운 현지 지휘관이 필요하다고 하였다. 국내 여론의 지지를 잃어가는 부시에게 필요한 것은 이라크에서의 '승리'였고, 이라크전쟁의 '패배'는 무엇보다 인정하기 어려웠다. 이튿날인 11월 8일 부시 대통령은 럼스펠드 국방부 장관의 퇴임과 후임으로 로버트 게이츠 전 중앙정보국(CIA) 장관을 지명할 것이라고 공표하였다.

11월 말 부시는 요르단에서 이라크의 누리 알 말리키(Nouri al Maliki) 총리와 직접 회담하고 이라크군의 지원을 받을 수 있다고 판단하여 증파 전략으로의 전환에 희망을 걸기로 결심하였다. 11월부터 12월에 걸쳐서 체니 부대통령, 게이츠 국방부 장관을 포함하여 국가안전보장 팀의 주요 구성원도 증파 전략으로의 전환을 지지하였다. 라이스 국무부 장관도 점차 증파 전략을 이해하는 태도를 보였다. 사실 그사이 킨 대장은 체니와 부시와 만나서 증파 전략으로의 전환의 필요성에 대하여 기탄없이 말하였다.

12월 13일 부시는 합동참모본부에서 페이스 합동참모본부 의장, 군의 최고 지도자들과 만나서 증파 전략에 대한 군사 전문가의 의견을 들었다. 군 간부의 합의를 이끌어내는 것이 목적이었다.

참가자는 증파 전략에 대한 우려를 나타내었다. 피터 슈메이커(Peter Schoomaker) 육군 참모총장은 이라크로의 5개 전투여단 증파는 육군부대에 감당하기 어려운 부담이 된다며 반대하였다. 그때 차기 국방부 장관으로 취임이 결정된 게이츠도 회의에 동석하였는데, 참가자들에게 '전쟁에서의 주체성 책임 의식'이 느껴지지 않았고 '이라크에서 승리해야 한다고 말하는 사람이 한 명도 없다'라는 것에 놀랐다고 한다.

부시는 전략 전환을 꺼리는 군 간부를 앞에 두고 증파로 각 군부대·병사의 부담이 커지는 것과 이라크에서의 패배 가운데, 어느 쪽이 군 전체에 더 큰 타격을 주는지 다그쳐서 최종적으로 동의를 얻는 데 성공하였다. 그와 동시에 부대의 부담을 걱정하는 육군과 해병대에는 부대의 증원 검토를 약속하였다. 킨 대장의 의견을 받아들여서 페이스 합동참모본부 의장이 각 군 간부를 미리 교섭한 것도 합의를 이끌어내는 데 도움이 되었다.

증파 전략으로의 전환 합의가 이루어졌지만, '증파 전략'의 세부 사항은 게이츠 국방부 장관의 이라크 방문을 기다려서 이듬해 1월까지 공표를 미루었다. 2007년 1월 10일 부시는 텔레비전을 통하여 증파 전략으로의 전환을 발표하였다. 이라크 주둔 사령관 케이시 대장의 후임으로서 퍼트레이어스 장군의 취임은 이미 발표된 상황이었다.

1월 말 의회 공청회에서 만장일치로 취임이 승인된 퍼트레이어스 대장은 증파 전략을 '올인(All In)', 즉 모든 육군의 운명을 건 시도라고 보았다. 이라크로의 증파는 다른 지역에서 예상치 못한 사태가 벌어졌을 때 파병할 수 있는 예비 병력이 거의 남지 않는다는 것을 의미하였기 때문이다.

증파 전략으로의 전환에는 이라크에서의 조기 철수를 주장하는 민주당 의원이나 일부 공화당 의원으로부터도 반대 의견이 빗발쳤다. 하지만 부시 정권과 대립하는 공화당의 존 매케인(John McCain) 의원은 증파 전략이 성공한다는 보증은 없지만, "새로운 전략을 채택하지 않으면 실패할 것이다"라고 단언하며 증파 전략을 옹호한 몇 안 되는 지지자였다고 부시는 회고록에 기록하였다.

V

병력 증파

전략 전환과 성과

증파 전략으로의 전환

'증파 전략'으로 전환하기 위한 정치적 의사 결정 과정에서 가장 중요한 역할을 맡은 사람은 전 육군참모차장 잭 킨 대장이었다. 킨은 2006년 여름부터 공식·비공식적으로 영향력을 행사하며 이라크로 치안 유지 권한을 넘기기 위해 노력하였다. 미국군 병력의 순차 철수를 대통령에게 건의한 조지 케이시 전 이라크 주둔 다국적군 사령관이나 피터 페이스 합동참모본부 의장의 의견을 물리치고, 부시 대통령이나 체니 부대통령을 비롯하여 정권 내부 고위 관리에게 이라크 전략의 전환을 촉구하였다.

킨은 실질적 '합동참모본부 의장의 역할'도 다하였다. 2006년 11월부터 이라크 주둔 다국적군의 제2인자로서 레이몬드 오디에르노 육군 중장이 케이시 대장을 보좌하게 되었다. 킨은 이라크에 있는 오디에르노와 비밀리에 연락을 유지하며 증파 전략으로의 전환을 준비하였다. 케이시나 페이스는 두 사람의 연락을 전혀 알지 못하였다.

미국기업연구소(AEI)의 프레데릭 케이건(Frederick Kagan)도 킨을 지원하였다. 킨이 2006년 11월 11일 부시 대통령에게 육군 7개 여단과 해병대 2개 연대의 증파를 건의하였을 때 필요한 증파 병력의 견적은 케이건이 속한 그룹의 시험 계산이 뒷받침하였다.

케이건의 '이라크 계획 그룹'은 탈아파르에서 맥매스터 대령이 COIN 작전에 필요한 병력을 계산했던 방법(주민 40명에 병사 1명)을 이용하여, 주민이 200만 명 있는 바그다드 근교 지역의 작전에 필요한 병력을 약 4.5~5만 명으로 계산하였다. 당시 병력 약 2만 명을 제외하면 증파에 필요한 병력은 2만 5천 명 정도였다.

2006년 12월 18일 로버트 게이츠 국방부 장관이 정식으로 취임하였다. 이라크 전략의 실패를 완강하게 부인하던 럼스펠드와는 반대로, 게이츠는 국방부 장관 지명 승인 공청회에서 "미국이 이기고 있다고는 생각하지 않는다"라고 발언하였다. 게이츠는 부시 정권이 주장한 이라크 전략 전환의 상징적 존재였다.

조지타운대학교에서 역사학 박사학위를 취득한 게이츠는 장관·부장관직을 포함하여 중앙정보국(CIA) 근무 경력이 길고, 로널드 레이건(Ronald Reagan)과 조지 H. W. 부시 정권을 포함하여 9년 가까이 국가안전보장회의 스태프로서 백악관에서 근무한 경험도 있었다. 성실하고 정직한 인품의 소유자인 게이츠는 럼스펠드 장관의 이라크 전략이나 행정 수완에 불만을 가진 공화당 의원만이 아니라, 이라크 전략을 비판하고 조기 철수를 주장하는 민주당 의원에게도 지지를 받았다.

　게이츠는 사실 국방부 장관에 취임하기 전부터 '증파 전략'을 생각하였다. 게이츠는 국방부 장관으로 지명되기 전에, 의원들이 당파를 구분하지 않고 설립한 '이라크 연구 그룹'의 한 사람이었다. 2006년 3월부터 8번에 걸쳐 검토회가 열렸고 게이츠는 바그다드도 한 번 시찰하였다. 그때 게이츠는 이라크의 치안이 악화되고 있다는 것을 알아차렸다. 이라크 주둔 다국적군 피터 치아렐리(Peter Chiarelli) 중장으로부터 "증파 없이 바그다드의 치안 회복은 불가능하다"라는 말을 들었고 CIA 바그다드 지국장에게도 치아렐리와 같은 의견을 들었다. 게다가 보도 관계자에게도 치안이 악화되어 '치안을 유지하기에는 병력이 부족하다'라는 말을 들었다.

　바그다드에서 귀국한 게이츠는 10월에 바그다드의 치안 유지를 고려하여 미국군 병사의 일시 증파(2.5~4만 명)와 증파 기간에 이라크 정부가 달성해야 할 정치 목표를 최종 보고서에 명확하게 적어야 한다고 '이라크 연구 그룹'의 대표에게 전하였다.

　그러나 11월 중순 최종 보고서의 원안이 작성되었을 때 미국군 병력의 '일시 증파'에 관한 언급을 전혀 찾아볼 수 없어서 게이츠는 실망하였다. 조기 철수를 주장하며 중간선거에서 크게 이긴 민주당에 대한 정치적 타협의 산물이었다고 게이츠는 추측하였다.

　게이츠가 다음으로 바그다드로 간 때는 국방부 장관에 취임한 직후였다. 12월 20일부터 3일 동안 머물면서 아비자이드,

케이시, 오디에르노, 스탠리 맥크리스털(Stanley McChrystal), 마틴 뎀프시(Martin Dempsey) 각 장군과 회담하였다. 오디에르노를 포함한 장군들은 바그다드의 작전 지원에 최대로 2개 여단의 증파가 필요하다고 하였는데 그 이상은 필요하지 않다는 의견이었다.

사실 그때 게이츠는 케이시와 오디에르노의 관계가 '어색하다'고 느꼈다. 특히 이라크 전략에 관한 기본적 생각과 증파 규모를 둘러싸고 오디에르노는 케이시에게 강하게 반발하였다. 오디에르노가 킨과 비밀리에 연락하고 있는 것은 아무도 몰랐다. 케이시의 후임이 되는 퍼트레이어스와 오디에르노는 5개 여단, 약 3만 명의 증파를 생각하고 있었다. 2007년 1월 2일 게이츠는 퍼트레이어스에게 케이시의 후임으로 이라크 주둔 다국적군 사령관에 취임할 뜻이 있는지 물어보았다.

2007년 1월 10일 부시 대통령은 이라크에서의 전략 전환을 발표하였다. '증파 전략'으로의 전환이었다. 구체적으로는 '적을 섬멸하는 전략'에서 '민심을 장악하는 전략'으로 전환한 것과 육군 5개 전투여단 약 3만 명 및 2개 해병대대의 추가 병력 파견이 발표되었다.

증파 전략의 효과와 전쟁 상황의 전환

2006년 말까지 이라크의 상황은 계속 격렬해지고 있었다. 미국군에 대한 무력 공격은 한 달에 1,400건을 넘어서 과거 최고 수준으로 증가하였고 같은 해 5월 한 달 동안 1,600건에 달하여 과거 최고 건수를 기록하였다. 이라크전쟁이 시작했을 때부터의 미국군 전사자 합계는 3천 명에 이르렀다. 이라크 민간인 사망자는 2006년 말부터 2007년 1월까지 매달 3천 명을 넘었고 증파가 시작될 때 절정에 이르렀다.

부시 정권의 마지막 2년은 이라크 전략의 전환기라고 할 수 있는데 제1단계는 2007년 1월부터 9월까지로 증파 전략의 의의를 심하게 따지던 시기였다. 제2단계는 같은 해 9월부터 2008년 말까지로 증파 기간의 연장과 이라크에서의 철수 기간을 의논한 시기였다.

게이츠 국방부 장관은 이라크 전략의 전환을 실행하기 위하여 우선 '워싱턴이라는 전쟁터'에서 전투에 임해야 했다. 민주당이 다수를 차지하는 의회와 대중 매체는 이라크전쟁을 거세게 비판하였는데, 상황이 악화되어 미국군의 희생자 수도 증가하였고 전쟁이 수렁에 빠졌다는 것이 이유였다. 또한 파병 기한을 두어 철수 시기를 앞당길 것을 요구하였다. 새로운 '증파 전략'의 제안에는 거센 역풍이 불었다.

1월 말 상원에 신청된 케이시 대장의 육군참모총장 취임과 퍼트레이어스 대장의 이라크 주둔 다국적군 사령관 취임에 관한 승인 절차에서 퍼트레이어스의 인사에 대해서는 다른 의견이 없었다. 증파에 반대하던 케이시가 육군참모총장으로 승임하는 것에는 공화당 내에서도 반대표가 있었지만 2월 초순에는 승인되었다. 다만 민주당은 전쟁 비용 예산안에 철수 시기 등의 조건을 포함시켜서 증파 전략에 맞서려고 하였다.

증파에 필요한 추가 예산은 4월까지 의회에서 승인을 얻어야 했는데 4월 말에 한 번 통과된 전쟁 비용 예산안에는 2008년 5월 말까지 완전히 철수한다는 내용이 포함되어 있었다. 부시 대통령은 거부권을 발동하였고 결국 5월 말이 되어서야 철수 기한이 없는 전쟁 비용 예산안이 통과되었다.

게이츠의 공적은 전쟁 비용 예산만이 아니었다. 미국군이 펼치고 있는 전쟁에서 지금 필요하다고 판단되는 사항이 있으면 바로 실행에 옮겼다. 2007년 2월 말 육군 병원에서 부상병이 부적절한 치료와 처우를 받는다는 스캔들이 보도되었을 때 병원 최고 장관과 부적절한 대응을 내버려 둔 육군 장관을 경질한 사례도 있었다.

게이츠의 의연한 대응은 '병사를 위한 국방부 장관'이 될 것을 맹세한 새로운 국방부 장관의 면모를 보여준 것이었다. 게이츠는 메일을 통하여 "전쟁을 제외하고 부상자를 간호하는 것보다 중요한 것은 없다"라고 전 세계 미국군 병사들에게 선언하였다.

게이츠는 MRAP(Mine Resistant Ambush Protected, 지뢰방호차량)의 신속한 도입에도 지휘력을 발휘하였다. 2006년 말 늘어난 부상자의 80퍼센트가 급조 폭발물(Improvised Explosive Device, IED)이나 위력이 센 '폭발 성형 관통자(Explosively Formed Penetrator, EFP)'로 인한 것이었다.

미국군이 많이 이용하는 험비는 처음과 비교하여 방어 기능이 향상되었다고는 하지만, 취약성은 MRAP에 비할 바 아니었다. MRAP의 부상율은 험비보다 75퍼센트 낮고 M1 에이브람스 전차, M2 브래들리 보병전투차, 스트라이커 장갑차와 비교하여도 50퍼센트 이하로 방어 성능이 뛰어났다.

게이츠는 MRAP 조달을 국방부의 최우선 조달 계획으로 세워서 서둘러 실전에 배치할 수 있도록 힘썼다. 게이츠가 국방부 장관으로 취임한 지 1년여 만에 최종적으로 약 4백억 달러를 들여 MRAP 2만 7천 대를 조달하였다.

또한 게이츠는 심각했던 ISR(Intelligence, Surveillance, Reconnaissance, 정보 수집·감시·정찰) 문제에도 착수하였다. 이라크로 증파를 시작한 뒤 현지의 퍼트레이어스 사령관은 게이츠 국방부 장관에게 ISR 기능 강화를 반복하여 요청하였다. 새로운 COIN 전략에서 정확한 정보 수집은 작전 성공의 열쇠를 쥐고 있다고 반복하여 강조하였다.

그 가운데에서도 주목해야 하는 것은 무인기(Drone)의 활용이다. 무인기 개발은 1990년대 후반부터 진행되었는데 지상 작전 지원이나 표적 살인에 본격적으로 활용된 것은 9·11 테러 이후 아프가니스탄과 이라크 작전에서였다.

2003년 9월 맥크리스털 육군 소장이 합동특수작전 사령부 사령관으로서 취임했을 때에는 무인 정찰기 프레데터(Predator) 1기만 상시 운용하였는데, 이라크전쟁을 시작하고 무인기의 수요는 계속 늘어났다. 2007년 한 해 무인 정찰기 비행 시간은 공군에서 25만 시간, 육군에서 30만 시간에 이르렀다.

무인기는 처음에 특수부대를 중심으로 사용되었는데 테러리스트나 반란 분자의 감청, 급조 폭발물이나 폭발 성형 관통자를 설치하는 모습을 실시간으로 보여주는 영상 등, 지상작전 부대에도 유용한 정보를 입수할 수 있어서 급속하게 수요가 확대되었다. 그럼에도 공군에서는 무인기 운용 체제를 증강하려는 모습이 보이지 않았다. 조종 인원도 부족하고 개선의 조짐이 보이지 않자, 속을 끓이던 게이츠 장관은 공군에 운용 체제 강화를 지시하였다. 2008년 4월에는 ISR 대책본부를 국방부에 마련하여 좀처럼 움직이려 하지 않는 공군에 위기감을 부추겼다.

　게이츠는 지금 벌이고 있는 전쟁에 필요한 장비보다 신형 폭격기나 F-22 스텔스 전투기를 원하는 공군 간부를 보며 '공군 문화를 바꾸고 싶다'고 진지하게 생각하였다.

　이라크 반란 분자가 '하얀 악마'라고 부르며 두려워한 프레데터의 조종사는 운용 시작 초기 미국 공군 내에서 실제 전투기 조종사보다 훨씬 낮은 위치인 '2류 시민'이었다. 무인기 조종사를 지원하는 사람은 예외적 존재로, 대부분은 전투기 조종사로서의 출세 코스를 벗어난 사람이나 신체적·기술적으로 적성이 부족한 사람의 모임이었다는 사실이 당시 공군 조직 문화를 말해준다.

　미국 서부 사막 지대 공군기지 내 '지상 통제소'의 공조 설비가 갖추어진 조종실에 앉아서 1만 킬로미터 이상 떨어진 지역에서 비행하는 무인기를, 조이스틱처럼 생긴 조종간이나 여러 전자 기기를 이용하여 조종하는 모습은 확실히 실제 전투기 조종사와는 거리가 멀었다. 하지만 정보 수집이 성공의 열쇠를 쥔 COIN 작전에서 무인기 조종사는 분명 '전쟁'의 최전선에 있었다.

　'신속하게 학습하고 재빠르게 적응하는 쪽, 즉 학습조직으로서 뛰어난 쪽이 승리한다'라고 새로운 COIN 작전은 주장한다. 반란 분자의 사고, 행동, 전략, 전술을 재빠르게 학습하려면 정확한 정보가 꼭 필요하다. 퍼트레이어스에게 '증파 전략'은 단순하게 병력 증강에 그치지 않고 '사고력 증강(surge of ideas)'이기도 하였다. 새로운 COIN 작전을 주장하는 사람들은 정보 직종의 군인만이 아니라, 모든 병사가 작전에 임하면서 정보를 수집하고 양질의 정보를 모든 병사들과 공유하는 것이 중요하다고 생각하였다.

퍼트레이어스와 크로커의 협동 — 정권과 군대의 전략 일치

새로운 COIN 교범에는 정권과 군대의 '협동 일치(unity of effort)'의 중요성도 강조되었다. 증파 전략으로의 전환에 즈음하여 부시 대통령을 비롯한 게이츠 국방부 장관, 이라크 주둔 다국적군 사령관 퍼트레이어스 대장, 이라크 주둔 미국군 사령관 오디에르노 중장은 기본 생각을 공유하고 COIN 작전을 실시하였다. 럼스펠드 국방부 장관 시절 국무부와의 마찰도 게이츠 국방부 장관의 취임으로 해소되고 있었다.

마지막까지 증파 전략으로의 전환을 우려하던 라이스 국무부 장관도 2006년 12월 오디에르노에게 직접 전화하여 찬성의 뜻을 전하였다. 라이스는 "이라크 지역 부흥 팀에 최고 전문가를 모을 생각"이라고 국무부 내 부하에게 전하고 새로운 대사로 라이언 크로커(Ryan Crocker)를 지명하였다.

2007년 1월 부시가 증파 전략으로의 전환을 발표한 뒤, 라이스는 상원 외교위원회에서 증파 전략이 대반란작전 행동의 정군(政軍) 일치를 꾀하고 이라크 국내의 치안, 재건, 통합 확보에 필요하며, 이란이나 시리아 중동 전역을 시야에 넣은 외교 전략에 기초하고 있다고 설명하였다.

실제 전략 전환으로 군의 증파만이 아니라 '외교관 파견'

도 실시되었다. 미국군 부대장의 지휘 아래 외교관, 인도적 지원 대원, 군인으로 구성된 지역 부흥 팀이 바그다드 외 이라크 각지에 파견되었고 새로운 COIN 교범에 따라 활동하여 "대성공을 거두었다"라고 라이스는 말하였다.

그러나 '외교관 파견'이라는 처방전에는 부작용도 있었다. 크로커 주둔 이라크 대사를 비롯하여 늘어난 외교관의 경호 임무를 민간 군사회사에 의존하는 비율이 높아져서, 민간 경호요원이 이라크인을 살상하는 사건도 증가한 것이다. 2007년 여름 이라크에 진출한 민간 군사회사는 630개 정도였고 100개국이 넘는 나라에서 18만 명이 넘는 사원이 모집되었다.

그러한 가운데 '바그다드 피의 일요일'이라고 불리는 중대한 사건이 일어났다. 2007년 9월 퍼트레이어스 대장과 크로커 대사가 증파 전략의 성공 가능성을 미국 의회에 보고한 지 며칠 지나지 않아서, 바그다드를 주행하던 블랙워터사의 경호원이 이라크인의 민간 차량에 총을 난사한 것이다. 이라크인 17명이 죽고 20명 이상이 다친 참사가 발생하였다.

블랙워터사의 처음 설명과는 달리 사망한 이라크인은 무장 세력도 반란 분자도 아닌 일반 시민이었고, 이라크인을 살상한 사원에게는 어떠한 처벌도 없어서 중대한 외교 문제로 불거졌다. 민간 군사회사 직원이 벌인 불상사는 '이라크인의 민심 장악'을 겨냥한 COIN 전략 추진의 저해 요인이 되었다.

더욱이 겨우 이루어낸 '정군 협동 일치'에 찬물을 끼얹은 것이 퍼트레이어스와 중앙군 사령관 팰런 해군 대장과의 불화였다. 처음에 팰런을 아비자이드의 후임으로 중앙군 사령관에 추천한 것은 킨이었지만, 팰런은 '증파 전략'에 비판적이었다. 증파 전략을 추진하려고 하는 부시 대통령과 퍼트레이어스 대장에게 기회가 있을 때마다 예전의 '훈련·철수 전략'을 넌지시 지지하는 듯한 발언을 반복하여 대통령의 노여움을 샀다.

그러한 가운데 부시 대통령에게 이란 공격을 단념하게 하는 것은 팰런 자신이라고 이야기한 것이 2008년 3월 잡지 기사에 게재되었다. 팰런은 대통령의 신뢰를 잃었고 게이츠 국방부 장관에게도 마이클 멀린(Michael Mullen) 합동참모본부 의장에게도 외면당하여 결국에는 사임하였다. 게이츠는 '자승자박'이라고 단정하였고 팰런의 후임으로는 퍼트레이어스 대장, 퍼트레이어스 대장이 맡고 있던 이라크 주둔 다국적군 사령관에는 오디에르노를 발탁하였다.

팬텀 썬더(Phantom Thunder) 작전

이라크 각지에 증파 병력 배치를 완료하여 2007년 6월부터 5개 전투여단의 증파 병력을 포함한 약 3만 병력으로 바그다드와 주변 지역에서 '팬텀 썬더 작전'(6월 16일~8월 14일)을 시작하였다. 2003년 이라크 침공작전 이후 대규모 반공 작전이었다.

그때 바그다드 주변은 치안이 매우 불안하였고 알 카에다와 수니파 무장 세력의 거점이 되어 접근할 수 없는 지역도 있었다. 2007년 5월 미국군에 대한 공격은 6천 건을 넘었고 미국군 전사자가 130명으로 과거 최악의 수준과 비슷하였다. 퍼트레이어스에게 증파 전략이 성공하기까지 가장 고된 나날이었지만, 작전이 성공하면 확실하게 이라크의 치안이 개선될 것이라고 생각하였다.

'소탕, 유지, 재건'의 '소탕' 단계에서는 단호한 공세 작전이 필요하였다. 디얄라주 바쿠바에서 공세 작전에 투입된 미국군 부대는 300~500명으로 추정되는 반란 분자의 소탕 임무인 바쿠바 전투(Arrowhead Ripper)를 맡았다.

반란 분자의 공격 수단은 도로에 묻은 급조 폭발물이었다. 반란 분자는 간선 도로에 다수의 폭탄을 묻고 집이나 도로에 숨어서 기폭 장치와 이어진 가느다란 와이어로 조작하였다. 집에 숨어서 와이어로 폭발하게 하는 급조 폭발물은 'HBIED(주택 내 기폭 급조 폭발물)'라고 불렸다.

시가지를 집집마다 수색하고 안전을 확보한 뒤 스트라이커 장갑차와 에이브람스 전차가 진입하였다. 때때로 에이브람스 전차가 도로에 총탄을 발사하여 도로에 묻힌 폭탄과 이어진 기폭용 와이어를 절단하는 일도 있었다. 집에 폭탄이 설치되어 미국군 병사가 안으로 들어가면 기폭하는 경우도 있었으며, 널빤지로 된 방바닥 아래 숨겨진 기폭 장치를 밟으면 폭발하는 경우도 있었다. 한 구역의 모든 집에 HBIED가 설치된 경우도 있었다.

바쿠바 전투에 참가한 스트라이커 여단의 한 부대는 일주일 동안 21채에서 폭탄을 발견하였고 8월 작전 종료 때까지 20채를 더 발견하였다. 급조 폭발물도 작전 시작부터 2주일 동안 200건 이상 발견하였다. 부대는 반란 분자를 110명 제거하고 400명을 구속하였으나 알 카에다의 우두머리는 찾지 못하였다.

2007년 바쿠바는 2004년의 팔루자처럼 알 카에다의 성역으로 여겨졌지만, 미국군이 최대 규모로 반공 작전을 펼친 결과 알 카에다 지도층의 약 80퍼센트는 이미 철수한 것으로 추측되었다. 팬텀 썬더 작전의 결과로 반란 분자가 1,100명 제거되었고 6,700명이 구속되었다. 그 가운데 380명 이상은 반란 분자의 간부였다.

중요한 변화는 지역 주민이 미국군 편을 들기 시작한 것이다. 바쿠바 전투를 시작하고 1개월 뒤 지역 부족의 유력자들이 '바쿠바의 수호자'라고 불리는 치안 조직을 결성하였다. 라마디의 '각성 평의회'와 비슷하였고 이라크 시민이 알 카에다나 반란 분자 편이 아니라, 미국군 측에 협력하는 명확한 조짐이 나타난 것이다. 그러한 움직임은 디얄라주 다른 마을에도 확대되었고 8월 19일에는 부족장 100명 이상이 결집하여 각성 운동에 참가하기로 맹세하였다.

최종적으로는 '이라크의 아들들'과 같은 치안 유지 조직이 확대되어 위험한 마을이라고 여겨졌던 지역의 치안도 점차 개선되었다. 미국군 부대가 받은 공격 건수와 이라크 민간인 사망자 수는 줄어들었고 전사자는 2007년 7월 80명대, 9월 70명대, 10월에는 60명대로 줄어들었다(그림 4-1, 4-2 참고).

앞서 이야기하였듯 2007년 9월 16일 퍼트레이어스 대장과 크로커 대사가 증파 전략의 성공 가능성을 미국 의회에 보고할 수 있었던 것은 증파 전략의 결과가 명확한 숫자로 드러났기 때문이다. 부시, 퍼트레이어스, 킨의 '도박'은 언뜻 성공한 것처럼 보였다. 의원들로부터는 매서운 의견도 나왔지만 2008년 4월 다시 보고할 때까지 시간 끌기에는 성공하였다.

[그림 4-1] 이라크 국내 공격 사안 발생 건수의 주별 추이(2004년 1월 ~ 2010년 5월)

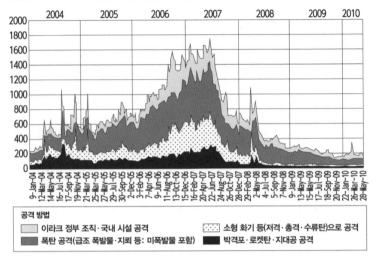

(출처) M. Gordon and B. Trainor, The Endgame, 2013

[그림 4-2] 이라크 치안부대 및 미군 사망자 수 추이(2006년 1월 ~ 2008년 11월)

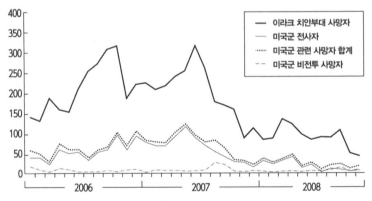

(출처) Measuring Stability and Security in Iraq, 2008

2007년 12월 미국군 전사자 수는 24명으로 이라크전쟁 이후 최저를 기록하였다. 이라크인의 사망자 수도 2007년 9월 이후에는 반으로 줄었다. 치안이 개선되었다고 판단하여 2008년 여름까지 증파한 5개 여단을 철수시키고 주둔군 규모를 증파 전의 15개 여단으로 되돌리게 되었다. 2008년 11월에는 이라크에서의 철수를 공약으로 내건 민주당의 버락 오바마(Barack Obama) 상원 의원이 대통령에 당선되었다. 2009년 6월 30일까지 미국 전투부대가 이라크 각 도시에서 철수하고 2011년 말까지 미국군 전체도 이라크에서 철수하는 것이 부시 대통령과 알 말리키 총리 사이에서 합의되었다.

VI

분석

미국의 전략 문화

미국은 걸프전쟁의 전쟁 목적을 '이라크 점령'이 아니라 '쿠웨이트 해방'으로 제한하고 공지전투 독트린에 기초한 합리적이며 효율적인 '기동전'을 펼쳐서 이라크군을 쿠웨이트에서 물리치는 완벽한 '승리'를 손에 넣었다.

공지전투 독트린에 나타나 있듯 미국의 전략 문화는 합리적이며 효율적인 정규전으로서의 '섬멸전'을 지향한다. '73 이스팅 전투'로 상징되는 걸프전쟁의 대전차전은 대병력인 소련군의 전차부대를 격파하기 위한 '정규군 대 정규군' 전투라는 냉전 시대의 작전 패러다임의 연장이었다.

1990년 11월 슈워츠코프는 통솔부대의 지휘관을 모아서 처음으로 작전 개요를 설명할 때 "마지막으로 전차부대 제군 전원에게 말한다. 공화국 수비대를 섬멸하라"라고 격문을 띄웠다.

드넓은 사막 지대에서 이라크군 최정예 전차부대와의 결전이 예상된 상황이었다.

'사막의 검' 작전에 참여한 장군 대부분은 베트남전쟁을 경험하였다. 그러나 미국군이 베트남전쟁에서 배운 교훈은 COIN 작전에 승리하기 위한 새로운 전략 사고와 조직학습이 아니라, 비정규전 회피와 전통적 전략 문화로의 회귀가 필요하다는 것이었다. 걸프전쟁의 성공 체험은 '베트남 신드롬'을 극복하기보다 강화하는 것이었다.

로버트 게이츠는 '증파 전략'을 펼칠 시기에 국방부 장관이 되었는데, 국방부와 군부에서는 '대전(大戰) 사상이 지배적'이며 '정규전의 DNA가 군부에서는 엄청난 힘을 갖는다'라는 것을 깨달았다.

게이츠는 "베트남전쟁 이후 미국이 군사력을 행사한 것은 알 카에다나 헤즈볼라와 같은 국가 이외의 조직, 약소국을 상대로 한 비정규전뿐이었지만, 군의 방침은 현실을 무시하고 있을 뿐이다. 훈련과 장비가 강대국을 공격할 수 있는 수준이라면 더 작은 위협은 문제없이 처리해야 했다. 하지만 이것이 잘못됐다는 것은 2003년 이후 이라크 분쟁으로 증명되었다"라고 하였다.

존 나글에 따르면 영국군과 미국군의 사이에는 중요한 조직 문화의 차이가 있다. 영국군은 전쟁의 성질을 '정도(程度) 문제'로 생각하고 '장기적'으로 판단하여 승리라면 '51퍼센트'로도 좋다고 여긴다. 하지만 미국군은 전쟁을 '승리 아니면 패배'라는 이분법으로 생각하여 승리는 '100퍼센트'라고 생각하는 경향이 크다. 미국군의 '섬멸전 지향'을 상징하는 사고방식이다.

미국은 '섬멸전 지향' 사고방식을 완전하게 떨쳐내지 못하였다. 걸프전쟁에서 '공지전투'의 교과서적 실천과 언뜻 보기에 완벽한 승리는 이라크전쟁에서 '럼스펠드 독트린'을 만들어냈다. 대통령으로부터 '결정력, 민첩함, 기동성' 향상을 지시받은 럼스펠드 국방부 장관은 군사기술 혁신의 성과를 최대한으로 활용한 '군의 변혁'을 목표로 하였다.

이라크전쟁 초기 '침공작전' 단계에서 '충격과 공포' 전략은 소규모 병력으로 기동성과 결정적 파괴력을 지닌 최신 정밀병기를 구사하여 신속한 침공을 계획하였고 성공하였다.

그러나 섬멸전을 지향하는 전략 문화는 나중에 이라크 국내에서의 반란이나 내전에 대처하기에는 매우 부적합하였다. '공지전투' 독트린은 오히려 미국군의 하이테크 병기와 화력의 압도적 우세를 활용할 수 없는 COIN 작전을 곤란하게 만들었다. 미국의 전략 문화는 비정규전인 COIN 작전이나 순수한 군사작전의 범주를 벗어난 '국가 건설' 작전에서 취약성을 보였다.

이라크전쟁에서는 전투를 종료하고 국가 건설 임무에 관여하거나 COIN 작전을 실행하는 것이 외면되었다. '4단계'인 안정화 작전 단계는 전혀 고려되지 않았다. '후세인 정권 타도'라는 정치 목적을 군사적 수단으로 실현하려는 전쟁 목적 자체에 처음부터 결함이 있었다. '이라크의 민주화'라는 궁극의 정치 목적을 달성하기 위한 대전략이 빠져 있었다. 처음부터 럼스펠드는 '국가 건설'이 군의 임무가 아니며 군이 수행해야 한다고도 생각하지 않았다. 전투는 시작한 지 약 3주 만에 종료되었지만, 미국이 펼친 이라크 전략의 진가가 문제시된 것은 전투가 끝난 뒤부터였다. 럼스펠드는 끝까지 자신의 판단 실책을 인정하려 하지 않았다.

군사 리더십의 실패 — 장군들의 침묵

이라크전쟁이 끝난 뒤 점령 통치는 매우 혼란해졌고 반란 분자의 활동도 활발해져서 미국군 측의 인적 소모는 늘어만 갔다. 럼스펠드는 이라크 국내에서의 '반란'이나 '내전'을 완강하게 부인하였고 효과적인 대책을 내놓지 못하고 있었다.

정치 지도자의 상황 판단 오류와 미국군 부대의 '섬멸전 지향'은 반란 분자를 소탕하기 위해 무력을 사용할수록 부수적 피해로 일반 시민의 희생자도 늘어났다. 일반 시민의 희생은 민심을 흩어지게 하여 반란 분자를 도와주게 되는 악순환의 연쇄를 불러일으켰다.

'미국 병사는 누구든 가리지 않고 살해한다'라는 선입견은 '팔루자의 비극'이나 '하디타 마을 학살 사건'을 통하여 널리 퍼졌다. 아부그라이브 교도소에서 미국군 병사가 이라크인 포로를 학대하고 있는 사진이 대중 매체를 통하여 전 세계에 널리 퍼진 것도 미국군에 대한 이라크 시민의 반감을 더욱 증폭시켰다.

이라크 각지의 최전선에서 무슨 일이 일어나는지 직시하지 못하고 '소모전'의 패러다임 그대로 작전을 계속하여 전략적 판단을 그르친 책임은 정치 지도자만이 아니라 당시 군 최고 지도자들에게도 있다. 장군들은 베트남전쟁 때 미국군 지도자와 같은 실수를 이라크전쟁에서도 되풀이하였다.

정치 지도자가 목표로 하는 정치 목적 달성과 군사적 수단이 차이가 있다고 생각될 때조차 장군들은 '침묵'을 지켰고 솔직하게 의견을 말하지 않았다. 승리하기 위하여 부적절한 군사전략밖에 이용하지 못한 장군들의 책임을 묻는 목소리는 미국군 내외에 퍼져 있었다. 이라크 작전의 수렁을 해결하지 못하는 무능한 장군들에 대한 신뢰는 땅에 떨어졌고 젊은 장교들은 군을 떠났다. 웨스트포인트 육군사관학교 졸업생 가운데 필수 의무 기간 5년을 마친 군인의 퇴역율은 2003년 18퍼센트였는데, 2006년에는 44퍼센트로 역대 최고를 기록하였다.

저널리스트인 토머스 릭스(Thomas Ricks)에 따르면 실전 지휘에서 무능한 장군은 제2차 세계대전 때처럼 가차 없이 경질되어야 했다. 이라크 침공작전 때 중앙군 사령관이었던 토미 프랭크스 대장은 전략이라는 것 자체를 이해하지 못하였다. 프랭크스 대장은 일반 대학에서 석사학위를 받고 육군 전략대학에서도 공부하였지만, 한결같이 '전술'에만 주의를 기울이고 전략을 이해하지 못하여 '전쟁의 형국을 보는 눈'이 없었다. 프랭크스 대장은 '소모전' 패러다임에서 벗어나지 못하였다.

2003년 이라크 주둔 다국적군 사령관이 된 리카르도 산체스(Ricardo Sanchez) 육군 중장은 그때 군에서 가장 젊었고 베트남전쟁 이후 소위로 임명되어 걸프전쟁에서의 종군 경험은 있었으나, 반란 분자를 상대로 한 작전 경험이 없었다. COIN 작전에 관한 교육도 거의 받지 못하였고 프랭크스 이상으로 COIN 작전을 이해하지 못하였다.

중앙군 사령관을 지낸 아비자이드 대장이나 산체스 중장의 후임으로서 이라크 주둔 다국적군 사령관을 거쳐 2007년 2월 육군참모총장으로 취임한 케이시 대장도, 킨 대장의 눈으로 보면 이라크에서의 전략 전환의 필요성을 전혀 이해하지 못하였다.

당사자였던 장군들도 책임을 통감하였다. 2013년 육군 중장으로 퇴임한 다니엘 볼저(Daniel Bolger)에 따르면 미국군의 병력은 처음부터 '단기간에 승패를 가리는 정규전'을 대비하여 장비를 정비하고 훈련하였다. 하지만 두 번이나 '장기간에 걸친 수렁의 대반란전'이라는 미국군과는 맞지 않는 전쟁을 펼쳐야 하였다. 볼저 자신을 비롯한 장군들은 전쟁의 현실을 직시하지 못하고 전략적 실수를 바로잡지 못하여 전략과 전술에서 빈약한 리더십을 발휘하였다.

킨 대장은 다음과 같이 회상하였다. "육군으로 나라를 위해 일한 지 37년이 되지만, 반란에 대처하기 위한 독트린도 없고 교육·훈련도 하지 못한 채 이라크 전쟁터에 부대를 파견하였다. 우리는 베트남전쟁이 끝난 뒤 패배한 전쟁에 얽힌 비정규전이나 반란에 관한 모든 것을 잊으려 하였지만 좋지 못한 일이었다."

미들·업·다운 리더십 — 전략의 역전

'평범한' 장군은 전쟁터의 현실을 있는 그대로 받아들이지 못하고 전쟁의 형국을 타개할 효과적인 수단을 찾지 못하였다. 치안이 점차 악화되고 초기 전술적 승리의 기운은 잃은 채 '제2의 베트남화'가 짙어졌다. 한편, 일부 중간급 리더는 전략을 전환하기 위해 꾸준하게 노력하였는데 전방부대에서 상황을 호전시키려는 혁신적 시도가 있었다.

2005년 2월 이후 탈아파르에서 맥매스터 대령이 지휘하는 연대가 COIN 작전을 실천하여 성공하였다. 맥매스터는 COIN 작전 성공의 열쇠가 민심 장악이라고 명확하게 인식하고 '습격 지향은 잘못'이라고 생각하였다. 맥매스터의 연대는 교외의 대규모 기지를 버리고 시내에 소규모 활동 거점을 다수 마련하여 주민과 함께 생활하였고 마을 내 유력자나 부족장의 '신뢰'를 얻는 데 성공하였다. 지역 주민과 좋은 인간관계를 맺은 결과 반란 분자의 활동에 관한 정확한 정보를 손에 넣을 수 있었고 치안 개선으로 이어졌다.

각각의 전방부대가 전쟁터에서 적응하려고 노력하였고 일부 지역에서 결실을 맺었다. '전략의 역전'으로의 조짐이 최전선 현장에서 보이기 시작하였다. 럼스펠드 장관이 '반란'이라는 단어의 사용을 거부하였을 때에도 맥매스터는 중앙군 사령관에게 무장 세력의 활동을 '반란'이라고 인정하고 'COIN 작전'을 전략으로써 채택해야 한다고 주장하였다.

퍼트레이어스 장군은 2005년 10월 두 번째 이라크 파견에서 귀국한 뒤 육군 제병협동센터 사령관으로 취임하여 COIN 독트린의 개정을 주도하였다. 퍼트레이어스는 킨 대장과 함께 이라크전쟁에서 전략을 전환하는 데 중심적 역할을 맡았다. 중간급 군사 지도자의 혁신적 실천을 평가하고 조직 전체를 혁신으로 이끈 사람이 퍼트레이어스였다.

더욱이 퍼트레이어스를 지원한 사람이 퇴역한 킨 대장이었다. 부시 정권에서는 냉정하고 객관적인 현실 분석에 기초하여 정책을 결정하는 것이 아니라, 정치적인 '이데올로기'에 근거하여 정책을 결정하는 경향이 있었다. 그러한 정책 결정의 잘못을 바로잡으려 한 사람이 정권 내 '집단사고'의 틀 밖에 있던 킨이었다. 킨의 '현실'을 보는 눈, '진실'을 꿰뚫는 판단력이 전략의 전환을 재촉하였다.

피터 페이스 합동참모본부 의장은 킨의 조언을 받아들여서 전략의 전환을 검토하는 '대령 회의'를 소집하였다. 합동참모본부 내 육군, 해병대, 공군, 해군의 최고 지도자와 맥매스터 대령급의 젊은 군인이 테러와의 전투에서 승리하는 전략에 대하여 거리낌 없이 의논하는 '자리'가 마련되었고, 최종적으로는 '증파 전략으로의 전환'으로 이어졌다.

2006년 3월 여러 퇴역 장성이 럼스펠드 국방부 장관의 경질을 주장하였다. 이라크 민간인 사망자 수가 증가하는 한편, 미국 여론의 부시 정권 지지율은 떨어져서 부시 대통령도 전략의 전환을 고려해야 하였다. 2006년 11월 중간선거에서 공화당이 크게 졌을 때 부시는 새로운 전략, 새로운 국방부 장관, 새로운 현지 지휘관을 임명하기로 결심하고 이라크 전략의 '역전'에 승부를 걸었다.

증파는 성공하였는가

증파는 성공하였다고 말할 수 있을까.

증파 전략은 단순히 병력을 증강한 것만이 아니라 군사작전 임무를 '치안 회복'으로 정하고, 그때까지의 '훈련·철수 전략'을 새로운 COIN 독트린에 근거하여 '민심 장악'을 '중심'으로 한 군사전략으로 전환하여 '치안 회복'이라는 임무를 달성하였다.

최종적으로는 이라크 치안부대가 결성되어서 미국군의 철수가 결정되었다. 그런 의미에서는 '성공'이라고 할 수 있다.

그러나 '이라크를 민주화한다'라는 정치적 목적은 도저히 '성공'적으로 달성하였다고 볼 수 없다. 2011년 말 미국군 철수 뒤 이라크는 계속 불안한 정세를 보였고 시리아와 이라크를 중심으로 하는 '이슬람국가(ISIL)'의 등장으로 분명하게 알 수 있다.

'증파 전략'으로의 전환에 의하여 이라크 각지의 부족장은 비공식적 치안기관인 '각성 평의회'를 결성하고 미국군과 협력하면서 치안 유지 임무에 종사하였다. 치안 개선에 도움이 된다고 긍정적으로 평가할 수도 있다. 하지만 역설적으로 본래의 중앙정부 아래, 일원적으로 관리되어야 할 경찰이나 군대와 같은 국가 치안기관이 공적 통제를 받지 않고 확산하였다는 폐해도 생겼다. 각성 평의회의 구성원에는 알 카에다와 관계가 있거나 범죄나 테러에 관여된 사람도 있어서 다양한 문제를 일으켰다.

'증파 전략으로의 전환'은 적어도 일시적으로는 성공하였다. 그러나 처음에 예상한 대로 이라크전쟁을 '승리'로 이끈 것일까? 버락 오바마 정권 시절인 2011년 말 이라크에서 미국군이 철수한 후에 새로운 무장 단체인 '이슬람국가'가 세력을 확장하였고 이라크만이 아니라 시리아로도 영역을 확장하였다. '이슬람국가' 무장 단체가 결성된 곳은 다름 아닌 팔루자였다.

2004년 두 번의 팔루자 침공작전, 게다가 2007년부터 2008년에 걸친 소탕작전도 실패하여 결과적으로 팔루자는 '이슬람국가'의 활동 거점이 되었다. '이슬람국가'는 배움이 짧고 빈곤에 허덕이는 젊은이를 끌어들여서 세력을 확장하였다. '증파 전략으로의 전환'의 '성공'은 다음의 '실패'의 시작에 지나지 않았다.

그 후로 '이슬람국가'의 세력은 수그러들었다. 그러나 '테러와의 전쟁'의 끝없는 시나리오는 지금도 계속된다.

이시즈 도모유키 외 3인, 『항공 전력 그 이론과 실천』(국내 미출간), 2005

가와즈 유키히데, 『도설 이라크전쟁과 미국 점령군』(국내 미출간), 2005

가와즈 유키히데, 『걸프전 대전차전』(길찾기), 2017

기쿠치 시게오, '조언자로서의 군인', 『방위연구소 기요』(국내 미출간), 2010

후쿠다 다케시, '미국식 전쟁 방법과 대반란전 — 이라크전쟁 후 미군 독트린을 둘러싼 논쟁과 그 배경', 『레퍼런스』(국내 미출간), 2009

다이 야마오, '이라크 각성 평의회와 국가 형성', 『미국, 중동의 분쟁과 국가형성』(국내 미출간), 2010

육지전쟁학회, 『걸프전쟁』(국내 미출간), 1999

빙 웨스트, 『팔루자 리포트』(산지니), 2006

밥 우드워드, 『The Commanders』(국내 미출간), 1991

밥 우드워드, 『부시는 전쟁중』(따뜻한손), 2003

밥 우드워드, 『공격 시나리오』(따뜻한손), 2004

존 루이스 개디스, 『Surprise, Security, and the American Experience』(국내 미출간), 2004

톰 클랜시, 프레데릭 프랭크스, 『Into the Storm』(국내 미출간), 1997

로버트 게이츠, 『Duty: Memoirs of a Secretary at War』(국내 미출간), 2014

바턴 겔먼, 『Angler: The Cheney Vice Presidency』(국내 미출간), 2008

앤드루 콕번, 『Rumsfeld』(국내 미출간), 2007

론 서스킨드, 『The Price of Loyalty』(국내 미출간), 2004

피터 싱어, 『하이테크 전쟁』(지안출판사), 2011

프랭크 슈베르트, 테레사 크라우스, 『The Whirlwind War』(국내 미출간), 1995

제러미 스카힐, 『블랙워터』(삼인), 2011

콜린 파월, 『콜린 파월 자서전』(샘터), 2001

조지 패커, 『The Assassins' Gate: America in Iraq』(국내 미출간), 2005

리처드 할리온, 『현대전의 알파와 오메가』(연경문화사), 2001

조지 W. 부시, 『결정의 순간』(YBM), 2011

마크 맥컬리, 케빈 마우러, 『Hunter Killer』(국내 미출간), 2015

콘돌리자 라이스, 『최고의 영예』(진성북스), 2012

도널드 럼스펠드, 『Known and Unknown: A Memoir』(국내 미출간), 2011

에드워드 루트왁, 『전략: 전쟁과 평화의 논리』(경남대학교출판부), 2010

J. C. 와일리, 『Military Strategy』(국내 미출간), 1967

Alderson, Alexander. "US Coin Doctrine and Practice: An Ally's Perspective," *Parameters,* Winter 2007–2008, pp.33–45.

Atkinson, Rick. *Crusade: The Untold Story of the Persian Gulf War,* Houghton Mifflin Company, 1993.

Bacevich, Andrew. *The New American Militarism: How Americans are seduced by war,* Oxford University Press, 2013.

——, *Breach of Trust: How Americans failed their soldiers and their country,* Picador, 2014.

——, *America's War: For the Greater Middle East,* Random House, 2016.

Bolger, Daniel. *Why We Lost: A General's Account of the Iraq and Afghanistan Wars,* Mariner Books, 2014.

Clancy, Tom. *Armored Cav: A Guided Tour of an Armored Cavalry Regiment,* Berkeley Books, 1994.

Cordesman, A. and Wagner, A., *The Lesson of Modern War,* Westview Press, 1996.

Feaver, Peter. "The Right to be Right: Civil-Military Relations and the Iraq Surge Decision," *International Security,* Vol.35, No.4, 2011, pp.87–125.

Galula, David. *Counterinsurgency Warfare: Theory and Practice,* Praeger, 2006.

Gordon, Michael and Trainor Bernard, *COBRA II : The Inside Story of the Invasion and Occupation of Iraq,* Vintage Books, 2007.

——, *The Endgame: The Inside Story of the Struggle for Iraq, from George W. Bush to Barack Obama,* Vintage Books, 2013.

Herspring, Dale. *Civil-Military Relations and Shared Responsibility: A Four-Nation Study,* Johns Hopkins University Press, 2013.

Kagan, Frederick. *Choosing Victory: A Plan for Success in Iraq,* American Enterprise Institute, 2006.

Kaplan, Fred. "Challenging the Generals: America's junior officers are fighting the war on the ground in Iraq, and the experience is making a number of them lose faith in their superiors," *New York Times Magazine*, August 26, 2007, pp.34-39.

─, *The Insurgents: David Petraeus and the Plot to Change the American Way of War*, Simon and Schuster Paperbacks, 2013.

Keany, T.A. and Cohen, E.A., *Revolution in Warfare? Air Power in the Persian Gulf*, Naval Institute Press, 1995.

Mansoor, Peter. *The Surge: My Journey with Gen. David Petraeus and the Remaking of the Iraq War*, Yale University Press, 2013.

Nagl, John. *Learning to Eat Soup with a Knife*, University of Chicago Press, 2002.

Ricks, Thomas. *Fiasco: The American Military Adventure in Iraq*, Penguin Books, 2007.

─, *The Gamble: General Petraeus and the untold story of the American surge in Iraq*, Penguin Books, 2009.

─, *The Generals: American Military Command from World War II to Today*, Penguin Books, 2012.

─, "General Failure," *The Atlantic*, November, 2012.

〈 https://www.theatlantic.com/magazine/archive/2012/11/general-failure/309148/〉

Scales, Robert. *Certain Victory*, Brassey's, 1997.

Schwarzkopf, H. Norman. *It Doesn't Take A Hero*, Bantam Books, 1992.

West, Bing. *The Strongest Tribe: War, politics, and the endgame in Iraq*, Random House, 2009.

─, *No True Glory: A frontline account of the Battle for Fallujah*, Bantam Books, 2006.

West, B. and Smith, R., *The March Up: Taking Baghdad with the United States Marines*, Bantam Books, 2003.

Wright, Donald, et al., *On Point II, Transition to the New Campaign: The United States Army in Operation Iraqi Freedom, May 2003-January 2005*, Militarybookshop.Co.UK, 2010.

Yingling, Paul. "A Failure in Generalship," *Armed Forces Journal*, May 1, 2007, pp.17-23.

The 9/11 Commission Report: Final Report of the National Commission on Terrorist Attacks upon the United States, 2004. ⟨https://9-11commission.gov/report/911Report.pdf⟩

The US Army Field Manual No. 3-24, Marine Corps Warfighting Publication No.3-33.5, *Counterinsurgency Field Manual*, University of Chicago Press, 2007.

The US Army Field Manual No. 3-24.2, *Tactics in Counterinsurgency*, April 2009.

The US Army Field Manual No. 100-5, *Operations*, May 1986.

The U.S. DoD, *Conduct of the Persian Gulf War*, 1992.

The U.S. Government Printing Office, *S.Hrg. 110-757: Iraq After the Surge*, 2008.

마지막 장

지략의 본질을 찾아서

본서에서는 제2차 세계대전 때의 독소전쟁(1941~1945년), 영국 본토 항공전과 대서양 전투(1940~1943년), 제1차 인도차이나 전쟁과 베트남전쟁(1946~1975년), 이라크전쟁과 대반란작전(1991~2008년), 이렇게 네 가지 사례를 들었다.

저자들은 전략 현상을 '동적 이중성(二項動態)'으로 파악하여 상황과 맥락에 맞춘 구체적 전략의 실천을 '지략'이라고 정의하였다.

네 가지 사례의 시대 배경, 전쟁 형태, 사회·문화, 지정학적 상황, 구체적 전략·전술은 크게 다르다. 마지막 장에서는 각기 다른 사례의 차이를 초월하여 승자에게 공통으로 보이는 지략의 본질을 밝힌다.

소
모
전
과
기
동
전

동적 상호 보완 관계

군사전략은 전통적으로 '소모전'과 '기동전', 두 종류의 대비로 논의되어 왔다.

소모전(Attrition Warfare)은 군사력을 최대한 살려서 적을 물리적 괴멸 상태로 몰아넣는 전법이다. 오랜 기간에 걸친 분석적 계획, 질적·양적으로 압도하게 우수한 병사·무기·장비, 모든 것을 계획대로 준비하여 실행할 수 있는 병참이 필요하며, 방법론은 객관적 수치나 근거를 토대로 이론의 답을 탐색하는 과학과 비슷하다.

기동전(Maneuver Warfare)은 의사 결정과 병력의 이동·집중 과정을 신속하게 수행하여 적보다 물리적·심리적 우위에 서서 전투의 주도권을 쥐는 전법이다. 적이 예측하지 못한 행동으로 적의 가장 취약한 부분을 노리고 혼란을 틈타서 승리하는 전법이다.

기동전이 성공하려면 불확실성과 혼란으로 뒤덮인 전쟁터에서 뛰어난 상황 관측과 정세 판단, 신속한 의사 결정과 행동이 필요하며, 그러한 능력은 흔히 예술적 요소, 즉 인간의 경험이나 직관에서 생겨난다.

소모전과 기동전은 반대되는 개념으로 비교되지만(표 5-1), 현실에서는 서로 연속하는 경우가 많고 동적으로 상호 보완하는 관계가 된다. 즉 실제로 소모전과 기동전은 끊이지 않고 이어서 펼쳐지는 것이다. 전투에서도 상황에 따라 번갈아 펼쳐진다. 오히려 소모전과 기동전을 때와 장소에 따라 구분하고 전략적으로 통합할 수 있다면 가장 효과적으로, 짧은 기간 안에 승리할 수 있을 것이다.

상황에 따라 소모전과 기동전을 자유롭게 구사한 사례를 보자.

기동적 지구전에 패한 독일

독소전은 1941년 6월 22일 독일의 기동전인 '바르바로사 작전'으로 시작되었다. 독일군은 병참이 부족하고 소련처럼 시베리아나 중앙아시아라는 '넓은 후방'이 없어서 단기 결전을 목표로 하여 기선을 제압하는 전격전을 채택하였다.

1941년 10월 독일군은 모스크바를 60킬로미터 앞두고 나아갈 수 없었다. 진격이 멈춘 이유에는 가을비와 첫눈으로 질척이는 도로도 있었는데, 예년보다 이르게 찾아온 동장군과 진창길 때문에 악전고투한 것은 소련군도 마찬가지였다. 기동전 실패의 주요 원인은 주보급로가 여유를 잃어서 독일군의 병참이 부족하였기 때문이다.

[표 5-1] 소모전과 기동전의 비교

	소모전	기동전
초점	전투: 전쟁터에서의 전력, 전력 비율과 소모 비율, 양	적의 결속력: 정신, 도덕, 신체 안정성, 질
강조점	군사 능력, 계획: 우위성과 물량으로 압도하여 승리	신뢰, 혁신, 스피드: 전쟁 상황의 관찰·정세 판단·의사 결정·행동을 빠른 속도로 반복하여 적의 혼란을 틈타서 승리
조직	계층적: 전체적, 중앙 집권적, 경쟁적, 지시적, 표준화	네트워크적: 분권적, 자율 분산적, 협동적, 적응적, 독자적
목표	적의 전력과 전투 수행력의 파괴	적에게 '이길 수 없다'는 인식을 심어줌
사례	나폴레옹, 그랜트, D-Day, 베트남전쟁의 미국군	한니발, 전격전, 마오쩌둥의 유격전, 베트남전쟁의 북베트남군과 민족해방전선
요건	대량 화력, 기술, 공업력, 중앙 제어	신뢰, 프로 의식, 자율 분산 리더십
위험	불균형의 위협, 부차적 장애, 장기화, 교착, 사상자 증가	개인의 솔선 능력·높은 도덕성·정확한 상황 판단·창조적 대응에 의존, 조직에 침투하기 어려움
방법론	조미니의 전쟁론, 과학적, 정량적(定量的), 선형적	클라우제비츠의 전쟁론, 예술적, 정성적(定性的), 비선형적

(출처) Hammond와 Grant Tedrick의 『The Mind of War』 (2001)를 바탕으로 작성

반대로 소련군은 시베리아나 중앙아시아라는 '넓은 후방'
이 있고 모스크바 시민 수백만 명을 동원할 수 있어서 유리하였
다. 소련군은 넓은 후방의 철도망을 활용하여 모스크바로 병사
와 군수 물자를 계속 지원하였다. 더욱이 소련 측에 다행이었던
것은 독일 공군이 모스크바로 향하는 활발한 수송을 확인하고도
공격하지 않은 것이다. 독일군 수뇌부는 소련에 더 이상 예비 병
력이 없다고 굳게 믿고 있었다.

전쟁이 진행되면서 독소 양군의 차이가 벌어진 것은 전차
양산 체제였다. 스탈린은 국민을 향한 연설에서 소련이 패한 원
인은 전차와 항공기 부족이라고 주장하였다. 현대의 전쟁에서는
항공지원과 전차 없이 싸울 수 없다고 강조하며 전차를 증산하
기 위하여 국민을 독려하였다. 게다가 스탈린은 처칠과 루스벨
트에게 무기 지원을 요청하는 친서를 연거푸 보냄과 동시에, 독
일군과 비교하여 기계 구조가 단순하고 생산 비용이 낮은 자국
의 전차를 양산하였다. 전차 보유량의 벌어진 차이는 반전 공세
준비에 속도를 더하였다.

곡물 징수와 계획 경제를 책정하고 국민과 국가 경제를 강
제적으로 동원해야 하는 보급전은 당의 관료로서 스탈린이 가장
활약할 수 있는 '전쟁터'였다. 그 시점에서 독일군의 기동전은 사
회주의적으로 자원을 동원한 소련군의 소모전에 졌다고 볼 수
있다.

전쟁 초기 소련군은 독일군의 전격전에 대항할 수 없었다.
소련군은 각지에서 소모전으로 시간을 벌었고 그동안 필사적으
로 예비 병력을 그러모았다. 막바지에 이르렀을 때 예비 병력을

투입하여 기동전으로 전환하고 전선의 돌파구를 단숨에 뚫었다. 실패를 거듭하던 소련군이 필사적으로 짜낸 새로운 전술이었다. 결국 소련군에게 승리를 가져다준 것은 전쟁 상황에 맞추어 소모전과 기동전을 유연하게 이용한 전술이었다. 한편 스탈린그라드에서의 독일군은 전격전 외에 다른 전술로 싸우는 방법을 알지 못하였던 것이다.

영국에서 펼쳐진 영국 본토 항공전의 전략 목적은 전략적 인내였다. 처칠의 정치적 전략 목적은 자국의 존속을 유지하기 위하여 민주주의의 대의, 나치에 맞설 항전 의지와 능력을 드러냄으로써 미국의 전면적 지원 내지는 참전을 이끌어내는 것이었다. 목적을 달성하기 위해서는 독일의 지상작전이 곤란해질 때까지 공격을 극복하는 것이 지상 과제였다. 영국은 영국 본토 항공전을 오래 버티는 소모전으로 끌고 가서 간신히 승리를 거두었다.

동시에 영국 본토 항공전에서 영국 전투기의 기동력으로 상징되는 것처럼 적의 도발에 넘어가지 않고 전력을 절약·보존하며, 영국 본토로 유인한 적은 가차 없이 파괴하는 전법을 펼쳤다. 영국 본토 항공전은 수비와 공격이 융통성 있게 짜인 기동적이며 지구적인 소모전이었다.

제2차 세계대전에서 가장 긴 전쟁이 된 대서양 전투에서도 영국군 주체의 연합군과 독일군의 사이에서 기술 개발이나 전법의 혁신을 이용한 기동전이 되풀이되었다. 그러한 기동전에 결말을 지은 것은 독일 해군 잠수함대 사령관 카를 되니츠가 지적한 대로 소모전이었다. 독일 측의 전략 목표는 연합국이 새로 만들어내는 수송선의 투입률보다 높은 격침률을 달성하는 것이었다.

처칠은 대서양 전투가 본질적으로 소모전임을 통찰하였다. 수상함대로 빠른 시기에 유보트를 발견하여 공격하는 것을 중시하였고 미국에서 제공받은 장거리 폭격기로 독일 본토로의 전략폭격을 우선하였다. 전략폭격으로 독일의 생산 시설을 파괴하면 유보트 건조가 간접적으로 감소하리라 판단하였기 때문이다.

소모전에서 유보트와의 실제 전투 목표는 얼마나 적의 잠수함을 격침하느냐가 아니라, 전략 자원을 실은 아군의 수송선을 가라앉히지 않고 목적지까지 보내는 것이었다. '수비' 전투에서는 유보트의 공격을 제지하고 반격하여 물리치기 위한 공격 능력이 꼭 필요하였다. 영국은 대잠수함전에서 '수비'와 '공격'을 솜씨 좋게 펼쳤다. 영국은 대서양 전투에서 시행착오를 거듭하며 전략적 소모전의 한가운데에서 기동전을 펼쳐서 최종적으로 승리한 것이다.

제2차 세계대전의 승패를 가른 지상전인 노르망디 상륙작전도 기동전과 소모전이라는 두 가지 성격을 포함하였다. 드와이트 아이젠하워(Dwight Eisenhower) 장군에게 전략·인사·자원 배분을 일원화하면서도 평소와 같은 지휘 통제로 전선의 지휘관들이 '지금·여기'라는 상황에 맞춰서 자율 분산적인 지력, 판단력, 행동력을 발휘한 것이 중요한 열쇠를 쥐었다.

소모전을 추구한 미국의 사각(死角)

제1차 인도차이나 전쟁에서의 프랑스군도 베트남전쟁에서의 미국군도 전략적으로는 소모전을 벌였다. 호찌민은 마오쩌둥의 정치·군사를 포함한 유격 전략에 기초하여 처음에는 방어전, 다음은 게릴라전을 이용한 전력의 균형, 마지막에 정규전으로 총반격하는 '정(正)', '반(反)', '합(合)' 3단계 변증법적 전략을 유연하게 펼쳤다. 제1차 인도차이나 전쟁에서 북베트남군은 정반합 변증법적 전략에 따라 맨 마지막은 디엔비엔푸에서 소모전을 이겨냈다.

미국군은 베트남전쟁에서 소모전을 벌였고 전쟁터에서 한 번도 진 적이 없다. 하지만 전쟁 지도자는 베트남 민족 독립 전쟁의 본질을 착각하여 민족해방전선의 전술적 파괴 공작에 맞설 수 없었다. 미국군은 압도적 물량과 화력을 이용한 소모전만을 추구하여 비정규전(COIN 작전) 이론을 발전시키지도 않았다. 호찌민과 보응우옌잡의 민족 독립이라는 대의 아래, 어떠한 대가도 도외시한 지구전 앞에서, 분석적 소모전략에 근거하여 행동한 미국군은 자국민의 전의 상실이라는 전략적 후퇴를 할 수밖에 없었고, 북베트남은 역사적으로도 전례 없는 역전 승리를 거두었다.

걸프전쟁에서 미국군은 전략 차원으로 보면 압도적 전력과 속도로 적을 섬멸하는 대규모 전격전을 펼쳤지만, 그 후 이라크전쟁에서는 전략적 승리를 위한 맨 마지막 마무리가 허술하였다. 너무 이른 정전으로 그 후 20년 이상에 걸친 미국과 이라크와의 '저강도 분쟁'의 연쇄가 시작되었다.

걸프전쟁에서 화려하게 펼쳐진 '공지전투'처럼 적의 섬멸을 전략 목표로 하는 소모전략 차원의 승리가 역설적으로 비정규전인 COIN 작전이나 국가 건설 작전의 타격으로 이어졌다.

2003년 3월 이라크전쟁에서 펼친 지상전 '충격과 공포' 작전은 걸프전쟁보다 소규모였지만 기동성과 결정적 파괴력을 갖춘 최신 정밀 병기를 구사하여 재빠르게 진행하였고, 사실상 21일 만에 바그다드를 함락하였다. 미국군의 기동적 소모전은 큰 성공을 거두었으나 시련은 작전이 종결된 후부터였다.

이라크전쟁이 끝나고 점령 통치는 더없이 불안정하였다. 반란 분자의 활동이 활발해지고 미국군 측의 인적 소모는 서서히 늘어났다. 럼스펠드 국방부 장관은 이라크 국내의 '반란'이나 '내전 상태'를 완강하게 부인하였고 효과적인 대책을 세우지 못하였다. 그뿐 아니라 정치적 상황 판단 실수, 전략적 소모전에서의 '섬멸전 지향'으로 반란 분자를 소탕하려고 무력을 휘두를수록 반란 분자를 도와주는 결과로 돌아오는 악순환을 되풀이하였다.

그러한 가운데 2005년 최전선에서 맥매스터 대령의 연대가 COIN 작전에 성공하여 가까스로 혁신이 시작되었다. 하지만 전략적 재검토가 '장군들의 반란'으로 실현된 것은 2006년 말 '증파 전략으로의 전환'부터였다.

위의 예에서 볼 수 있듯, 소모전과 기동전을 구체적 전략으로 각기 비율을 조절하면서 반영하는 것이 승리의 열쇠였다. 시공간의 콘텍스트(상황·맥락) 한가운데에서 소모전과 기동전의 '바로 지금(just right)'을 판단하여 꾸준하게 실천하는 것이 승패를 결정한 것이다.

소모전과 기동전이 반드시 대립하는 것은 아니다. 오히려 현실의 전쟁에서는 동적 상호 보완 관계에 있다는 것이 밝혀졌다. 본서의 네 가지 사례에서도 소모전과 기동전의 동적 상호 보완성을 통찰한 측이 승리한 것을 공통으로 볼 수 있다. 그러한 상호 보완성을 의식하면서, 특히 기동전에 주목하여 전략론의 본질을 재검토해 보고자 한다.

손자병법과 마오쩌둥의 유격전

기동전과 관련하여 중국 춘추 시대에 편찬되어 지금도 널리 읽히는 전략론의 고서 『손자병법』이 있다. 『손자병법』의 전략론은 중국의 전통적인 '음양론'의 영향을 받았다. 그 가운데 하나가 '기(奇)·정(正)'이라는 사고방식이다.

『손자병법』에 따르면 '모든 전쟁은 정법(正法)을 이용하여 적을 제압하고, 기법(奇法)으로 이기는 것이다'라고 하였다. 중국의 전략 사상 연구 제1인자 데릭 유엔(Derek Yuen)은 '기·정'은 하나로 정리된 개념이고, 『손자병법』의 '병자궤도야(兵者詭道也)'라는 말은 '계략과 기만이야말로 중국 전략 전통의 중심으로, 기동전의 본질은 기법이자 궤도(남을 속이는 수단)'라고 하였다.

『손자병법』은 노자(老子)의 『도덕경』과 영향을 주고받았으며 『도덕경』의 '물의 은유법'이 중국 전략론의 특징인 '상황·귀결 접근'과 이어져 있다. 다시 말하면 물은 지형이나 그릇에 맞춰서 형태를 바꾸고 높은 곳에서 낮은 곳으로 흐른다. 미리 정해진 계획에 맞추는 것이 아니라, 전쟁 상황이나 적의 정세에 맞춰서 적의 강한 부분보다 약한 부분을 공격하는 것이다. 유연한 물은 때로 거센 물살이 되어 돌도 떠내려 보낸다. 상황을 바꾸는 힘도 가진 것이다.

한편에서는 상황에 따라서, 다른 한편에서는 아군에 유리한 상황을 만들어낸다. 결국 바람직한 귀결은 승리로 정해져 있어서, 승리할 수 있는 상황에 맞추고 유리한 상황을 만들면서 싸운다. 그것이 전략의 핵심이다.

서양 전략론의 장점인 분석적 인과 추론에 기초한 '수단·목적 접근'이, 예측하기 어렵고 불확실하며 인과 추론이 어려운 복잡한 전쟁터에서는 꼭 효과적이지는 않다는 약점을 보완하는 사고방식이다.

중국 전략론의 전통을 중국 혁명의 실전에 활용한 사람이 마오쩌둥이다. 마오쩌둥은 젊었을 때부터 중국의 역사, 문화, 철학 특히 전통적 전략론을 숙지하였다. 또한 마르크스나 레닌의 변증법을 배우면서 중국 혁명을 군사적·정치적으로 지도한 실천적 지식인이며,『실천론』이나『모순론』과 같은 뛰어난 저작을 남긴 사상가였다.

이항 대립(二項對立)을 흑과 백처럼 뚜렷하게 양극화하여 한쪽 항의 소멸도 마다하지 않는 마르크스-레닌주의 변증법과는 다르게, 마오쩌둥은 이항 사이를 회색 그러데이션과 같은 정도의 다른 연속체로 보고 그 가운데에서 도움이 되는 것은 남겨서 활용해야 한다고 말하였다.

계급투쟁의 적인 지주 계급은 부농, 중농, 소농과 여유 차이에 따라 분류되는데, 중농과 소농에서도 중국 혁명 운동에 동참·지원하는 사람들이 있으면 아군으로 만들었다. '포로를 학대하지 않는다'라는 군대 규칙을 바탕으로 홍군의 사명에 공감하는 사람은 아군으로 삼았다. 그러한 모순의 '상호 전환'은 서양의 변증법으로는 설명할 수 없다.

군사적 실천에서도 마오쩌둥은 전략적 게릴라전인 '유격전'의 개념을 만들어내었고, 자원에 질적·양적으로 압도한 차이가 있음에도 장제스가 지휘하는 강력한 국민당 정부군에 맞서 승리하였다. 게릴라전의 본질은 절대로 지지 않고 결단코 승리하지 않는 모순에 있다. 정규전과 게릴라전의 이항 대립, '정(正)'과 '반(反)'을 지양하는 '전략적으로 조직화한 게릴라전'이 마오쩌둥 변증법의 '합(合)'이었다.

현대 전략 연구의 권위자 콜린 그레이는 강자와 약자의 대결, 즉 비대칭 전쟁을 파악할 때 피해야 할 실수 두 가지를 충고하였다.

하나는 '비대칭 전쟁'을 '진정한 전쟁'과 혼동하는 것이다. 혼동하는 군대는 비대칭 전쟁을 심각하게 생각하는 것에 의미가 없다고 여겨서, 군 본연의 주요 임무인 '전쟁을 대비'하는 일에 소홀해지고 결과적으로 패배를 불러올 수도 있다. 다른 하나는 소규모 전쟁이나 다른 야만적 형태의 폭력을 정규전을 대신하는 '미래의 전쟁'으로 인식하는 것이다.

그레이에 따르면 '비대칭 전쟁'을 파악하는 방법의 해답은 마오쩌둥이 게릴라전에 대하여 쓴 고전적 저술이자 현대 비대칭 전쟁의 지침서이기도 한『유격전론』에 있다. 비정규전과 정규전, 비정규전 부대와 정규전 부대와의 상호 보완적 성질을 명확하게 파악하고, 기술이나 정치적 맥락이 변화하더라도 변함없이 유용성을 유지한다는 것이 그레이의 설명이다.

마오쩌둥은 각지에서 국민당 정부군과 게릴라전(기동전)을 펼치면서 정치 교육, 경제 정책, 복지적 사회 정책 등으로 지역 인민을 아군으로 만든 지역에서는 인민을 총동원하여 소모전을 벌였다. 기동전과 소모전의 통합이었다.

리델 하트의 간접전략과 보이드의 우다루프(OODA Loop)

서양에 중국의 전략 사고를 소개한 사람은 리델 하트였다. 리델 하트는 "전쟁은 동전처럼 양면성을 지닌다. 양면성 문제에 대처하려면 잘 계산된 절충안이 필요하다"라고 하였다. 더욱이 언뜻 보면 역설적이지만 "진정한 집중은 분산의 산물이다"라고도 하였다.

리델 하트는 전략을 '상황·귀결 접근'과 '수단·목적 접근'

으로 구별하였다. '상황·귀결 접근'의 진정한 목적은 전투를 추구하기보다 유리한 전략적 상황을 모색하는 데 있으며, 적을 '혼란(dislocation)'하게 하는 것이다.

'혼란'은 종래 서양의 전략처럼 '주요 전력'을 통하여 적군을 인과 법칙으로 파괴하는 '수단·목적 접근'이 아니다. '혼란'과 '전쟁 성과 확대'는 결과적으로 '싸우지 않고 이긴다'라는 간접접근이다. 리델 하트는 물리적 힘이 따르지 않는 정치나 경제적 전략만으로 국가 목표를 달성할 수 있는 '기만전'의 가능성을 깨달았던 것이다.

리델 하트 이전의 서양 전략론은 '군사 중심적'이고 정치 전략 개념이 빠져 있었다. 리델 하트는 『손자병법』의 '싸우지 않고 적을 굴복시킨다'라는 방법이야말로 가장 뛰어난 병법이라고 하였고, 전투를 벌이지 않고 적을 복종하게 하여 도시를 공격하지 않고 공략하는 '전략 비군사화'의 길을 열었다.

리델 하트보다 더 깊게 중국 전략의 본질을 이해하고 발전시킨 사람이 미국 공군 존 보이드(John Boyd) 대령이다. 보이드는 전투의 '바람직한 귀결'로 첫째, '싸우지 않고 굴복시킬 것' 둘째, '장기전을 피할 것'을 제시하였다.

보이드가 현대 전쟁의 새로운 전법으로 찾아낸 것이, 새로운 '총력전'이다. 사용 가능한 네트워크(정치·경제·사회·군사)를 모조리 이용하여 대적하는 정치적 의사 결정자의 전의를 꺾는 것이다. 보이드는 새로운 전법에서 동시다발적 위협과 다중 공격을 강조하였다. 보이드의 전법은 중국 춘추 시대의 『손자병법』에서 제안한 것이었다.

보이드에 따르면 서양 전략 이론은 기본적으로 '전쟁 이론'이고 '전략 이론'이 아니었다. 그때까지 서양 전략사상가들은 전략 방법의 실천과 관련된 '전략 예술'에 대한 생각이 부족하였고 '행동 전략 이론'이 빠져 있었다.

보이드는 우다루프를 제시하고 전략적 '사고방식'을 명확하게 밝혔다. 우다루프의 중요성은 그때까지의 전략 사상에 역동적인 인지 모델을 제공하였다는 점이다.

보이드는 F-86 세이버 전투기 조종사로서 6·25 전쟁에 참가하였는데 성능이 뛰어난 소련의 MIG-15에 맞선 F-86이 압도적 격추율을 보인 원인은 우수한 운동 성능에 있다고 판단하여, 에너지 기동성(Energy Maneuverability) 이론으로 요약하고 우다루프 모델로 만들었다.

[그림 5-1] 우다루프(OODA Loop)

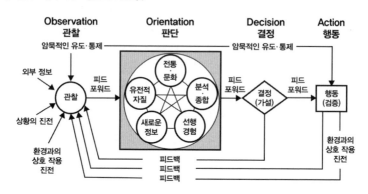

(출처) Hammond, Grant Tedrick, The Mind of War

그림 5-1처럼 우다루프의 기본적 단계는 관찰(Observation), 판단(Orientation), 결정(Decision), 행동(Action), 이렇게 네 가지 의

사 결정 과정으로 구성된다.

첫 단계인 관찰에서는 오감을 구사하여 상황의 전개를 본다. 자신의 시점만이 아니라 자신을 벗어난 시점에서 전체를 직관한다.

제2단계인 판단에서는 새로운 정보, 자신의 자질·경험, 전통을 분석·통합하여 정세를 판단한다. 그때 자신이 있는 세계만 보는 것이 아니라, 세계를 어떻게 '살펴보는가'에 대한 능력이 요구된다.

조종사 출신의 보이드는 시시각각 변하는 전쟁 상황에서 적보다 얼마나 빠르게 정세를 판단하느냐가 승패를 정한다고 하여, 제2단계를 'Big O'로 부르며 가장 중시하였다. 전쟁 상황을 한순간에 파악한 뒤 구체적 대응을 결정하고 행동하는 것이다. 그리고 행동이 불러오는 진행 상황을 관찰하여 새로운 우다루프를 시작한다.

복잡하고 혼돈한 전쟁터에서 우다루프를 재빠르게 회전시키는 민첩성이 아군의 정보와 행동의 다양성을 만들어낸다. 민첩성과 다양성으로 앞질러 행동하고 적이 아군의 상황에 적응해야 하는 상황을 창조하여 전투의 주도권을 쥐는 것이 가능해지는 것이다.

프리드먼의 내러티브(Narrative) 전략 — 구성과 대본

최근 전략론에서 흥미로운 것은 영국 킹스칼리지 런던 국제정치학자 로렌스 프리드먼(Lawrence Freedman)이 저술한 700페이지가 넘는 대작 『전략의 역사』이다. 성서, 고대 그리스 신화,

손자병법, 마키아벨리 등 고전을 비롯하여 클라우제비츠나 리델 하트의 군사전략, 마르크스나 베버의 정치·경제 전략, 기업의 경쟁전략까지 폭넓게 전략론을 평론하였다.

프리드먼은 광범위한 전망을 바탕으로 "전략은 모순을 해소하는 힘의 창조적 예술"이라고 주장하면서 열린 결말의 내러티브 방법론이 가장 효과적이라고 말하였다.

어째서 내러티브 방법론이 효과적인지 이해하기 위하여 개인 의사 결정에 관한 연구의 진전을 간단하게 살펴보자. 원래 그때까지 경제학 이론에서 가정하는 '합리적 인간'은 하나의 목적을 달성하기 위하여 가장 효율적이고 합리적인 방법을 수행하는 인간상이었다. 그러나 현실에서 인간은 감정적이고 때로는 모순된 목표를 동시에 추구하는 생물이다. 인간의 '제한된 합리성'을 전제로 한, 허버트 사이먼(Herbert Simon)이 제시한 연구로부터 발전한 행동경제학에서는 심리학 개념을 도입하고 현실적 인간 행동을 명확하게 밝히는 실증 연구가 진행되고 있다.

그러한 가운데 개인의 의사 결정 과정에는 두 종류의 사고 시스템이 상호 작용하고 있다고 여겨졌다. '시스템 1 사고(직관적, 무의식적, 감정적, 상향식이고 재빠르게 결론이 나오는 사고 회로)'와 '시스템 2 사고(자의적, 의식적, 분석적, 논리적, 하향식이고 결론이 나올 때까지 시간이 걸리는 사고 회로)'가 상호 작용하여 의사가 결정되는 것이라고 대니얼 카너먼(Daniel Kahneman)은 처음으로 주장하였다.

직관적 '시스템 1 사고'는 '시스템 2 사고'에 앞서, 결론은 좋음·나쁨이라는 직관이나 감정으로 표출한다. '시스템 1 사고'

는 신속하게 결론을 내는 한편, 그때까지 쌓인 개인의 지식, 편견, 경험의 영향을 강하게 받기 때문에 실수도 적지 않다. '시스템 1 사고'에서 도출한 결론은 '시스템 2 사고'로 검증된다.

그러한 사고방식에 근거하면 전략은 다음처럼 정의할 수 있다.

한쪽에서 직관적 사고에 포함된 편견 등을 논리적 사고로 배제하면서, 가능한 한 논리적·분석적 사고를 바탕으로 합리적으로 상황을 인식하고 변화의 동향을 지켜보면서 행동 계획을 세워서 실행한다. 다른 쪽에서는 실제 전쟁 또는 전투 승패의 행방이나 시장·기술 경쟁 상황의 변화는 예측하기 어려우므로, 그때마다 혼돈의 한가운데에서 사안의 본질을 직관하고 내러티브로 표출하면서 실행한다.

전자를 과학, 후자를 예술이라고 불러도 좋을 것이다. 전략에서 어느 쪽을 중점적으로 사용하느냐는 상황에 따라 다르며 균형은 역동적으로 변한다. 그런 의미에서 전략은 상황을 제어하기 위한 수단이 아니라, 끊임없이 변하는 상황에 대응·대처하는 행위의 연속인 것이다.

프리드먼은 그러한 성질을 지닌 '전략'을, 같은 인물이 일련의 에피소드를 통하여 구성을 전개하는 소프 오페라(soap opera)에 비유하는 것이 적절하다고 지적하였다. 소프 오페라는 미국 비누회사의 후원으로 주부층을 위해 만들어진 낮 시간대 연속 멜로드라마이다.

본래 소프 오페라에서는 드라마가 무슨 방식으로 진행되고 어떻게 끝나는지 정해진 바가 없다. 다시 말하면 소프 오페라의 구성에는 변화를 허용하는 높은 자유도(自由度)가 있다. 마찬가지로 전략 구성도 높은 자유도를 허용할 필요가 있어서 전략 대부분은 다음 단계로 진행되지만, 그것이 최종 목적은 아니다.

프리드먼은 구성과 관련하여 인지과학의 '대본(Script)' 개념을 소개한다. 대본은 어떤 상황에서 일련의 행동 패턴으로서 무엇을 해야 하는지 넌지시 알려준다. 예를 들어서 식당에서 식사할 때 자리로 안내되면 메뉴를 보고 음식을 주문하고 와인을 시음하는 등의 일련의 행위가 대본이며, 무의식 행동 규범으로서 사람들 사이에 공유되어 왔다.

변화가 매우 심하여 예측이 어려워도 전쟁 역사나 경영 역사가 보여주는 과거 전략의 행동 패턴이 힌트가 되는 경우도 적지 않다. 그런 의미에서 대본이라는 개념은 구성의 실천적 형성·실행에 도움이 되고, 전략이 신체·마음·사회에 자리 잡아서 존재하는 지식(신체지)이 되도록 돕는 것이다.

0
3
___

지
략

모
델

동적 이중성(二項動態)

기동전에 관련된 전략론의 재검토를 바탕으로 저자들의
지략(Wise Strategy) 모델을 설명하고자 한다.

'지략'은 '지적 기동력'으로 지혜롭게 싸우는 철학이다. 과
거-현재-미래의 시간축에서 공통선(common good)을 위하여 '무
엇을 유지하고 무엇을 변혁할 것인가'의 동적 균형을 지키면서,
항상 조직의 본질 직관을 함께 창조하고 계속 행동하는 전투 방
식을 가리킨다. 지적 기동력은 공통선을 향하여 실천지를 민첩
하고 역동적으로 창조, 공유, 연마하는 능력이다.

군사 조직 연구에서는 적응(adaptation)과 혁신(innovation)
을 엄격하게 구별한다. 적응과 혁신을 구분하는 이유는 비상시
에 군사 조직이 양쪽을 동시에 수행하는 것이 어렵기 때문이다.
따라서 평상시에 미래의 전투를 상상하고 실현 가능한 새로운

개념을 창조하여, 실행 가능성을 연습해서 평가하고 인사를 쇄신하여 실전에 적용한 군사 조직이 승리한다. 성공한 개혁은 상급 지도자가 솔직하게 과거와 마주 보고, 미래의 전쟁에 대한 지적 연구를 지원하는 진지함의 정도에 달려 있다.

지금까지 살펴본 바와 같이 현실의 전략·작전·전술에 '소모전'과 '기동전'은 항상 함께 존재하며 상호 보완하는 관계이다. 전투 국면에 따라서는 양적으로 상대를 능가하는 소모전의 요소를 강화하여 상대와 대치하면서, 상황에 따라 예비군을 이용하여 질적으로 상대의 허를 찌르는 기동전을 벌이는 것이다.

군사 조직은 적응과 혁신, 변화와 안정, 아날로그와 디지털 등 다양한 대립항이나 모순에 대치한다. 지략은 모순을 해소하는 변증법이기도 하다. 움직이는 관계에서 생겨나는 모순을 양자택일로 해결하는 것이 아니라, 어느 쪽도 진리이지만 둘 다 반쪽의 진리라고 인정하고 '중용'을 따른다.

'중용'은 모순되는 양극의 가운데가 아니다. 완전한 조화는 없다는 것을 알면서도 상황에 맞추어 더 나은 균형을 향하여 모순을 높은 차원의 레벨로 끌어올리는 것을 의미한다.

상반되면서도 상호 보완하는 성질을 지닌 두 가지 요소는, 양극의 한쪽만 항상 옳은 것이 아니라 어느 쪽도 어떤 면에서는 옳은 것이다. 양자를 상호 작용하게 함과 동시에, 상황과 맥락에 따라 중점 배분을 바꾸면서 역동적으로 실천하고, 효과적이라는 것을 실증하는 것이 진리라는 사고방식에 바탕을 두고 있다.

'소모전'과 '기동전'의 관계는 '이것 아니면 저것(either/or)'의 이항 대립이 아니라, 양자의 장점을 모두 살리는 '이것과 저것

(both/and)' 사고방식에 기초하여 동적 이중성(dynamic duality)으로 파악하는 것이다.

언뜻 보면 대립하는 양극은, 사실 하나의 상호 보완하는 두 가지 면(duality)이다. 양극의 사이에는 서로가 가진 특성의 정도가 그러데이션처럼 폭이 다른 중간대를 형성하고, 중간대에서 양극은 역동적으로 상호 작용한다.

투쟁으로 대립하는 (것처럼 보이는) 양극을 서로 제거하려고 하는 '죽음의 변증법'이 아니라, 양극의 좋은 면을 살리면서 통합하고 더욱 높은 차원을 지향하는 '삶의 변증법'인 것이다.

SECI 과정

군사전략은 궁극적으로 지략 싸움이다. 지략이란 지식 창조 과정을 궁극의 상황에서도 조직적·지속적으로 실현할 수 있는 능력이다. 조직의 지식창조는 '관찰'로부터 시작하는 우다루프와는 다르게, 감성을 잘 살려서 끊임없이 변화하는 현실에 '공감'하는 것부터 시작된다. 체감·체험한 현실을 '가설 설정(abduction)'하여 개념화하고 '연역'적으로 분석하여 종합한 뒤, 시행착오를 거치며 '귀납'적 실천으로 연결하는 과정이다.

조직의 지식창조 과정은 다른 지식의 작법을 모두 종합하면서 새로운 집단지성을 만드는 본질 직관의 무한 과정이며, 개인, 집단, 조직 내에 머물지 않고 지역이나 사회 공동체를 아우르며 국가 차원의 큰 지식생태계로 발전하는 모델이다.

조직의 지식창조 과정은 네 가지 방식의 스파이럴 업(나선형 향상)으로 표현할 수 있다. 각각의 머리글자를 따서 SECI 모델이라고 부른다. 보이드의 우다루프는 기본적으로 개인 차원의 적응 모델이지만, SECI 모델은 개인·집단·조직 사이에 있는 암묵지와 형식지의 상호 작용·상호 변환을 나타내는 조직의 지식창조 모델이다.

SECI 과정을 방식별로 설명하려 한다. 우선 지식창조는 직접 경험을 공유하여 암묵지를 생성하는 것부터 시작된다(공동화=Socialization). 현장에서의 상호 주관 형성을 통하여 생겨난 '공감'이 열쇠가 된다.

공감은 에드문트 후설(Edmund Husserl)의 현상학에 원천을 둔 사고방식이며 현실의 상황이나 장소에서 직접 경험을 통하여 세계를 지각함으로써 가능해진다. 아무런 선입견 없이 순수하게 사실과 현상에 접근하며 타인이나 환경과의 상호 작용으로 '주체와 객체가 융합'된 상태가 된다.

주관과 객관이 분리되지 않는 상황에서는 자기와 타인, 자신과 환경이라는 구분은 무의미하며 '다수의 주관'에 공통으로 존재하는 감각(현상학의 '상호 주관성')이 생겨난다.

다음으로, 상호 주관에 근거하여 암묵지를 언어로 표현하고 개념의 창조를 통하여 형식지로의 변환이 이루어진다(표출화=Externalization). 표출화의 열쇠는 '대화'이다. 한때 유행한 브레인스토밍이 아니라 변증법적 논의, 본질을 추구하는 물음에 기초한 철저한 지적 싸움, 은유, 유추 등 수사법을 이용한 사고 실험적 대화로 주관과 객관을 종합하는 과정이다. 공동화에서 직관한 본질을, 스스로의 신념을 주고받으며 가설화·결정화한다.

그 후 가설이나 개념을 다른 지식과 결합하여 내러티브

[그림 5-2] SECI 모델

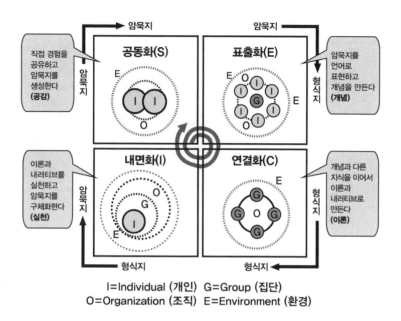

I=Individual (개인) G=Group (집단)
O=Organization (조직) E=Environment (환경)

화·이론 모델화하는 연결화(Combination) 과정으로 나아간다. 개념을 현실 세계에서 조작할 수 있도록 관련 개념을 모순 없이 조합하고 편집하여 체계화하는 것이다. 정보기술도 활용하여 보이지 않는 정보의 의미를 해석하여 종합한다.

　　SECI 과정의 맨 마지막 방식은 이론이나 내러티브의 실천이다(내면화=Internalization). 실천하면서 시행착오를 되풀이하고 실험이나 시뮬레이션으로 분석이나 피드백을 통하여 각기 당사자가 SECI 과정이나 내러티브를 신체화·내면화한다.

[그림 5-3] SECI 스파이럴을 가속화한 프로네시스

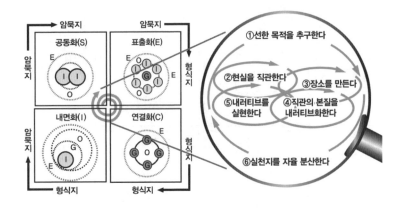

　　지략에서는 SECI 과정의 스파이럴 업을 통하여 위기 상황에서 직면한 모순의 극복이 동적 이중성으로 이루어진다. 암묵지와 형식지의 상호 변환 과정을 가속화하는 것이 실천지이다. 암묵지, 형식지, 실천지의 관계는 그림 5-3처럼 나타난다. 프로네시스가 SECI 모델을 회전시켜서 가속화한다.

프로네시스(현명한 생각)
— 지략전을 시기적절하게 통합한 실천지 리더십

　　콜린 그레이는 『전략의 미래』에서 '사려 분별, 즉 현명한 생각(prudence)'의 중요성을 이야기한다. 그레이는 '국정 운영 기술(statecraft)' 속에서 어떤 이유로 '현명한 생각'이 가장 높은 가치를 지녔는지 질문하고 다음처럼 대답하였다.

　　'현명한 생각'은 정책으로 발생하는 가능성으로의 특별한 경계를 의미하며 의사 결정자가 따르는 원칙이어야 한다. 그러나 정책 형성은 과학이 아니라 예술이며, 지적으로 모든 일에 뛰어나지 못한 인간이 결정하고 실행한다. 더욱이 결과 대부분은 미리 알 수 없어서 어리석은 정책 행위가 될 우려가 있다.

그레이에 따르면 원래 미래는 예견할 수 없다. 정치와 정책은 모두 변화라는 소용돌이 속의 활동이며 전략 역사에는 많은 치명적 문제가 기록되어 있다. 결론적으로 그레이는 국정 운영 기술과 전략이 '현명한 생각'이라는 원칙에 따라 지배되거나 제약되어야 한다고 주장한다.

아리스토텔레스는 『니코마코스 윤리학』에서 지식을 에피스테메(episteme), 테크네(techne), 프로네시스(phronesis), 세 가지로 분류하였다. 에피스테메는 과학적이고 객관적인 지식이다. 에피스테메는 분석적 합리성을 기반으로 보편적인 일반성을 지향하고 시간·공간에 좌우되지 않으며 맥락에 의존하지 않는 형식지이다. 테크네는 실용적 지식이나 노하우 등의 예술·기술적 재능이다. 의식적인 목적으로 결정되는 수단적 합리성에 기초하기 때문에 맥락에 의존하는 실천적 암묵지이다.

프로네시스는 현명한 생각(prudence), 실천적 지혜(practical wisdom), 실천적 이성(practical reason) 등으로 번역되는데, 보편적 이성과 맥락 의존적인 행위, 두 가지를 모두 포함하고 있다. 보편적 가치 합리성에 근거하면서 각기 맥락에 따라 어떻게 행동하느냐를 판단하는 도덕을 포함한 논리적 실천지이다. 항상 변화하는 맥락에 맞춰서 암묵지와 형식지의 균형을 조절하고 에피스테메와 테크네를 역동적으로 종합하는 지혜이기도 하다. 프로네시스는 상황과 맥락을 창출하는 것, 즉 의미 부여나 가치 평가를 조직화하는 것에 관련이 있는 것이다.

정치가, 군인, 경영자로서의 리더에 관한 조사 연구에서 저자들은 실천지 지도자(프로니모스: 프로네시스를 지닌 사람)들이 공통으로 가지고 있는 여섯 가지 능력을 찾아냈다.

첫 번째, 선한 목적을 만드는 능력이다. 공통선이라는 가치 판단 기준을 바탕으로 공통선에 비추어 정당한 목적을 창조하는 능력이다. 과거에서 현재(지금·여기)에 이르는 시간축에 따라 나아가서는 미래도 구상하려는 '역사적 구상력'을 포함한다.

두 번째, 있는 그대로의 현실을 직관하는 능력이다. 개별의 세세한 경험을 총합하는 '부분—전체' 상호 작용으로부터 현실을 한순간에 파악하고 '지금·여기'에서 진행되는 맥락으로 들어가서, 오감을 구사하며 그때의 현실 본질을 직관하는 능력이다.

세 번째, 장소를 시기적절하게 만드는 능력이다. 타인과 맥락을 공유하고 공감을 양성하는 능력이며, 특정 시공간과 인간의 관계성을 공유하는 '장소'를 시기적절하게 창조하는 능력이다.

네 번째, 직관한 본질을 내러티브화하는 능력이다. 은유 등 수사법을 이용하여 내러티브를 만드는 능력이며, '지금·여기'에서의 체험을 당사자들과 공유하면서 어떻게 해야 하는지를 묻고 상호 작용을 통하여 미래를 창조하는 내러티브를 엮어내는 힘이다.

다섯 번째, 내러티브를 실현하는 정치력이다. 변증법적 의논에서 감정에 호소하는 연설까지 모든 수단을 솜씨 좋게 이용하여 정치적 대립을 지양한다. 내러티브를 실현하는 실용주의 정치력이며 실현할 때까지 끈질기게 해내는 힘이다.

여섯 번째, 실천지를 조직화하는 능력이다. 도제 제도처럼 장소와 체험을 공유하여 조직의 구성원에게 실천지를 전승하거나 맥락에 따라 알맞은 인재를 알맞은 자리에 배치·발탁하고, 조직 변혁, 자원 배분, 기술 혁신 등을 통하여 개인의 실천지를 조직의 지식으로 훌륭하게 통합하는 능력이다.

매력적인 선한 목적이 없으면 많은 사람을 끌어들일 수 없다. 생생한 현실을 정확하게 파악하지 못하면 사실과 현상의 본질을 직관할 수 없다. 장소를 만들 능력이 없으면 많은 사람의 지혜를 전체에 드러낼 수 없다. 적절하게 말하는 능력이 없으면 사람을 설득시킬 수 없다. 정치력 없이는 뛰어난 구상도 소용이 없다. 실천지를 조직에 퍼뜨리지 못하면 조직·환경이 하나 되는 집합 지식을 구축할 수 없다. 그렇기에 여섯 가지 능력이 꼭 필요한 것이다.

여섯 가지 능력을 지닌 실천지 지도자로서 스탈린, 처칠(영국 본토 항공전), 호찌민(제1차 인도차이나 전쟁)의 주요한 인지·행동 패턴을 표 5-2에 정리하였다.

실천지 리더십의 여섯 가지 요소는 상호 작용하는 관계이고 맥락에 따라 다양한 패턴을 펼친다. 프리드먼이 이야기한 것처럼 전략은 현재를 기점으로 눈앞의 모순을 극복하면서 미래로 나아가기 위한 도전을 끊임없이 계속하는 연속 드라마인 것이다.

인간의 전인적 지적 능력이 요구되는 전쟁 상황에서 실천지 지도자는 현재의 모순을 확실하게 극복하는 작은 단계를 밟고 단계별로 목적—수단을 재평가한다. 그렇게 하여 현재의 모

[표 5-2] 세 명의 실천지 리더십

	스탈린	처칠	호찌민
① 공 통 선	· 소련의 상징 모스크바를 떠나지 않고 라디오를 통하여 국민에게 자신이 있는 곳을 명백하게 알리며 전의를 북돋웠다. · 대조국 전쟁이라고 명명하고 전쟁 영웅주의를 발휘하게 하여 국민의 애국심을 자극하였다.	· 자신을 기독교 문명과 자유주의의 수호자라 인식하고 나치의 본질을 꿰뚫었다. · 일찍부터 나치의 위협과 대두를 예언하였다. · 히틀러와의 평화를 탐색한 체임벌린이나 핼리팩스의 유화 정책을 거부하였다.	· '민족의 해방과 독립'이라는 명확한 목표를 가지고 베트남 인민을 이끌었다. · 마르크스-레닌주의에만 치우친 공산주의가 아니라 가능한 한 폭넓은 세력의 결집을 추구하기 위하여 베트남의 역사적 풍토에 적합한 민족주의에 중점을 두었다.
② 현 실 직 관	· 독일군의 보급지와 전선 사이의 방어가 약점이라고 분석하였다. · 겨울에 독일군이 피폐하고 보급로에 여유가 없다는 것을 파악하였다. · 기갑부대와 병참이야말로 전쟁의 열쇠를 쥐고 있다고 분석하였다. · 어느 쪽이 많은 전차를 생산해내느냐에 승패가 달려 있다고 판단하여 미국군에게 전차와 전차 생산에 필요한 철의 제공을 의뢰하였다.	· 자주 현장을 찾았고 현장 지휘관과 대화하여 실제 벌어지는 일에 대한 본질을 찾으려고 노력하였다. · 과거 역사의 사건이 반복하여 현재에 나타나는 패턴을 꿰뚫는 패턴 인식 능력으로 미래의 시나리오를 썼다. · 패턴 인식 능력과 미래를 예견하는 힘을 외교나 정치만이 아니라 테크놀로지 영역에서도 발휘하였다.	· 일본이 패전했을 때 베트남의 상황을 식민지·반봉건 체제, 산업 미개발로 직관하고, 발달한 자본주의 국가의 혁명과는 다른 베트남의 민족주의, 민주주의를 동반한 사회주의로의 길을 직관하였다.
③ 장 소 만 들 기	· 주코프 세대의 군인을 발탁하여 의견에 귀를 기울이고, 공이 있으면 상을 내리고 죄가 있으면 벌을 내렸다. · 무기 원조 요청을 위하여 영국과 미국의 지도자에게 계속하여 서신을 보냈다.	· 동맹군 지도자와 직접 대화할 수 있는 장소를 만들었다. 특히 루스벨트와는 긴밀한 관계를 꾸준히 유지하였다. · 신기술 연구개발 등을 목적으로 하는 군의 다방면 기능 팀을 만들어서 끊임없이 대국과 소국 전부를 내다보고 속전속결하였다. · 파괴되어 잿더미가 된 곳에 직접 찾아가서 당당하게 행동하며 국민을 격려하였다.	· 항상 평범한 옷을 입고 사람들과 어울렸으며 민중, 병사, 소수 민족과 좋은 관계를 맺었다.

④ 내 러 티 브 화	· 러시아혁명 기념 축하회를 땅속 깊은 지하철역에서 개최하고 라디오를 통하여 전국에 조국 방어를 호소하였다. 이튿날에는 군사 퍼레이드를 열병하고 자신과 소련의 건재함 내외에 알렸다.	· 연설 원고는 전부 직접 작성하였고 효과적인 언어 표현으로 국민을 북돋웠으며 직면한 현실을 명확하게 설명하였다. · 영국 본토 항공전이라고 이름 붙이고 국민에게 전투의 역사적 의미를 알렸다.	· 침략에 맞선 역사나 애국자의 활약을 이야기하였고 민족의 해방, 독립, 자유를 약속하였다. · '승리의 확신이 있을 때만 싸워라'라는 기본 원칙으로 게릴라전에서 정규전까지의 전쟁 상황에 맞춘 전투를 제시하였다.
⑤ 내 러 티 브 실 현	· 공장 소개(疏開), 군수 물자 증산, 철도 운영 재정비, 모스크바를 사수하기 위하여 가능한 한 모든 병력을 모으고 수도 방어를 주코프에게 맡겼다. · 겁에 질린 병사나 시민을 내부의 적으로 판단하여 엄벌을 내렸다. · 당의 관료로서 곡물 징수나 강제 동원에 힘썼고, 자신이 가장 활약할 수 있는 보급전이라는 '전쟁터'에서 무기와 장병을 보충하고 수송을 추진하였다.	· 국방부 장관을 겸임하고 최중요 과제에 최대 영향력과 권력을 발휘할 수 있는 체제를 구축하였다. · 삼군의 수뇌와 파트너십을 형성하고 밀접한 대화를 통하여 전쟁을 지휘하였다. · 전면적으로 다우딩을 신뢰하고 전투 지휘를 지지하였다.	· 1946년 프랑스와의 타협에 반발하는 민중의 분노를 진정시키고 민중에게 단결과 조국 독립을 거듭 일깨웠다. · 굳은 의지로 베트남의 토지 개혁을 추진하고 대중 특히 농민의 징병과 결합하여 민족통일전선을 굳건히 하였다.
⑥ 실 천 지 조 직 화	· 독소전이 시작되기 전, 군부는 당에 복종해야 하였지만, 전쟁 때는 유능한 장군을 발탁하여 지위와 명예를 회복시키고 활력을 이끌어내었다. · 모든 범위는 아니지만, 작전 입안은 참모본부에 맡기고 자신은 전쟁을 감독하고 병참에 집중하여 작전을 지원하였다.	· 다우딩 대장을 전투기군단 사령관으로, 비버 브룩을 항공기 생산성 장관으로, 노동당의 어니스트 베빈을 노동장관으로 임명하는 등 이색적 인물을 적재적소에 발탁 · 배치하였다.	· 호찌민 사상을 팸플릿 등으로 조직에 전파하였고 후계자를 육성하여 조직을 강화하였다. · 후계자와 함께 행동하여 차기 지도자를 성장시켰다. · 농민, 노동자, 병사, 관리에게 전해진 알기 쉬운 메시지는 개개인의 생각이 되어서 저항 운동으로 발전하였다.

순 속에 있는 미래가 전체의 한 부분으로 포함된다. 단순한 인과 관계가 아니라 그때그때의 맥락에서 발생하는 사건을 역동적으로 잇는 패턴 인식이다.

실천지 지도자는 시간·장소·사람 등으로 구성되는 상황의 '지금·여기의 관계성'에서 특정 맥락을 창조한다. 더 나은 미래로의 방향과 방법을 찾아내어 판단하고 선택하며 실천으로 옮기는 것이다.

앞 내용을 바탕으로 지략 모델을 그림 5-4로 제시하였다.

개인·집단·조직의 인식축과 암묵지·형식지의 스펙트럼을 제시한 지식축이 콘텍스트(환경·사회·문화·역사·기술)와 일체화하여 지식창조가 이루어진다. 조직의 지식창조는 항상 공통선의 달성을 목표로 한다.

조직의 지식창조 과정에서 만들어진 생산물인 지식은 조직에 축적되는 지적 자산의 일부가 되어 조직의 가치 창출에 공헌한다. 일반적으로 지적 자산에는 특허나 면허, 데이터베이스, 문서, 루틴, 스킬, 사회관계 자본(사랑, 신뢰, 안심감), 브랜드, 디자인, 조직 구조나 문화가 포함된다. 지략에서 가장 중요한 지적 자산은 루틴으로서의 형태나 문화이다. 지략에서 형태는 상황의 맥락을 읽고 총합하여 판단하고 행동으로 연결하기 위하여 개인이나 조직이 가진 사고·행동 양식이며, 창조성과 효율성을 역동적으로 조화시키는 '창조적 루틴'이다.

암묵지와 형식지의 상호 변환 과정을 가속시키는 프로네시스, 즉 실천지는 실천과 객관적 지식을 총합하는 현명한 사람의 지혜이자 미덕이다. 적의 섬멸이라는 단순한 목적만이 아니

[그림 5-4] 지략 모델

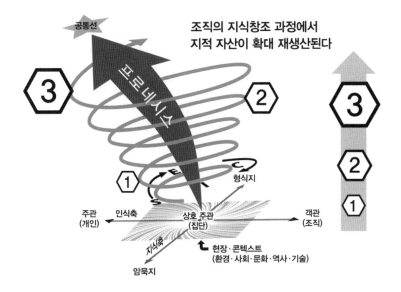

라, 많은 사람이 공감할 수 있는 선한 목적을 내세우고 개인의 맥락이나 관계성 속에서 최적·최선의 결단을 내릴 수 있는 능력이기도 하다. 동적 이중성의 메커니즘을 조직적으로 발동시키고 맥락에 따른 '중용'을 택하여 실천하는 것이다.

'현명하게 싸우는 것(Fighting Smart)'은 지략의 조직적 실천인 것이다.

지략이라는 철학이 조직에서 기능하려면 다음의 네 가지 요건이 꼭 필요하다.

① 공통선 ― 무엇을 위하여 싸우는가

사람은 무엇을 위하여 싸우는가. 무엇을 위해서라면 목숨을 걸고 싸울 수 있는가. 신념이 명확할수록 의지가 강할수록 국민은 전투에 충분하게 적응하고 군대는 이기는 조직으로 전진한다. 그 근본에 있는 것이 전투에 임할 때 꼭 필요한 '공통 목적의식'이다. 목적은 국민이나 국가의 틀을 초월한 공동체에 더욱 많은 선을 가져오는 것일수록 사람들의 공감을 불러일으키고 움직이게 하는 원동력이 된다. '공통선'의 목표를 공유하는 것은 국가와 군의 생명선이 된다.

전투 의지의 강한 공감은 전략적 게릴라전이라는 기동전

을 펼친 북베트남군의 최종적 승리로 이어졌다. 베트남 민족 독립, 민족 자결의 강한 의지를 가진 베트남군과 비교하여 미국군은 맨 마지막까지 베트남에서 싸울 대의명분을 확립하지 못하였다.

　미국 국민은 텔레비전 위성 중계로 구정 대공세의 생생한 전투 장면을 처음 접하였다. 남북전쟁 이후 국내에서 전쟁을 경험해보지 못한 미국 일반 국민에게 텔레비전 중계로 가정에 전해진 전쟁의 실태는 너무나 가혹하였다. 전쟁의 참혹함과 미국군 병사의 고통은 미국 국내의 전쟁 반대 감정을 크게 자극하였고 베트남전쟁에 대한 항의 운동은 급속도로 거세졌다. 미국 국민의 전의 상실이 전략적 후퇴를 불러일으킨 것이다. 국토를 지키는 군대와 원정군의 차이가 있다고 해도 베트남과 미국의 전쟁에 대한 생각의 차이는 뚜렷하였다.

　호찌민은 국민에게 "자유와 독립보다 소중한 것은 없다"라고 호소하였다. 호찌민은 민족의 해방과 독립이라는 역사적 구상력에 근거한 명확한 목적을 가지고 베트남 인민을 지도하였다.

　"우리 베트남 인민은 귀중한 전통을 이어온 열렬한 애국심을 키웠다. 지금까지 국가가 침략에 직면했을 때 언제나 고귀한 정신이 거대한 파도가 되어 끓어올랐고 모든 위험이나 곤란을 극복하여 모든 반역자와 침략자를 진압할 수 있었다. 우리들은 쯩자매, 쩐흥다오, 레 러이, 응우옌후에가 남긴 찬란한 역사의 페이지를 자랑스럽게 생각한다. 그들은 국가의 영웅으로 상징되며 우리들은 영웅의 위대한 공적과 업적을 마음에 새겨야 한다."

호찌민과 마찬가지로 처칠도 국민에게 전투의 대의를 명확하게 제시하였다. 1940년 영국에서는 적지 않은 수의 정치가가 나치스·독일에 대한 유화 정책 쪽으로 기울었다. 히틀러의 제안이 "대륙은 지배하지만, 영국의 독립은 보증한다. 다만 공산주의는 배제한다"라는 것이었고 영국으로서도 완전히 받아들이기 어려운 제안은 아니었기 때문이다.

제1차 세계대전으로 전쟁에 지친 시민 앞에서 처칠의 전임 체임벌린 총리도 핼리팩스 외무장관도 줄곧 나치스·독일에 대한 유화 정책을 지지하였다. 핼리팩스는 철저한 저항보다 무솔리니에게 중개를 의뢰하여 히틀러의 평화 조건을 탐색해야 한다고 주장한 정도였다. 그러나 처칠은 "우리는 문명과 자유를 지켜야 한다"고 외치며 히틀러에게 맞서 버티었다.

그때 유럽이 잊고 있었던 '도의의 권위', '가치로의 헌신', '행동에 대한 신봉'을 처칠이 불러일으킬 수 있었던 것은 처칠의 전략 목적에 명확한 도덕관이 자리 잡고 있었기 때문이다. 처칠에게는 영국인들이 기독교 문명과 자유의 수호자임을 인식하고 인류가 오랜 역사 속에서 쌓아 올린 민주주의라는 공통선을 지켜야 한다는 강한 의지가 있었다.

나치스·독일이 유럽을 석권하고 실질적으로 대치하는 것은 영국뿐이라는 국가적 위기의 한가운데에서 총리가 된 처칠은, 취임 3일 뒤인 1940년 5월 13일 하원에서의 최초 연설에서 다음과 같이 말하며 국민을 북돋웠다.

"내가 바칠 것은 피와 수고와 눈물과 땀밖에 없습니다(I have nothing to offer but blood, toil, tears and sweat). 우리의 정책이 무엇인

지 여러분은 물어볼 것입니다. 그 질문에 저는 다음과 같이 대답할 것입니다. 우리가 가진 모든 전력과 신이 우리에게 내려주신 모든 힘을 다하여 바다와 육지와 하늘에서 싸우는 것, 암울하고 한탄스러운 인류의 범죄 기록에서도 비할 데 없이 두려운 압제에 맞서 싸우는 것입니다. 그것이 우리의 정책입니다. 우리의 목적이 무엇인지 여러분은 물어볼 것입니다. 대답은 승리입니다. 어떠한 희생을 치르더라도 이기는 것, 온갖 공포에도 굴하지 않고 이기는 것, 아무리 길고 힘든 길이어도 승리하는 것입니다."

독소전쟁에서는 공통선으로 '무엇을 위하여 싸우는가'의 차이가 명암을 갈랐다. 소련군은 '조국 방어'를 위하여 싸웠고 독일군은 '인종 전쟁'을 벌였다. 양군의 승패를 가른 것 가운데 하나가 모스크바 시민의 '조국 수호' 의지였다.

스탈린은 독일군의 '바르바로사 작전'으로 한때 혼란을 겪었지만, 시민에게 모스크바 사수를 선언하고 조국 방어를 호소하며 사기를 북돋웠다. 참호 파기에도 시민을 동원하였다. 소련군은 성별이나 민족과 관계없이 다양성이 뒷받침되었다. 다민족 국가인 소련에서는 거의 모든 민족이 동원되어 조국 방어를 위하여 함께 싸웠다.

독일군은 '인종 전쟁'이라는 세계관에 따라 군의 주력을 '순수 혈통 아리아인'으로만 구성하였는데 전투가 격렬해지면서 전력도 줄어들었다. 또한 '인종 전쟁'이라는 이유로 독일군은 점령지에서 슬라브계 주민에게 압제 정치를 펴서 반감을 샀다. 식량을 현지에서 조달한 것도 반감을 부채질하였다. 그로 인해 많은 주민이 고향을 버리고 헤어지거나 흩어졌다. 고향을 잃은 주민은 때로 빨치산이 되어 독일군의 보급로를 습격하였다. 게다가 독일군은 붙잡은 많은 포로를 활용하지 않고 수용소에서 굶어 죽게 내버려 두었다. 독일이 포로를 점령지의 노동력으로 이용하게 되는 때는 1941년 말부터였다.

이라크에서는 미국의 전통적 소모전이 이라크 주민의 '공감'을 얻지 못하고 혼란을 거듭하였다. 이라크 침공 이후 날마다 벌어진 소탕작전에서는 야간 강제 가택 수색, 대량 감금, 재산 몰수, 시가지에서의 가차 없는 무력 공격으로 많은 시민에게 피해를 입혀서 반미 감정은 악화하는 추세였다.

반란 분자 섬멸을 목표로 하는 전투도 시민의 주거나 인프라를 파괴하고 생활 기반을 빼앗는 것이 되어서 시민의 반미 감정을 더욱 악화시켰다. COIN 작전으로 작전이 재검토될 때까지 미국군은 이라크 주민의 '마음'을 가볍게 여기고 '공감'이나 '신뢰'를 얻지 못하였다.

전쟁에 대한 신념, 생각, 가치관, 약속은 사람들의 삶에 뿌리를 두고 있다. 지략의 측면에서 보면 전쟁 한가운데에서 개인, 집단, 조직, 국가나 국민의 '삶의 방식'을 물어보는 것이 된다. 국가가 '존립'한다는 것은 국민의 공감을 불러일으키는 국가나 국가 사이의 관계성에서 선한 삶을 꾸준하게 지향하여 공통선을 추구하는 것이다.

② 공감(상호 주관성)

전쟁 상황을 정확하게 구별하거나 국민감정을 이해하거나 적의 속마음을 아는 것이 가능한 이유는 사람에게 '공감'하는 능력이 갖추어져 있기 때문이다. 현상학자 후설은 "감각의 본질은 공감이다"라고 말하였다. '공감'을 깊이 이해하고 실천하면 본질 직관의 토대가 되어 아군과의 제휴·연합을 쉽게 맺을 수 있다. 얼핏 보기에 전쟁과는 상반되는 개념으로 보이는 '공감'은 사실 지략의 핵심인 것이다.

지략을 실행할 때 필수 조건인 '공감'은 상호 주관성 (intersubjectivity)이라고 불리는 현상이다. 상호 주관성은 '주관과 주관 사이'를 가리키는 현상학 용어이다. 사람과 사람 사이에 상호 주관성이 형성된다는 것은, 각각의 주관이 각각의 독자성을 유지한 채 공동으로 쌓아 올리는 '모두의 주관'이 구축되는 것을 의미한다.

상호 주관성은 '만남(encounter)'으로 시작된다. 만나는 상대는 인간, 자연, 정신일 수도 있다. 사물이나 인간에 대한 한결같고 숭고한 태도, 자기중심성에서 벗어나서 자신과 상대방이 하나가 되어 생기는 무심·무아의 태도이다.

로버트 맥나마라가 미국의 영광과 그늘에 대하여 적나라하게 이야기한 다큐멘터리 영화가 2003년 아카데미상에서 장편 다큐멘터리상을 받았다. 영화를 바탕으로 한 연구서에 따르면 쿠바 미사일 위기와 베트남전쟁을 경험한 맥나마라의 가장 큰 교훈은 '당신의 적에게 공감하라(Empathize your enemy)'였다.

맥나마라는 베트남전쟁 중반에 국방부 장관을 사임하고 약 30년이 지난 뒤, 베트남전쟁의 본질이 민족 전쟁이었다는 것을 이해할 수 있었다. 민족 전쟁에서는 적을 실제로 겪어보고, 적의 눈을 통하여 보고, 적의 의사 결정 밑바탕에 있는 생각을 이해하지 않고서는 이길 수 없다는 것을 뒤늦게 깨달은 것이다.

　쿠바 미사일 위기 때, 최종적으로 케네디 정권은 소비에트 측의 시점으로 핵전쟁의 위기를 넘겼다. 그러나 베트남전쟁에서 미국은 정량적 군사 능력에서 압도적 우위에 있었기 때문에 적을 이해할 필요가 없다고 생각하였다. 미국은 베트남전쟁을 냉전의 한 부분으로 여겼고 내전으로는 보지 않았다. 오만함(arrogance)이야말로 공감의 최대 장애물이었다고 맥나마라는 반성하였다.

　공감(empathy)은 상대를 대상화하는 '동감(sympathy)'이나 '동의(agreement)'와는 다르다. 공감은 다른 사람과의 차이를 해소하고 평화와 안전의 위협을 배제하는 전제로 상대방의 사고방식(mind-set)을 깊이 이해할 수 있도록 도와주는 호기심이다.

　호찌민은 베트남 인민을 마주 대하고 상대의 공감을 얻어서 '호 아저씨'라고 불리며 점점 상호 주관의 고리를 넓혔다. 호찌민을 만나는 사람들은 호찌민의 인간성에 공명하여 잇달아 협력자로 변하였다. 호찌민의 말이나 내러티브에 공감하는 베트남 인민은 민족 독립을 위하여 무슨 일이 있어도 서로 협력하고 단결하였다.

　전쟁이 벌어지는 동안 호찌민은 많은 전선부대를 방문하였고 젊은 병사를 친자식처럼 대하며 격려하였다. 멀리 떨어진 전선부대의 간부에게도 편지를 보내어 용기를 북돋웠다. 북베트남 산악 지대에 틀어박혀서 오로지 베트민군의 힘을 비축하는 동안에도 현지의 소수 민족을 찾아가서 가족처럼 대하고 공감·공명·호응하며 인민과 밀접한 관계를 맺었다.

처칠도 공감대를 형성하는 노련한 수완을 발휘하였다. 타인과 맥락을 공유하고 공감을 형성하는 장소 만들기의 수완이기도 하였다. 처칠은 다른 동맹국 지도자들과 직접 대화하기 위한 자리를 빈번하게 만들었다. 미국 대통령 루스벨트, 소비에트 연방의 최고 지도자 스탈린, 파리 함락 후 런던에서 망명 정부의 자유 프랑스를 수립한 샤를 드골(Charles De Gaulle), 제2차 세계대전 때 유럽 전선 연합군의 최고사령관 아이젠하워와 회합을 가지고 직접 대화하였다. 대면 교섭에 의한 장소 만들기는 처칠의 진면목을 보여준다.

특히 루스벨트와는 매우 긴밀하게 연락하였다. 처칠과 루스벨트가 주고받은 서신은 2천 통에 이르렀다. 1941년부터 1945년까지 약 113일 동안 함께 지낸 것으로 알려져 있다.

처칠은 리더로서도 스태프와의 공감대를 형성하기 위하여 노력하였다. 신기술 연구개발 등을 목적으로 하는 군의 다방면(cross-functional) 기능 팀을 만들어서 끊임없이 대국과 소국 전체를 내다보고 속전속결을 추구하였다. 구체적으로는 독일이 런던을 공격하였을 때에 대비하여 재무부 건물에 전시 내각 집무실(War Cabinet Room)을 설치하고 활용하였다.

군대에서는 제2차 세계대전이 끝나고 '레드 팀(Red Team)'이라는 제도를 활용하였다. 도상 연습이나 기동 훈련에서 가상의 적군으로 편성한 아군의 약점·개선점을 명확하게 찾아내는 역할을 담당하는 팀의 호칭이다. 냉전에서 미국군이 전통적으로 적군(赤軍)이라고 불린 소련군을 향하여 사용한 호칭에서 유래하였다.

레드 팀 제도는 이의를 인정하지 않는 완고한 사고방식과 보수적 문화를 가진 조직에 특히 효과적이다. 처칠이 만든 다방면 기능 팀이나 국내 반대 세력도 연합한 거국일치 내각은 레드 팀을 내포한다. 처칠은 밤낮을 가리지 않고 전시 내각 집무실에서 정보를 공유하며 이의를 제기하고 이기기 위한 전략이나 작전에 합의하면 일치단결하여 실행하였다.

더욱이 처칠은 국민과의 공감대를 형성하려는 노력을 아끼지 않았다. '보이는 총리(visible Prime Minister)'로서 국민 앞에 모습을 드러내기 위해 시간을 할애하였다. 1940년 9월 독일군의 런던 공습이 시작되고 나서도 처칠은 파괴되어 잿더미가 된 자리에 서서 엽궐련을 입에 물고 득의에 찬 여유 있는 브이 사인을 보여주었다. 사자처럼 당당한 행동으로 민중을 격려한 것이다.

국민은 처칠의 친근한 모습에서 할아버지를 만난 듯한 그리움을 느꼈다고 한다. 최악의 사태에서 절묘한 순간에 적절한 유머를 던져서 사람들의 기분을 풀어주는 센스도 갖추고 있었다. 처칠의 공감을 형성하는 능력이 많은 사람의 마음속에 '지도자와 함께 싸우자'라는 생각을 일어나게 한 것이다.

독소전쟁의 히틀러와 스탈린은 모두 독재자이며 타인과 마주하여 '공감'을 얻는 리더십을 갖추지 못하였다. 그러나 1942년 중반부터 두 지도자의 차이가 나타나기 시작하였다.

스탈린그라드와 북캅카스에서의 좌절은 국방군 장군들에 대한 히틀러의 불신감을 키웠다. 1942년 10월부터 장군들은 히틀러의 장광설을 경청하는 '식탁 담화'에도 초대받지 못하였다. 히틀러는 참모본부를 '단 하나도 망가뜨리지 못하는 비밀 결사'

라고 부르며 9월 24일에는 할더 참모총장을 해임하였다.

히틀러와 대조적으로 스탈린은 거듭되는 군사적 실패 끝에 직업군인의 의견을 귀담아듣게 되었다. 잇따른 실패 끝에 배운 겸손한 태도였다. 그와 동시에 관료제를 숙지한 스탈린은 모든 중요한 결정을 결재하고 전문가의 완전하고 명확한 보고를 요구하여, 부하는 더할 나위 없이 면밀한 서류를 제출하였다.

"스탈린은 전문가의 의견을 곧이곧대로 귀 기울여 들었다"라며 주코프는 회상하였다. 전쟁이 좋은 쪽으로 진전되면서 상호 보완하는 관계가 구축되었다. 전쟁 중의 스탈린은 주코프만이 아니라 자신이 능력을 인정한 장군에게는 실패하여도 계속 기회를 주었다.

③ 본질 직관

동적 이중성의 양극을 역동적으로 상호 작용하게 하여 균형을 잡으려면 '지금·여기'에서의 '본질 직관'의 질이 중요하다. 군사전략론의 고전인 『전쟁론』의 저자 클라우제비츠는 유럽을 석권한 프랑스 황제 나폴레옹이 펼친 전략의 본질을, 한순간에 전쟁 형국을 꿰뚫어 보는 힘이라고 하였다. 클라우제비츠는 'coup d'oeil(한번 흘낏 본다)'라는 프랑스어가 나폴레옹 전략의 본질이며 '많은 시행착오와 숙고를 겪어야만 얻을 수 있는, 순간적으로 진실을 꿰뚫어 보는 직관'이라고 하였다.

'전쟁의 형국을 꿰뚫어 보는 눈'의 능력은 현장에서 직접 체험하여 얻은 경험 지식이나 전쟁 역사의 학습에서 얻은 지식을 바탕으로 전개되어 최종적 판단에 이른다. 과정은 직관적이며 맥락이나 상황에 따라 무의식적으로 일어난다.

　'전쟁의 형국을 꿰뚫어 보는 눈'은 의식적·논리적·분석적 사고로 발휘된다기보다 감각이나 경험에 기초하여 무의식적으로 축적되는 암묵지이다. 한번 흘낏 보는 전쟁 형국은 전쟁터에서 의식적으로 인식할 수 있는 모든 것을 논리적으로 분석한 결과가 아니라, 그 자리에서 느끼는 직감을 바탕으로 전쟁의 본질을 직관하는 것, 말하자면 자연스럽게 '보이는 것'이다.

　지략에서 현실이나 전쟁 형국의 본질을 직관하는 것은 정확하고 신속하며 효과적인 판단으로 이어진다.

　정신병리학자 기무라 빈에 따르면 '현실'에는 리얼리티(reality)와 액추앨리티(actuality) 두 가지 의미가 있다. 리얼리티는 현장에 가서 객체를 방관자적으로 대상화하여 관찰하는 현실이고, 액추앨리티는 오감을 구사하고 현장의 맥락에 빠져들어서 전인적으로 관련한 주객일체의 경지에서 느끼는 현실이다.

　스탈린그라드 전투에서 맹장 추이코프는 현장에 빠져들어서 전인적으로 전투에 개입하고 전선의 부대를 지휘하였다. 스탈린그라드 방면군의 간부는 전투가 격해지자 도시 중심부에서 볼가강 건너편으로 이동하였지만, 추이코프는 시내의 마마이 언덕에 사령부를 두고 전선의 지휘를 계속하였다. 추이코프는 마마이 언덕이 함락되어도 볼가강 건너편으로 이동하지 않고 선착장을 사수하였으며 병사들을 가혹한 전선으로 내몰았지만, 자신도 포화가 떨어지는 최전선에서 병사들과 생사를 함께하였기 때문에 신뢰를 얻었다.

　추이코프는 전쟁터에서 오감을 구사하며 전쟁터의 맥락

에 빠져들어서 현장을 지휘했던 것이다.

처칠은 독일과 전쟁을 벌이는 동안 자주 현장을 찾았다. 전쟁에서 '지금·여기'의 '생생한 현실'인 액추앨리티 속에 빠져들어서 현장의 군사령관과 직접 대화하고 세부적 본질을 직관적으로 파악하려 하였다. 그와 동시에 눈앞의 현실을 대상화하고 리얼리티를 파악하는 냉정한 관찰도 빠뜨리지 않았다.

히틀러는 처칠과 대조적이었다. 1939년 폴란드 침공 때부터 패전할 때까지 6년 동안 히틀러가 전선에 나가서 전쟁 상황을 직시한 것은 폴란드 침공뿐이었다고 한다. 전쟁이 끝나고 하인츠 구데리안은 당시를 회상하며 "나의 경계부대가 만족스러운 방한 피복도 입지 못하고 영양 불량에 초라한 모습으로 고전하는 것과는 달리, 부러울 정도의 방한 장비를 갖추고 영양 불량과는 거리가 먼 시베리아 사단 병사가 분투하는 모습을 실제로 본 사람이 아니라면, 앞으로 그 광대한 지역에서 어떻게 중대한 일이 벌어질지 추측하는 것은 도저히 불가능한 일이다"라는 말을 남겼다.

베트남전쟁에서 전쟁 형국의 본질은 전해지지 않았다. 존슨 대통령과 멀리 떨어져 있던 합동참모본부는 비공식적인 방법으로 대통령에게 진언하려 하였으나 대통령은 '맥나마라를 통하여' 보고하라고 밝혔다. 맥나마라 국방부 장관이 요청한 전쟁 상황의 중요한 지표는 베트남인의 시체, 포로, 탈취한 병기, 파괴한 터널의 숫자였고 적의 사기를 낮추는 질적 측면은 무시되었다.

맥나마라에게 보고된 성과는 항상 과장되었고 낮게 잡아도 30퍼센트는 부풀린 수치였다. 미국군 부대 지휘관이 개인의 명예를 위하여 지나치게 과장된 성과를 보고하는 일도 자주 있었다. 맥나마라가 신뢰하는 워싱턴의 컴퓨터는 앞서 말한 신뢰도 낮은 수치를 근거로 북베트남군과 민족해방전선의 남은 병력을 빈틈없이 계산하였다.

그 결과 미국 국내에서는 북베트남군의 주력 부대가 거의 전멸하였으며 민족해방전선은 붕괴되었다고 보기에 이르렀다. 사이공의 미국군 대변인은 구정 대공세 직전 1967년 말에 "전쟁은 이긴 것과 다름없다"라고 발표하였다.

이라크전쟁에서는 미국 대통령, 럼스펠드 국방부 장관, 보좌관들에게 정확한 현상 인식이 결여되어서 이라크전쟁 형국의 본질을 파악하지 못하였다. 혼란스러웠던 2003년 이라크전쟁이 끝난 뒤의 점령 통치에 관련하여 럼스펠드 국방부 장관은 이라크 국내에서의 '반란'이나 '내전 상태'를 완강하게 부인하였고 효과적인 대책을 내놓지 못하였다.

히틀러가 이끈 독일, 베트남전쟁이나 이라크전쟁에서의 미국은 액추앨리티도 리얼리티도 얻지 못하여 지략이 제 역할을 해내지 못하였다. 액추앨리티도 리얼리티도 갖추지 못하면 시공간 콘텍스트(맥락·배경)의 한가운데에서 본질을 직관할 수 없다. 본질을 직관할 수 없었기에 양극의 상호 작용을 통하여 '바로 지금(just right)'의 균형을 판단하고 역동적으로 꾸준히 실천하는 전투 방식, 즉 지략을 펼칠 수 없었던 것이다.

④ 자율 분산계 ─ 실천지의 조직화

전략을 실행하려면 현장의 지식과 판단을 빼놓을 수 없다.

전쟁터에서 멀리 떨어져서 전선의 '지금·여기'를 모르는 사령부로부터의 하향식 지령은, 실제 전쟁터 상황과 맞지 않아서 시기 적절하지 않은 경우가 많았다. 특히 가혹한 전투에서는 전쟁터의 현실을 피부로 느끼는 병사의 신속하고 자율적인 판단이 승패와 생사를 갈랐다.

다양한 조합과 관계성을 상황에 맞게 만들어가면서 효과적인 지략을 실행하는 조직에서는 미들(middle)이 연결점이다. 미들은 미들·업·다운 방식으로 톱(top)과 보텀(bottom) 사이를 왕복하고 상호 작용하면서(그림 5-5) 전쟁의 전체적 형세와 상황을 판단하는 지식을 창조·공유하여 조직 전체의 전투 능력을 증폭시킨다.

작전 면에서 보면 소모전으로 싸웠다고 여겨지는 소련군조차 독소전쟁의 분수령이 된 스탈린그라드 공방전의 최전선에서는 독일군에 맞서 기동적인 직접 전투를 펼쳤다. 그 전투는 스탈린의 하향식 명령이 아니라, 현장을 전부 파악하고 있던 추이코프 중장이 총사령관으로서 이끈 전투였다.

히틀러가 1942년 8월 말까지 스탈린그라드 점령을 명령하여 독일군은 7월에 스탈린그라드 공격을 시작하였다. 거리는 독일군의 대포 공격으로 철저하게 파괴되고 무력화되었다.

히틀러가 스탈린그라드 점령을 고집하여 독일군은 스탈린그라드 포위망을 완성하였지만, 소련군은 볼가강을 등지고 배수진을 쳤다. 소련군은 배수진을 친 시점부터 경이로운 끈기를 보였다. 독일군이 파괴한 건물의 파편 더미로 바리케이드를 만들고 지뢰를 터뜨려서 전차를 세웠으며, 윗부분의 장갑판이 얇

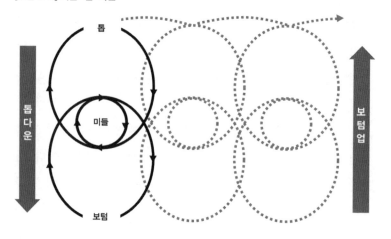

[그림 5-5] 미들·업·다운

톱

미들

보텀

톱다운

보텀업

은 전차를 노리고 건물의 위층이나 옥상에서 대전차포·대전차총으로 공격하기도 하였다. 공격을 견디지 못하고 전차 안에서 독일군 병사들이 기어 나오면 보이지 않는 곳에 숨어 있던 소련군 병사들은 백병전을 시작하였다.

추이코프는 가까스로 볼가강 하류를 지킬 뿐이었는데 그것은 미끼였다. 소련군은 스탈린그라드에 독일군의 발을 묶어놓고 역포위하는 '천왕성 작전'을 비밀리에 준비하였다.

적의 포위 섬멸을 노린 전략이 성공하여 독일군 29개 사단을 포함한 30만 명이 스탈린그라드에 갇혔다. 소련군은 연이어 양동작전인 '화성 작전', '토성 작전'을 발동하였고 포위망을 좁히는 '링(ring) 작전'을 펼쳤다. 마침내 1943년 2월 포위된 독일군은 항복하였다.

그때 소련군은 '전략'과 '전술'을 연결하는 중간 개념으로

'작전(operation)'을 사용하였다. 소련군은 '작전'이라는 개념을 세계에서 처음으로 명확하게 언어를 통하여 표현하였다. 그 시기 소련군은 독일군을 상대로 '전술 차원의 개별 전투나 작전 성과를 전략 차원의 목표 달성으로 연결'하는 '작전술'의 개념을 바탕으로 삼았다. 그리고 '서로 연관되어 여러 작전으로 이루어진 전역(조직적·계획적 활동)'을 다수 계획하여 '전략 차원'에서 독일군으로부터 주도권을 빼앗았다. '전략'과 '전술'의 사이에서 작전을 지휘한 중간층의 활약이 소련군을 승리로 이끈 것이다.

제2차 세계대전 때 영국에서는 휴 다우딩 중장이 레이더 개발을 재촉하였고 레이더를 기반으로 하는 조기 경계 네트워크와 요격 전투기의 지상관제를 연계한 방공 시스템 구축에 온 힘을 기울였다. 다우딩은 전투기군단 사령관으로서 일원적 지휘 아래 방공 시스템을 통합 운용하였고 영국 본토 항공전을 승리로 이끌었다.

영국 본토 항공전의 전략 목적은 독일군의 상륙계획을 단념시키는 것이었지 독일군의 전력을 섬멸하는 것이 아니었기 때문에, 다우딩은 적의 상륙계획을 단념시키기 위하여 어떠한 희생에도 제공권을 지켜냈다.

그것은 항상 전략 차원의 목표를 의식하면서 다른 한편으로는 전술 차원의 시스템 세부도 소홀히 하지 않는 전투 방법, 바로 미들·업·다운 '작전술'이었다.

보응우옌잡은 오랜 기간 호찌민과 함께하였고 호찌민의 가르침을 실천하였다. 특히 디엔비엔푸 전투에서는 호찌민의 기본 원칙을 이해하여 시의적절한 전투 지휘로 승리에 공헌하였다.

호찌민 밑에서 수련을 쌓은 레주언은 베트남 공산당의 집단 지도 체제 아래 착실하게 리더십을 계승하였다. 구정 대공세는 전술적 실패로 끝났지만, 레주언은 사이공의 미국 대사관 일시적 점거 등을 정치적으로 활용하여 전략적 승리로 전환시켰고 베트남전쟁을 승리로 이끌어서 남·북베트남의 통일을 이루었다.

정치전략과 군사전략을 긴밀하게 연계시키면서 중간층이 각자의 역할을 다하여 전략 목적을 달성한 사례이다.

이라크전쟁에서 맥매스터 대령이 지휘하였던 연대의 행동은 작전 차원의 연대가 COIN 작전을 실천하여 성공을 거둔 이후, 작전의 모범이 된 미국 육군 조직의 미들·업·다운 사례이다.

하향식으로는 혼란스럽고 앞이 보이지 않았던 이라크 점령 정책에 창조적인 '간접접근'을 실천하여 성공하였다. 미국 육군의 중간층인 맥매스터 연대장이 미국군 상층부에 새로운 접근 방법을 제시한 것이다.

맥매스터의 작전 성공은 퍼트레이어스 장군이 소속된 육군 제병협동센터 사령부의 교범 개정 작업을 진전시켰고, 나아가 일련의 개정 활동이 이라크 전략의 전환으로 이어지는 역동적인 스파이럴의 원동력이 되었다.

정
리

내
러
티
브
로
서
의
지
략

전략의 본질에 대한 대답은 '지략'이다. 매일 변하는 상황 속에서 구성원 각자의 실천지로 '지금·여기'에 적합한 행동을 할 수 있는 유일한 방법이다. 마무리로 '내러티브'로서의 지략에 대하여 말하고자 한다.

직관에 따른 귀추법에서 도출한 전략계획은 가설의 생성 과정이 무의식적·암묵적이기 때문에 어떻게 결론에 도달하였는지는 확실하지 않다. 그렇기에 전략을 계획한 사람도 '어째서 그 전략이 채택되었는가'라든가 '무슨 까닭으로 그 전략이 효과적 인가'를 알기 쉽게 설명하는 것이 곤란할 때가 많다.

전략은 조직 구성원이 이해하지 못하면 조직 전체가 실행 할 수 없고 작전·전술·병참과 같이 체계적이고 구체적인 형태로 실행할 때 지장이 생긴다. 그러나 이해하기 어려운 '전략'을 알기 쉽게 표현 가능한 방법이 실제로 있다. 내러티브로 전략을 설명하는 것이다.

앞서 말한 대로 열린 결말의 연속 드라마처럼 전개되는 전략은 내러티브에 의해 배경과 맥락이 공유되고 스며든다. 내러티브는 '아직 구체적으로 나타나지 않았지만 앞으로 발생한다'라는 것에 대한 구조이며, 세계는 사물(things)의 총체가 아니라 사건(events)의 네트워크로 인식된다. 사건은 일정한 시간과 공간에서 발생하고 시간에 관계하여 커진다.

'내러티브'와 '줄거리'는 수학적인 자연과학과 다른 서술 형식이라는 점에서 비슷하다. 여러 사건을 나열하여 기술하는 단어인 '줄거리(story)'와 비교하여, 여러 사건 사이의 인과 관계를 시간 순서에 따라 표현하는 단어가 '내러티브(narrative)'이다.

예를 들어서 '왕이 죽고 그 후에 왕비가 죽었다'는 줄거리지만, '왕이 죽어서 너무 슬픈 나머지 왕비가 죽었다'처럼 '어째서'의 구성(plot)을 가진 것이 내러티브이다. 다시 말하면 내러티브는 '2개 이상의 사건이 끊이지 않고 이어지는 동작'인 것이다.

프리드먼이 『전략의 역사』에 연극을 예로 들어서 극마다 각본 구성에 덧붙여 행동으로 자연스럽게 이어주는 수단으로서의 대본(script)이 전략에서 중요하다고 지적한 것은 앞서 기술하였다.

대본은 내러티브의 주인공이 장면마다 각본에 따라서 행동하는 것처럼, 평소의 경험이나 패턴 인식을 바탕으로 무의식 중에 머리와 몸에 배어 있는 일련의 행동이나 사고에 관련한 지식 구조를 가리킨다. 즉 인간은 어떤 상황에 대처할 때 과거에 경험했던 지식을 사용하는데, '이러한 경우는 이렇게 한다'라는 일

정한 형태의 행동이 본보기가 되는 것이다.

대본은 인지심리학의 개념이지만, 지식창조 이론에서 말하는 반의식 없이 공유되는 행동 습관인 암묵지와 공통성을 가진다. 매우 단순한 암묵지의 예를 들어서 식당에 들어가면 어떤 순서로 행동해야 좋을지 경험해본 사람은 알 수 있다. 좀 더 복잡하고 연속되는 행위인 전쟁을 위한 전략 대본은 되도록 많은 예측 가능한 상황에 대응할 수 있도록 충분히 생각하고 추려내어, 상황의 차이나 변화에 유연하게 맞추고 기동적으로 사용할 수 있도록 간결하게 기록된 지침이다.

전략에서 대본의 중요성은 나날이 새로운 행동을 생각하는 계기가 된다는 데 있다. 전략 작성의 과정에서 역동적인 예술 측면의 중요성이 높아진 오늘날, 사물의 기승전결을 큰 전체로 파악하는 구성만으로는 전략을 매일 실천할 수 없다. 현실에 맞추어 실천할 수 있는 행위를 도출하기 위해서는 좀 더 부분에 관심을 기울이고, 날마다 접하는 개별적·구체적인 상황에서 '더 나은' 의미와 가치를 제시하는 것이 필요하다. 그러한 구체적 상황에서 새로운 행동을 찾아내는 계기가 되는 것이 행동 규범인 대본이다.

대본은 '삶의 방식'의 행동 규범을 부여하는 것으로도 파악할 수 있다. 과거 경험의 유사성과 차이점을 관련지어서 패턴으로 인식하고 창조적 루틴을 끊임없이 만들어낸다. 어떤 상황에서 무엇을 달성해야 하는가를 나타내는 규범으로, 언어를 통하여 표현된 형식지는 실행하여 내면화되면 개인·조직·환경이 하나로 결합한 조직의 집합 대본이 되는 것이다.

대본을 만들어내는 것은 전쟁터와 멀리 떨어져서 전선의 '지금·여기'를 모르는 상층부가 아니라, 전쟁터에서 현실을 피부로 느끼고 있는 중간층의 역할이 크다. 중간층은 상층과 하층을 오가며 상호 작용하고 대본의 형태로 전쟁에 관한 지식을 창조·공유하며 조직 전체의 능력을 높여준다.

스탈린에게 독소전쟁의 구성은 '조국 방어'였다. 나폴레옹을 무찌른 '조국 전쟁'과 비교하여 조국 전쟁에 '위대함'을 더한 '대조국 전쟁'으로 명명하였고 군과 국민을 꾸준하게 북돋웠다. 1941년 11월 6일 라디오를 통한 국민 연설에서 "동지 여러분! 형제자매들이여! 우리 육해군 병사들이여! 나의 벗이여, 나는 당신에게 이야기하는 것입니다!"라고 말을 꺼냈다. 독재자가 국민을 '나의 벗'이라고 부르며 같은 고통을 분담하는 동료로서 호소한 것은 대단히 혁명적이었다.

연설을 계기로 모스크바 방어를 위하여 참호 파기에 동원된 일반 시민도 혁명전쟁 때의 지식을 총동원하여 '조국 방어'를 위하여 '무엇을 달성해야 하는가'의 실천에 힘썼다. 그것이 바로 대본이다. 즉 정부, 군대, 시민이 하나 되어 소모전으로 유도하면서 시간을 버는 동안 예비 병력을 모으고, 그러모은 예비 병력을 맨 마지막에 전부 투입하여 기동전을 펼치는 행동을 불러일으킨 것이다. 그것은 전쟁을 시작하고 패배를 연속하던 소련군이 필사적으로 짜낸 대본이었다.

대조적으로 히틀러나 독일군 간부는 전쟁 초기 전격전의 성공을 과신하여 소련군의 실력과 규모를 과소평가하였으며, 예전부터 '승리의 이론'이었던 전격전을 계속 고집하였다. 과거 성공했던 체험에 과잉 적응한 것이기도 하다. 결국 소련군에 승리를 불러온 것은 전시 전략의 신체화였다. 소련군은 대본을 바탕으로 전쟁의 진행 상황에 맞추어 소모전과 기동전을 유연하게 이용한 것이다.

1954년 베트남에서는 작전의 전권을 위임받은 보응우옌잡이 디엔비엔푸로 출발하기 직전 호찌민으로부터 "승리의 확신이 있을 때만 싸워라"라는 행동 지침을 전달받았다. 보응우옌잡은 전달받은 행동 지침을 디엔비엔푸 전투에서 대본의 지침으로 삼았다. 행동 지침을 바탕으로 작전 전체의 구성을 공격 직전에 '신속한 공격'에서 '점진적 공격'으로, 나아가서는 '총공격'으로 전환하여 결국에는 승리를 이끌어낸 것이다.

군사전략의 구성과 대본과의 상호 작용은 보응우옌잡이 모범으로 삼은 마오쩌둥의 유격 전략론에 자세하게 표면화되어 있다. '적이 전진하면 우리는 물러나고, 적이 멈추면 우리는 교란하고, 적이 피하면 우리는 공격하고, 적이 물러나면 우리는 추격한다'라는 헌법이 구성이고, 홍군(紅軍)의 행동 규범인 '3대 규율(모든 행동은 지휘에 따른다, 군중의 바늘 하나·실 한 올도 빼앗지 않는다, 모든 노획품은 공동 분배한다)', '8항 주의(온화하게 말한다, 공정하게 매매한다, 빌린 물건은 반드시 돌려준다 등)'가 대본이다. 그러한 구성과 대본 없이는 민중을 북돋우고 공감을 불러일으켜서 총동원할 수 없었을 것이며 유격전으로 승리한다는 마오쩌둥 전략도 성공하지 못했을 것이다.

이라크전쟁의 COIN 작전 대본은 전쟁터에서 현장 지휘관의 지침이 된 '민심 장악', '공격하지 않는다', '금전은 탄약'이었다. '전략적 상등병'이라는 말처럼 보텀(bottom)에서도 중간층 역할을 하는 전술적 리더가 전략적으로 중요한 의사 결정을 하는 것이 COIN 작전의 현실이었다. 병사 개개인이 뛰어난 능력과 적절한 판단력을 갖추고 각 전쟁의 특성에 따라서 지휘관의 의도를 고려한 뒤, 상황을 판단하여 대본을 행동의 지침·규범으로 삼고 임기응변으로 COIN 작전을 실행하는 것이 하급 지휘관에게 요구되었다.

　　전략에서 내러티브는 지략을 펼치는 구성과 실천을 재촉하는 행동 규범인 대본, 두 가지로 구성된다. 상황에 맞춘 구성과 대본과의 상호 작용을 통하여 미래를 바라보며 실천지를 꾸준하게 창조하는 행위, 그 자체가 '내러티브'로서의 지략인 것이다.

　　전략이 인간에 의하여 책정되고 실천되는 역동적인 동적 이중성 과정이라는 전제 아래, 저자들은 지략의 개념을 분명하게 제시한다. 그것은 국가, 군대가 가지고 있는 자원과 환경을 이론적 틀에서 합리적이고 정적으로 분석하는 연역적인 '원대한 계획(grand plan)'으로서의 전략에 대한 반정립(안티테제)이라고도 할 수 있다.

　　지략은 개별적·구체적 맥락에 따른 실천이다. 그렇기에 지략이 제 역할을 다하기 위해서는 시시각각 변하는 '지금·여기'의 한가운데에서 '본질 직관'하는 것이 중요하다. 보편적 법칙이나 이론에 맞춰서 전략이 따라가는 것이 아니라, 개별적·구체적 문제에 대처하면서 현실을 통찰하고 본질을 직관·실천함으로써 전략은 새롭게 생겨난다. 더욱이 지략은 각기 주관을 가진 인간에 의해 조직적으로 입안·실행된다. 서로 다른 주관을 가진 구성원이 '공감'을 통해 '모두의 주관'을 공유함으로써 지략에 관여하고 실천이 '자율 분산'적으로 진행된다. 지도자와 구성원의 생각·가치관을 집약하면서 예측 불가능한 상황에서도 '공통선'을 실현하기 위하여 계속 노력하는 것이 미래를 창조한다.

지략은 공통선이라는 절대 가치를 개별적·구체적 상황 속에서 추구하는 실천이지만, 미시적 차원의 실천이 거시적으로 '선한 실천'이 될지를 결정하는 것은, 개개인의 실천지를 조직화할 수 있느냐에 달려 있다. 조직적인 현명한 생각은 공통선(보편)과 눈앞에 직면하는 현실(개별)이 동적 이중성으로 양립하는 '삶의 방식'이다.

과학적 접근법이 신중하게 피해온 전략의 실천적·주관적·미래 창조적 측면이 전략론의 실효성을 결정한다. 변화하는 현실에서 조직 내외 사람들과의 상호 작용을 고차원에서 지양시키면서 전략을 정하고 맥락과 상황에 따라서 실행하는 과정을, 이제는 정면으로 마주해야 한다. 어떠한 환경 변화에도 능동적으로 대응하는 국가, 조직을 유지하려면 실시간으로 '내러티브'를 엮고 실천하는 끈기가 필요할 것이다.

기무라 빈, 『몸, 마음, 생명』(국내 미출간), 2015

다무라 나오야, 『용병사상사 입문』(국내 미출간), 2016

도베 료이치, 『근대 일본의 리더십 — 기로에 선 지도자들』(국내 미출간), 2014

도베 료이치 외 5명, 『일본 제국은 왜 실패하였는가』(주영사), 2009

도베 료이치 외 2명, 『국가 경영의 본질 — 대전환기의 지략과 리더십』(국내 미출간), 2014

노에 게이치, 『이야기의 철학』(한국출판마케팅연구소), 2009

노나카 이쿠지로 외 5명, 『전략의 본질』(라이프맵), 2011

노나카 이쿠지로, 도야마 료코, '프로네시스로서의 전략', 『히토쓰바시 비즈니스 평론』(국내 미출간), 2005

노나카 이쿠지로, 오기노 신스케, 『역사상 최대의 결단 — 노르망디 상륙작전을 성공으로 이끈 지혜의 리더십』(국내 미출간), 2014

노나카 이쿠지로, 『지적 기동력의 본질 — 미국 해병대의 조직론적 연구』(국내 미출간), 2017

노나카 이쿠지로, 야마구치 이치로, 『직관의 경영 —공감의 철학으로 읽는 동적 경영론』(국내 미출간), 2019

후루타 모토오, 『호찌민 — 민족 해방과 도이모이』(국내 미출간), 1995

야마다 요코, 『인생을 이야기하다 — 새로 생겨나는 삶의 이야기』(국내 미출간), 2000

티무르 베르메스, 『그가 돌아왔다』(마시멜로), 2014

존 루이스 개디스, 『On Grand Strategy』(국내 미출간), 2018

카를 폰 클라우제비츠, 『전쟁론』(갈무리), 2016

콜린 그레이, 『현대 전략』(국방대학교 국가안전보장문제연구소), 2015

콜린 그레이, 『The Future of Strategy』(국내 미출간), 2015

앤드루 나고르스키, 『세계사 최대의 전투 모스크바 공방전』(까치), 2011

마르틴 부버, 『나와 너』(대한기독교서회), 2020

로렌스 프리드먼, 『전략의 역사』(비즈니스북스), 2014

헤이든 화이트, 『메타 역사』(지식을만드는지식), 2011

스탠리 맥크리스털, 『팀 오브 팀스』(이노다임북스), 2016

데릭 유엔, 『Deciphering Sun Tzu』(국내 미출간), 2014

리델 하트, 『전략론』(책세상), 2018

Blight, J.G. and Janet M. Lang, *The Fog of War: Lessons from the Life of Robert S. McNamara,* Rowman & Littlefield Publishers, 2005.

Clegg, S.R. and M.P. Cunha, "Orgaizationl Dialectics" in Smith W.K.,*et al* (eds.), *The Oxford Handbook of Organizational Paradox*, Oxford University Press, 2017.

Flyvbjerg, B., *Making Social Sciences Matter,* Cambridge University Press, 2001.

Giap, V.N. (Chief Editor) , *Ho Chi Minh Thought And The Revolutionary Path of Vietnam,* The Gioi Publishers, 2011.

Hammond, G.T., *The Mind of War: John Boyd and American Security,* Smithsonian Books, 2001.

Schank, R.C. and R.P. Abelson, *Scripts, Plans, Goals and Understanding: An Inquiry into Human Knowledge Structures.* Hillsdale: Lawrence Erlbaum associates, 1977.

마지막으로 30년 이상에 걸친 지금까지의 연구를 총괄하여 앞으로의 연구 문제의식을 전망해보려고 한다. 1984년 출간한 『실패의 본질』에서는 태평양 전쟁의 여섯 가지 작전을 사례로 들어서 일본군 조직이 안고 있던 문제점을 끄집어내었다.

군사작전의 성패는 비교적 평가하기 쉽지만, 의미를 부여하거나 가치를 두는 것은 콘텍스트에 의존한다. 따라서 개별적·구체적인 작전을 비교하면서 위기에 닥쳤을 때 결정적 판단 기준에 대하여 더욱 보편적인 교훈을 찾아내고자 하였다. 그리고 결론으로 '성공했던 체험의 과잉 적응'이라는 명제에 도달하였다.

처음 명제의 핵심 개념은 '정보 처리'에 있었다. 확실히 전투에서는 정보 전달이나 공유한 정보 처리 과정의 속도가 작전의 성패를 가르는 경우가 많다. 조직은 정보 처리로 환경에 '적응'할 수 있다.

그러나 정보는 조직이 스스로를 혁신하면서 변화에 대응하게 하는 원동력이 될 수 없다. 창조의 원천이 되는 것은, 인간이 관계성 속에서 주체적으로 의미를 부여하고 가치를 두면서 행동하는 '지식'이다. 생각(암묵지)을 말(형식지)로 표현하여 실천(실천지)하는 역동적인 과정이 위기를 타개하는 창조적 세계의 문을 여는 것이다.

저자들은 지식창조 이론을 발전시키는 과정에서 조직 구성원 개개인의 잠재 능력을 해방하고 결집하는 리더십, 즉 조직적 지식창조 과정의 리더십은 무엇인가라는 문제의식을 느꼈다.

저자들은 전쟁이라는 궁극적 지식 대결의 전략 형성·실천 사례 속에서 리더십의 본질을 찾아낼 수 있으리라 생각하였고, 마오쩌둥이나 처칠과 같은 지도자와 전쟁에서의 지휘를 분석하고 해석하여 2005년 『전략의 본질』을 출판하였다. 2014년에 출간한 『국가 경영의 본질』에서는 지금까지의 전쟁 역사와 전략을 대상으로 한 연구에서 국가 경영의 리더십 연구로 발돋움하였다. 저자들의 연구에는 국가론이 없다는 비판에 답한 것이기도 하였다.

『전략의 본질』, 『국가 경영의 본질』에서의 연구를 통하여 알게 된 것은 다양한 경우에서 공통하는 리더십의 본질을 실천지(프로네시스)로 설명할 수 있으리라는 것이었다. '지식'에서 나아가 '지혜'로의 전환이다.

본서에서는 '지혜'란 어떠한 것인지 찾으려고 노력하였다. 바꾸어 말하면 지략이란 무엇인가라는 것이다. 명확해진 한 가지는 전략 현상이 공격과 방어, 정공법과 기습, 소모전과 기동전처럼 언뜻 보면 이항 대립의 특징을 지닌 것처럼 보이지만, 실제로 이항은 서로가 동적으로 작용하며 보완하고 있다는 것이다. 그러면 상황과 맥락에 따라 '지금·여기'에서 동적 이중성의 어디를 선택할 것인가? 그때 필요한 것이 '본질 직관'이다. 클라우제비츠가 말한 'coup d'oeil(한번 흘낏 본다)'와 '전쟁의 형국을 꿰뚫어 보는 눈'이 본질 직관에 해당한다.

그러나 전쟁 형국을 본질 직관으로 한번 흘낏 보고 세운 전략안은 생성 과정이 무의식적·암묵적이어서 어떻게 결론에 도달하였는지 불투명하다. 그런 이유로 클라우제비츠가 말한 한번 흘낏 보는 것은 천재의 재능으로 여겨지고 만들어지는 구조에 대해서는 언급되어 있지 않으며 개인에만 적합한 것으로 기록되었다.

본서에서는 지식창조 이론에 근거하여 전략이 지략으로서 창조되는 과정을 기술함과 동시에, 집단적으로 한번 흘낏 보는 것, 즉 조직의 '본질 직관'에 의한 지식창조의 중요성에 대해서도 언급하였다.

'본질 직관', '한번 흘낏 보다'의 토대가 되는 '상호 주관성'에는 지도자의 '공감' 능력이 중요하다. 본서에서는 히틀러와 대조적으로, 거듭되는 실패 끝에 겨우 '공감'에 기초한 '상호 주관'을 배운 스탈린의 모습을 소개하였다.

지도자(정치 지도자, 군 사령관 혹은 기업 경영자)가 선택한 것은 조직 구성원이 이해해야 한다. 구성원이 이해하지 못하면 조직은 실천할 수 없다. 조직 구성원이 이해하기 위해서는 내러티브로 실현해야 한다. 내러티브를 실현하려면 구성과 대본이 필요하다. 그것이 '지략'이다.

　문제는 현대 일본에서 지략이 실천되고 있는가이다. 현재 정치계의 내향적이고 발전 없는 논의, 분석·계획·통제가 지나친 기업의 체질, 대중 매체에 반영되는 대중 사회적 상황을 볼 때, 큰 환경 변화의 흐름 속에서 동적 이중성의 통찰을 토대로 하는 건설적·창조적인 전략 논의는 나오지 않을 것 같은 생각이 든다.
　『손자병법』의 전통적 전략관을 구사하는 중국이 '강대국'으로 부상하여, 초강대국의 여유와 자신감을 잃어가는 듯 보이는 미국과의 사이에서 치열한 패권 다툼을 벌이고 있다. 유럽은 불안정하고 중동 정세는 여전히 예측할 수 없다. 이러한 국제 정세에 과연 일본은 국가 차원에서 대응하고 있는 것일까? 중국이나 주변 여러 나라보다 뒤처지는 것은 아닐까? 국내도 저출산이 진행되면서 '근로 방식 개혁' 등 본질론과는 거리가 먼 논의가 눈에 띈다.
　지금만큼 '지략'을 펼칠 지도자가 필요한 때는 없다고 해도 지나치지 않다. 하지만 현재 일본에 그러한 지도자가 있는 것일까? 아니면 앞으로 태어나는 것일까?
　과거 일본에도 지략을 실천한 지도자가 있었다. 전쟁 이후 일본에서만 보아도 두 명의 정치 지도자가 있다. 그 가운데 한 명이 요시다 시게루이다.
　요시다는 안전 보장을 구동하는 군사와 경제 성장, 나아가 국가의 자립과 동맹국으로의 의존을 동적 이중성으로 파악하였다. 요시다의 구성은 부흥과 독립이었고 대본은 친미·경무장·경제 우선이었다고 이해할 수 있다. 그것이 요시다가 총리로서 국가를 경영하였을 때의 '지금·여기' 지략이었다. 요시다는 '요시다 학교'에서 키운 자신의 후계자들에게 내러티브를 실천하며 신체지를 갖출 수 있도록 전승한 것이다.

그러나 요시다의 전략이 언제까지나 현명한 전략일 수는 없다. 국제 환경이 변하고 일본의 국력이 변화하면 전략은 바뀌어야 하기 때문이다. 그럼에도 어느 때부터인가 요시다의 전략은 언제나 통용되는 형식적인 '요시다 독트린'으로 자리 잡았다. 얼마나 일본이 '성공했던 체험에 과잉 적응'하기 쉬운지 알 수 있다.

요시다 이후에 요시다에 버금가는 지략을 실천한 사람은 나카소네 야스히로일 것이다. 나카소네도 안전 보장과 관련되는 군사와 경제 성장, 자립과 의존을 동적 이중성으로 파악하였다. 단지 국제 환경도 일본의 국력도 요시다가 있던 때와는 달랐다. 미국의 힘이 상대적으로 낮아지고 일본이 경제 대국으로 발돋움한 시기였기 때문이다. 요시다의 '지금·여기'와 나카소네의 '지금·여기'는 달랐고 당연히 나카소네의 동적 이중성 파악도, 본질 직관도 요시다의 전략과는 다른 것이 되었다.

나카소네는 '평화와 경제의 나라'에서 '정치와 문화의 나라'로의 전환을 구성으로 하였다. 아시아의 안전 보장이 구미의 안전 보장과 떼려야 뗄 수 없는 관계이며, 일본은 경제적으로 대국이면서 군사적으로 비핵 중급 국가라는 대본을 만들어서 역동적인 국가 전략을 지략으로써 실천한 것이다.

현재 일본 국내외 환경은 나카소네가 전략을 실천한 1980년대와는 전혀 다른 양상을 보인다. '잃어버린 20년'을 회복하고 있지만, 예전의 자신감과 빛은 되찾지 못하는 듯 보인다. 21세기 일본은 아직 역전하지 못하였다.

일찍이 에드워드 기번은 『로마제국 쇠망사』에서 장기간의 평화를 '서서히 퍼지며 보이지 않는 독'이라고 갈파하였다. 지금 일본에도 독이 퍼져 있는 것일까? 그러나 일본에도 요시다나 나카소네와 같은 뛰어난 지략 지도자가 있었다는 점을 기억해야 한다.

요시다나 나카소네처럼 전략을 동적 이중성으로 파악하고 '지금·여기'의 본질 직관을 바탕으로 구성과 대본을 만들어서 내러티브를 실현하는 실천지 지도자를, 어떤 방법으로 빠르게 육성해야 할지 찾아내는 것이 매우 중요한 과제이다. 그 과제의 해결에 진지하게 몰두하여 성과를 내는 것이 일본의 장래를 결정할 것이다.

『실패의 본질』에서 시작한 긴 여행을 매듭지으면서 협력해주신 분들에게 감사의 말을 전하고 싶다. 본서는 저자 4명이 『실패의 본질』, 『전략의 본질』, 『국가 경영의 본질』의 집필자인 스기노오 요시오 씨와 4년 가깝게 함께 한 연구회의 성과이기도 하다. 귀중한 조언을 다수 해주신 스기노오 씨에게 깊은 감사의 말씀을 드린다. 또한 정보 정리, 도표 작성으로 다채로운 능력을 발휘한 미하라 고메이 씨, 노나카와 베트남의 전적(戰跡)을 함께 걸으며 집필을 지원해주신 가와다 히데키 씨, 복잡한 교정 작업을 해주신 가와다 유미코 씨, 오가키 코스케 씨에게는 큰 도움을 받았다. 맨 마지막으로 휴일에도 연구회에 참여해주시고 편집해주신 일본경제신문 출판사 편집부의 호리구치 유스케 씨에게도 다시 한번 깊이 감사를 표한다.

2019년 10월
편집자를 대표하여 노나카 이쿠지로

지략의 본질

초판 1 쇄 인쇄 | 2022년 4월 20일
초판 1 쇄 발행 | 2022년 4월 29일

지은이 | 노나카 이쿠지로, 도베 료이치, 가와노 히토시, 아사다 마사후미
옮긴이 | 이혜정
발행인 | 고석현

편집 | 정연주
디자인 | 김애리
마케팅 | 정완교, 소재범, 고보미
관리 | 문지희

발행처 | (주)한올엠앤씨
등록 | 2011년 5월 14일

주소 | 경기도 파주시 심학산로 12, 4층
전화 | 031-839-6804(마케팅), 031-839-6817(편집)
팩스 | 031-839-6828
이메일 | booksonwed@gmail.com

* 비즈니스맵, 책위는수요일, 라이프맵, 생각연구소, 지식갤러리, 스타일북스는 (주)한올엠앤씨의 브랜드입니다.